일차원 운동 ▌특수상대성이론

물리해법의 이해

역학 I

고 동 섭 · 고 재 웅

북스힐

서 문

물리학 학습의 필요성

물리학은 물질의 근본적인 운동을 다루는 만큼 이론이 추상적이고 고도의 보편성을 가지고 있어서 학습 난이도가 높은 편이다. 그러나 인과율 관계 속에서 자연현상을 이해하고 엄밀한 수학적 형식으로 자연법칙을 기술하기 때문에 물리학 학습은 창의적인 사고와 논리적인 추론 능력을 키우는 데 있어서 더 없이 좋은 과목이라고 생각한다.

본 교재의 편집 방향과 학습 방법

전형적인 역학 문제를 선별하여 일관성 있게 해법을 제시했다. 주관식 문제의 해법에 익숙해지면 변형된 어떠한 문제도 적절하게 대응할 수 있다. 이 책을 처음 접했을 때는 정독하면서 해법 흐름을 이해하고, 이후 관심 있는 문제를 선택하여 자신만의 학습 방법에 맞추어 풀이 과정을 재정리한다면 효과가 클 것으로 기대한다.

제1권의 내용

1차원 운동은 기초물리학을 이해하고 역학 개념을 정립하며 논리적 해법에 익숙해질 수 있는 가장 중요한 부분이라고 판단하여 제1권에 담았다. 마지막 부분에 특수상대성 이론을 추가하여 현대물리학 개념을 접하도록 했다. 전자기학과 광학은 제2권에, 2차원 공간에서의 역학은 제3권에 담을 예정이다.

출판을 하면서

지난 1년간 저자들이 자료를 수집하고 함께 공부하며 신중한 선별 작업을 거쳐 졸저를 완성하게 되었다. 처음부터 집필을 목적으로 공부한 것은 아니었으나 자료가 축적되면서 해법을 공유하는 것도 의미 있다고 생각하여 출판하게 되었다. 문제 배치와 난이도 조절에서 다소 아쉬운 점은 있으나 역학의 기초를 이해하는 데 필요한 문제를 많이 담으려고 노력했다. 대학입시 수험생과 각종 시험 준비생 그리고 이공계

대학 신입생들이 물리 문제의 해결 능력을 향상시키는 데 이 책이 다소 도움이 되기를 기대한다.

감사의 글

이 책을 성공적으로 출판하기까지 원고 교정을 도와 준 김소민, 김현주 님과 아낌없는 협조를 해주신 많은 분들 그리고 북스힐 조승식 사장님과 편집진께 감사를 드립니다.

2011년 9월

고 동 섭·고 재 웅

차 례

Ⅰ 일차원 직선 운동

1. 기초사항 ··· 1
2. 좌표와 변위 ··· 3
3. 속도와 $(x-t)$, $(v-t)$ 그래프 ··· 7
4. 가속도와 $(v-t)$ 그래프 ··· 19
5. 등가속도 운동방정식 ··· 28
6. 자유낙하 운동 ··· 35
7. 두 물체의 상대운동 ··· 39

Ⅱ 힘과 가속도 운동

1. 기초사항 ··· 53
2. 힘의 평형 ··· 54
3. 힘과 가속도 운동 ··· 76
4. 용수철이 포함된 문제 ··· 111
5. 관성력 ··· 118

Ⅲ 일과 에너지

1. 기초사항 ··· 123
2. 일 ··· 124
3. 일-운동에너지 정리 ··· 127

4. 역학적 에너지 ··· 134
5. 역학적 에너지 보존 법칙의 활용 ··· 139
6. $(F-s)$ 그래프의 활용 ··· 145
7. 탄성 위치에너지 ··· 156
8. 일 률 ··· 161

Ⅳ 운동량과 충격량

1. 기초사항 ··· 171
2. 운동량 ··· 172
3. 충격량과 운동량 변화량, $(F-t)$ 그래프 ··· 174
4. 운동량 보존 법칙 ··· 183
5. 충 돌 ··· 192

Ⅴ 특수상대성 이론

1. 기초사항 ··· 205
2. 특수상대성 이론의 이해 ··· 206
3. 연습문제 ··· 215

[부록] 국제단위계(SI) ··· 221

참고문헌 ··· 224

I 일차원 직선 운동

1. 기초사항

- 좌표

  직선·평면·공간에서 점의 위치를 나타내는 수의 짝

- 좌표계

  직선·평면·공간에서 임의의 점에 하나의 좌표를 대응시키기 위해 구성된 기준계

- 스칼라양

  크기만을 갖는 양으로 이동거리, 시간, 질량, 온도, 부피, 에너지가 이에 해당한다.

- 벡터양

  크기와 방향을 동시에 갖는 양으로 변위, 속도, 가속도, 힘이 이에 해당한다.

- 이동거리

  방향과 관계없이 물체가 움직인 총 길이를 의미한다.

- 변위 Δx

  $\Delta x = x - x_0 =$ 나중위치−처음위치

- 속력(speed) $= \dfrac{\text{이동거리}}{\text{경과한 시간}}$

- 속도(velocity) $= \dfrac{\text{변위}}{\text{경과한 시간}}$

  평균 속도 $\bar{v} = \dfrac{\text{나중위치} - \text{처음위치}}{\text{경과한 시간}} = \dfrac{\Delta x}{\Delta t}$

  속도 (또는 순간 속도) $v = \lim\limits_{\Delta t \to 0} \dfrac{\Delta x}{\Delta t} = \dfrac{dx}{dt}$

- 가속도 $= \dfrac{\text{속도 변화량}}{\text{경과한 시간}}$

평균 가속도 $\bar{a} = \dfrac{\text{나중속도} - \text{처음속도}}{\text{경과한 시간}} = \dfrac{\Delta v}{\Delta t}$

가속도 (또는 순간 가속도) $a = \lim_{\Delta t \to 0} \dfrac{\Delta v}{\Delta t} = \dfrac{dv}{dt}$

- 등가속도 운동

  가속도가 일정하게 유지되는 운동

- 등가속도 운동방정식 (처음위치 $x_0 = 0$)

  (1) $v = v_0 + at$

  (2) $x = v_0 t + \dfrac{1}{2} a t^2$

  (3) $2ax = v^2 - v_0^2$

- 중력가속도 g

  중력에 의한 물체의 가속도. 국제 표준값은 9.80665 $\mathrm{m/s^2}$이며 방향은 지구 중심을 향한다.

- 자유낙하

  오직 중력만 작용한 상태에서의 운동

- 자유낙하 운동방정식 (처음높이 $h_0 = 0$)

  (g의 부호는 좌표축 방향이 상방이면 (−), 하방이면 (+)가 됨에 유의하라.)

  (1) $v = v_0 + gt$

  (2) $h = v_0 t + \dfrac{1}{2} g t^2$

  (3) $2gh = v^2 - v_0^2$

- $(x - t)$ 그래프

  시간에 따른 위치를 나타낸 그래프. 접선의 기울기는 속도

- $(v - t)$ 그래프

  시간에 따른 속도를 나타낸 그래프. 넓이는 변위, 접선의 기울기는 가속도

- 상대속도

  $v_{A,B} = v_B - v_A$

2. 좌표와 변위

1-1 좌표란 무엇인가?

해설 그림 p.1-1을 참조하라. 직선상의 점은 한 개의 실수 x로, 평면상의 점은 두 개의 실수 $(x,\ y)$로, 공간 내의 점은 세 개의 실수 $(x,\ y,\ z)$로 지정한다. 이와 같이 점의 위치를 나타내는 수의 짝을 **좌표**라 하며 각각의 수를 **좌표성분**이라 한다.

좌표계는 임의의 점에 하나의 좌표를 대응시키기 위해 구성된 기준계이다. 좌표계 **차원**은 좌표성분의 개수이며 직선은 1차원, 평면은 2차원, 공간은 3차원이다. 좌표계의 종류에는 직교좌표, 극좌표, 구좌표, 원통좌표, 사교좌표 등이 있으며 각각 쓰임새가 다르다. 가능한 범위에서 차원을 줄이고 문제 성격에 맞게 좌표계 종류를 잘 선택하면 풀이 과정이 수월해진다.

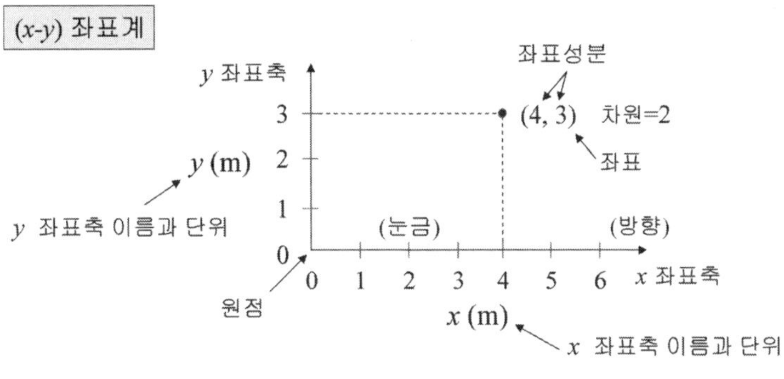

▸▸ **그림 p.1-1**

1-2 정지해 있던 사람이 오른쪽으로 6 m를 걸어가서 멈추었다. 좌표계를 설정하고 처음위치, 나중위치 그리고 위치 변화량을 제시하라.

해설 물체의 위치를 나타내려면 위치의 기준이 되는 **원점**과 방향, 눈금, 이름이 있는 **좌표축**을 제일 먼저 설정해야 한다. 위치의 절댓값은 중요하지 않고 위치의 변화량만이 의미 있는 물리량이므로 좌표계의 원점은 임의로 설정할 수 있다.

이제 질문에 답하기로 한다. 그림 p.1-2의 (a)와 같이 사람의 처음위치를 원점으로 하고 움직인 방향을 좌표축 방향으로 해서 위치를 나타낼 수 있다. 또한 (b)처럼 다른 위치를 좌표계 원점으로 삼을 수도 있으며, 그림 (c)와 같이 2차원 좌표계를 사용해도 된다. 그러나 사람이 일직선상에서 움직였다면 2차원 좌표계는 비효율적이다. 아래 표에 정리한 바와 같이 3가지 좌표계 모두 사람의 위치 변화량은 동일하다.

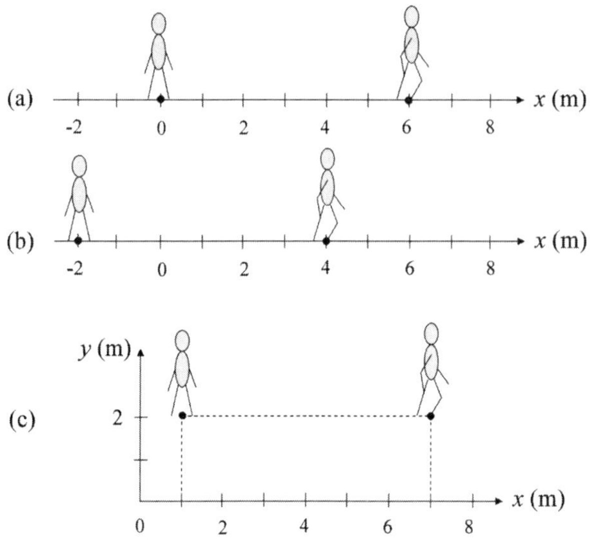

▶▶ 그림 p.1-2

좌표계	처음위치	나중위치	위치 변화량
(a)	$x=0$ m	$x=6$ m	6 m
(b)	$x=-2$ m	$x=4$ m	6 m
(c)	$x=1$ m, $y=2$ m	$x=7$ m, $y=2$ m	6 m

1-3 변위란 무엇인가?

해설 변위란 **위치의 변화량**을 말한다. 크기와 방향을 가지는 벡터양이며 이동거리와는 다른 개념이다.

1-4 이동거리와 변위의 차이점을 그래프를 그려서 설명하라.

해설 그림 p.1-4(a)와 같이 2차원 평면상에서 점선을 따라 A에서 B로 물체가 이동했다고 하자. 그러면

이동거리 = (a) + (b) + (c) + (d)

변위 = {크기: A와 B 사이의 직선거리 s / 방향: A에서 B로 향하는 화살표 방향}

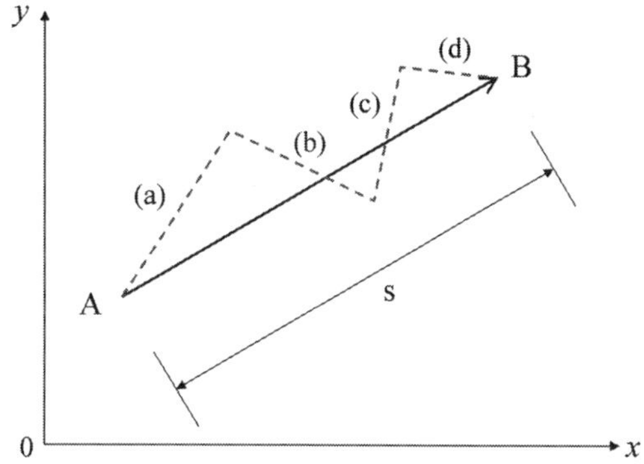

▸▸ 그림 p.1-4(a)

그림 p.1-4(b)와 같이 출발점과 도착점이 일치하는 경우를 예로 들어보자.

이동거리 = (a) + (b) + (c) + (d) + (e) + (f)

변위 = {크기 : 0 / 방향: 크기가 0이므로 정의할 수 없음}

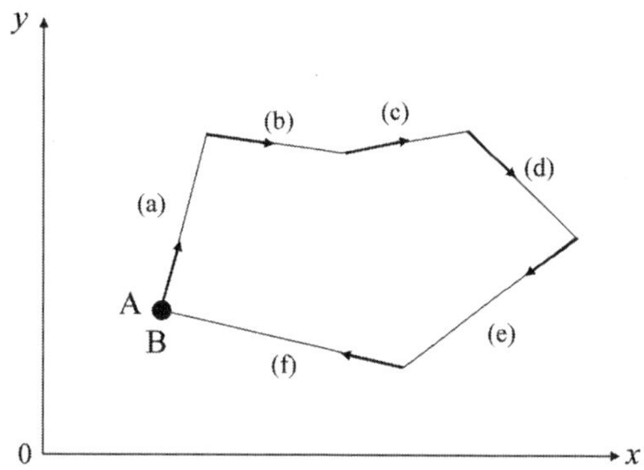

▸▸ 그림 p.1-4(b)

마지막 예는 일직선상의 운동이다. 그림 p.1-4(c)와 같이 A에서 출발하여 B에 도착하고 뒤돌아서 C에 도착했다고 하자. 그러면

$$이동거리 = s_1 + s_2$$

$$변위 = \begin{cases} 크기 : |\Delta x| \\ 방향 : 왼쪽, 부호(-)로표현 \end{cases}$$

변위는 반드시 방향을 제시해야 한다. 방향은 서로 수직인 좌표축에 대해 각각 변위의 크기를 나타내는 숫자 앞에 (+) 또는 (-)를 붙여서 표현한다. 물론 (+) 부호는 생략한다.

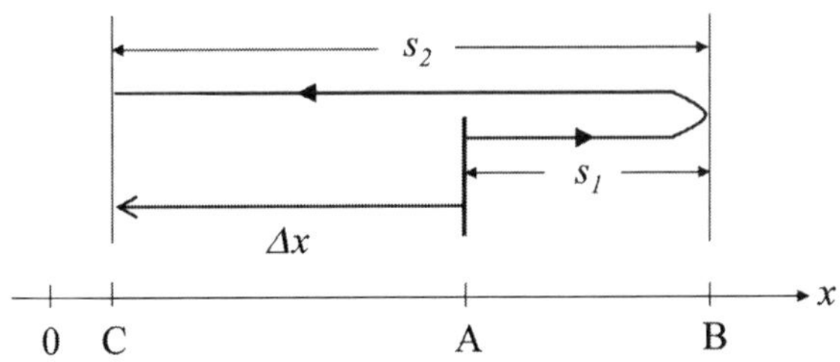

▸▸ 그림 p.1-4(c)

1-5 B가 A 오른쪽 4 m 지점에 있다가 왼쪽으로 9 m 이동했다. B의 처음과 나중 위치, 그리고 변위를 구하라.

풀이 편의상 그림 p.1-5와 같이 A의 위치를 좌표계 원점으로 하자.

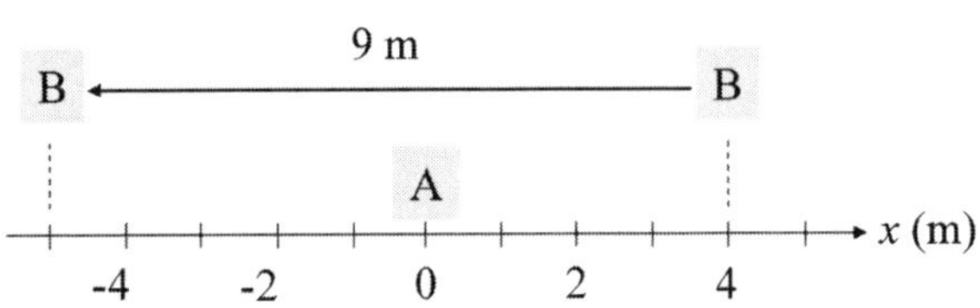

▸▸ 그림 p.1-5

B의 처음위치 $x_1 = 4$ m, 나중위치 $x_2 = -5$ m

$$변위\ \Delta x = x_2 - x_1 = (-5) - (+4) = -9\ (\mathrm{m})$$

부호 (-)는 B가 처음위치에서 왼쪽으로 이동했음을 의미한다.

3. 속도와 $(x-t)$, $(v-t)$ 그래프

1-6 속력(speed)과 속도(velocity)의 차이를 설명하라.

해설 **속력** v_{speed}는

$$v_{speed} = \frac{\text{이동거리}}{\text{경과한 시간}}$$

이며 항상 0보다 크거나 같은 스칼라양이다. 반면에 **속도** $v_{velocity}$는

$$v_{velocity} = \frac{\text{변위}}{\text{경과한 시간}}$$

로 정의한다. 변위가 벡터양이므로 속도도 벡터양이다. 속도의 방향은 (+) 또는 (−) 로 나타낸다.

주 의 방향과 관계없이 속도의 크기만을 의미할 때 속력으로 표기한다. 또한 물체가 일직선상에서 한 방향으로 움직이는 경우 개념상 속도이지만 굳이 좌표계를 정의할 필요가 없으면 속력으로 표기하기도 한다.

1-7 그림 p.1-7과 같이 자동차가 3초 동안 오른쪽으로 200 m 갔다가 2초 동안 왼쪽으로 100 m 갔다. 자동차의 (1) 평균 속력, (2) 평균 속도를 구하라.

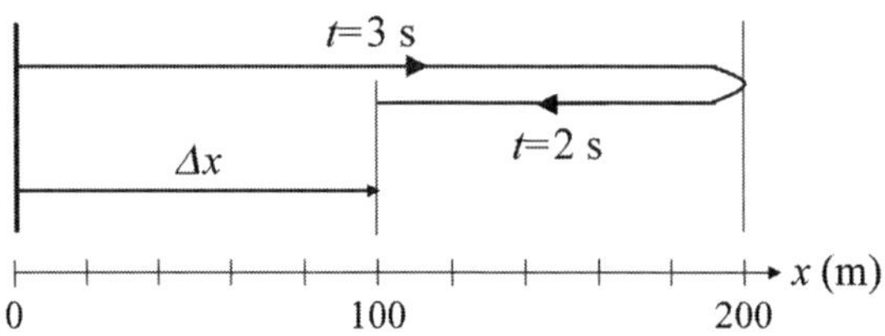

▸▸ 그림 p.1-7

풀이 (1) 평균 속력

$$\bar{v}_{speed} = \frac{\text{이동거리}}{\text{경과한 시간}} = \frac{200+100}{5} = 60\ (\text{m/s})$$

(2) 평균 속도

처음위치 $x_i = 0$ (m), 나중위치 $x_f = 100$ (m)

변위 $\Delta x = x_f - x_i = 100 - 0 = 100$ (m)

$$\bar{v}_{velocity} = \frac{\text{변위}}{\text{경과한 시간}} = \frac{100}{5} = +20 \text{ (m/s)}$$

부호 (+)는 자동차가 처음위치에서 오른쪽으로 이동했음을 의미한다.

보충문제 나중 2초 동안의 평균 속도는 얼마인가?

답 -50 m/s

1-8 그림 p.1-8과 같이 자동차가 3초 동안 왼쪽으로 200 m 갔다가 2초 동안 오른쪽으로 100 m 갔다. (1) 평균 속력, (2) 평균 속도를 구하라.

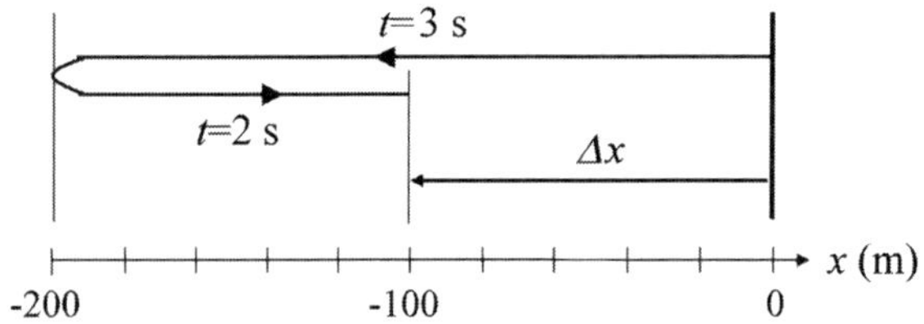

▸▸ 그림 p.1-8

풀이 (1) 평균 속력

$$\bar{v}_{speed} = \frac{\text{이동거리}}{\text{경과한 시간}} = \frac{200+100}{5} = 60 \text{ (m/s)}$$

(2) 평균 속도

처음위치 $x_i = 0$ (m), 나중위치 $x_f = -100$ (m)

변위 $\Delta x = x_f - x_i = (-100) - 0 = -100$ (m)

$$\bar{v}_{velocity} = \frac{\text{변위}}{\text{경과한 시간}} = \frac{(-100)}{5} = -20 \text{ (m/s)}$$

부호 (−)는 자동차가 처음위치에서 왼쪽으로 이동했음을 의미한다.

보충문제 나중 2초 동안의 평균 속도는 얼마인가?

답 50 m/s

1-9 그림 p.1–9와 같이 어떤 사람이 3초 동안 동쪽으로 4 m 갔다가 2초 동안 북쪽으로 3 m 갔다. (1) 평균 속력, (2) 평균 속도의 크기를 구하라.

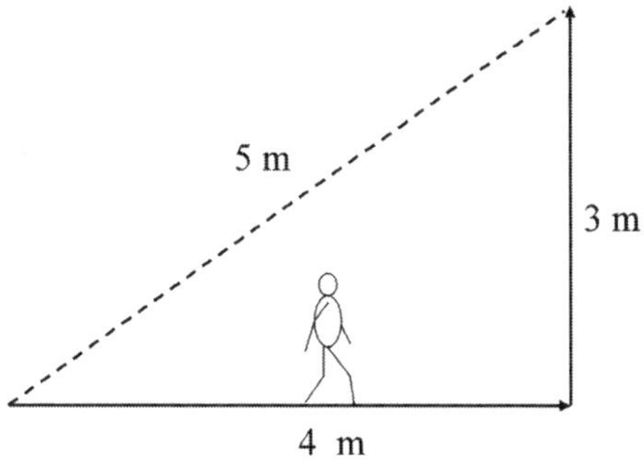

▸▸ 그림 p.1–9

풀이 (1) 평균 속력

$$\bar{v}_{speed} = \frac{이동거리}{경과한\ 시간} = \frac{4+3}{3+2} = \frac{7}{5}\ (\mathrm{m/s})$$

(2) 평균 속도의 크기

$$변위의\ 크기 = \sqrt{4^2+3^2} = 5\ (\mathrm{m})$$

$$|\bar{v}_{velocity}| = \frac{변위의\ 크기}{경과한\ 시간} = \frac{5}{5} = 1\ (\mathrm{m/s})$$

1-10 어떤 사람이 일직선상에서 0 ~ 4초 사이에 등속으로 4 m, 4 ~ 6초 사이엔 정지, 6 ~ 9초 사이엔 등속으로 움직여 −2 m 지점에 도달했다. 그래프로 이 상황을 표현하라.

풀이 속력이 일정한 구간에서 위치는 시간에 1차 비례한다. 완성된 $(x-t)$ 그래프는 그림 p.1–10과 같다.

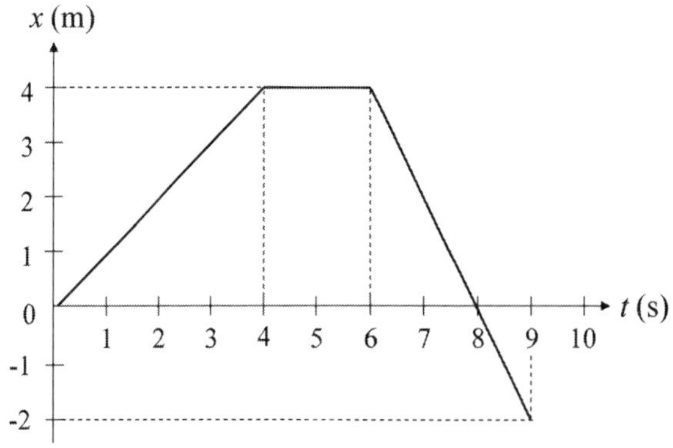

▸▸ 그림 p.1-10

보충문제 $0 \sim 4$초 사이, $6 \sim 9$초 사이의 평균 속도는 각각 얼마인가?

답 $1\ \mathrm{m/s}$, $-2\ \mathrm{m/s}$

보충문제 $3 \sim 9$초 사이의 평균 속력과 평균 속도는 각각 얼마인가?

답 평균 속력 $= \frac{7}{6}\ \mathrm{m/s}$, 평균 속도 $= -\frac{5}{6}\ \mathrm{m/s}$

1-11 그림 p.1-11의 $(x-t)$ 그래프에서 구간별로 평균 속도를 계산하라. 또한 구간 (a)~(d), 구간 (b)~(d)의 평균 속도를 구하라.

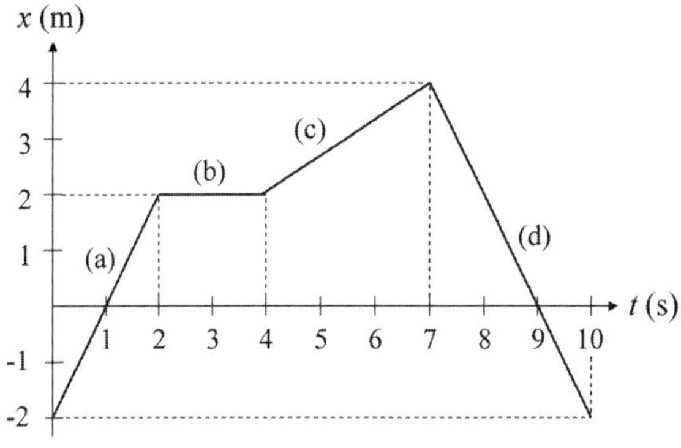

▸▸ 그림 p.1-11

풀이 구간별 평균 속도는 다음과 같다.

구간 (a) $\bar{v}=\dfrac{\Delta x}{\Delta t}=\dfrac{2-(-2)}{2-0}=\dfrac{4}{2}=2\ (\mathrm{m/s})$

구간 (b) $\bar{v}=\dfrac{\Delta x}{\Delta t}=\dfrac{2-2}{4-2}=\dfrac{0}{2}=0\ (\mathrm{m/s})$

구간 (c) $\bar{v}=\dfrac{\Delta x}{\Delta t}=\dfrac{4-2}{7-4}=\dfrac{2}{3}\ (\mathrm{m/s})$

구간 (d) $\bar{v}=\dfrac{\Delta x}{\Delta t}=\dfrac{(-2)-4}{10-7}=\dfrac{(-6)}{3}=-2\ (\mathrm{m/s})$

구간 (a)~(d) $\bar{v}=\dfrac{\Delta x}{\Delta t}=\dfrac{(-2)-(-2)}{10-0}=\dfrac{0}{10}=0\ (\mathrm{m/s})$

구간 (b)~(d) $\bar{v}=\dfrac{\Delta x}{\Delta t}=\dfrac{(-2)-2}{(10-2)}=\dfrac{(-4)}{8}=-0.5\ (\mathrm{m/s})$

보충문제 구간 (c)~(d)에서 평균 속력과 평균 속도는 각각 얼마인가?

답 평균 속력 $=\dfrac{4}{3}$ m/s, 평균 속도 $=-\dfrac{2}{3}$ m/s

1-12 $(x-t)$ 그래프를 이용해서 속도를 설명하라.

해설 그림 p.1-12의 $(x-t)$ 그래프에서 점 A와 B를 잇는 직선 p의 기울기는

$$\bar{v}=\frac{x-x_0}{t-t_0}=\frac{\Delta x}{\Delta t}$$

이다. $\bar{v}$는 Δt 동안 Δx 만큼 위치가 변했음을 의미하며, $t_0 \sim t$ 사이의 **평균 속도**라고 한다. 만약 $t_0 \rightarrow t$이면 직선 p는 점 B의 접선 q로 전환되고, q의 기울기는 시간 t일 때 **순간 속도** v가 된다. 순간 속도를 간단히 **속도**라 한다.

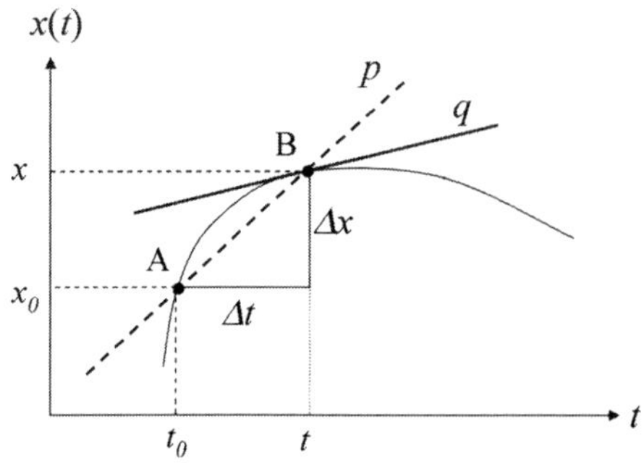

▸▸ 그림 p.1-12

1-13 속도를 도함수로 표현하라.

풀이 속도는 $(x-t)$ 그래프에서 시간 t일 때 접선의 기울기이므로

$$v(t)=\lim_{\Delta t\to 0}\frac{\Delta x}{\Delta t}=\frac{dx}{dt}$$

이다.

1-14 $x(t)=5t+4$일 때 속도는 어떻게 되나? 운동 방향도 함께 제시하라. (단, x의 단위는 [m], t의 단위는 [s]이다.)

풀이 $v=\frac{dx}{dt}=5$ (m/s)이므로 속도의 크기가 일정하며 운동 방향은 (+) 방향이다. 그림 p.1-14의 (가)는 시간에 따른 위치, (나)는 시간에 따른 속도를 나타낸 것이다.

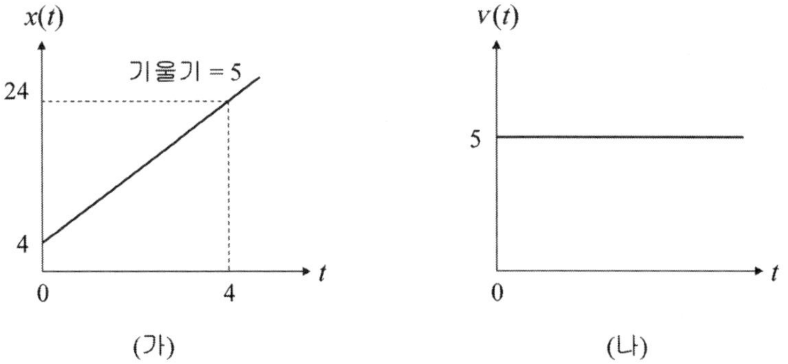

▸▸ **그림 p.1-14**

1-15 그림 p.1−15의 $(x-t)$ 그래프에서 시간 t_1, t_2, t_3에서 위치와 운동 방향을 설명하라.

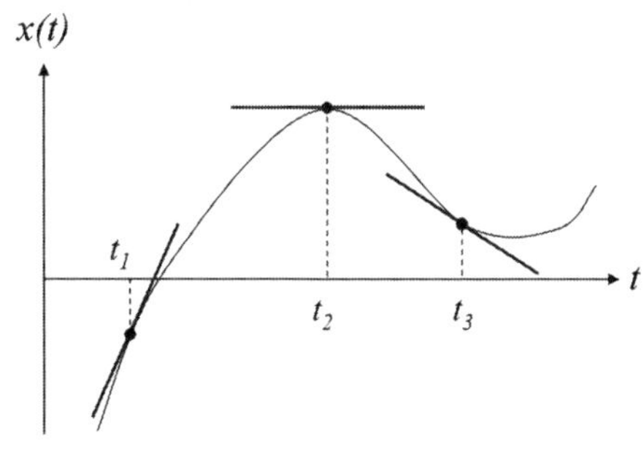

▸▸ **그림 p.1-15**

풀이 접선 기울기의 부호는 속도의 방향을 나타낸다.

시간 t_1일 때 $x<0$, 속도는 (+) 방향

시간 t_2일 때 $x>0$, 정지 $(v=0)$

시간 t_3일 때 $x>0$, 속도는 (−) 방향

보충문제 $t_2 \sim t_3$ 사이에서 속도의 부호는 무엇인가?

답 (−)

1-16 그림 p.1–16의 $(x-t)$ 그래프에서 (1) 6초일 때 속도, (2) 10초일 때 위치를 계산하라.

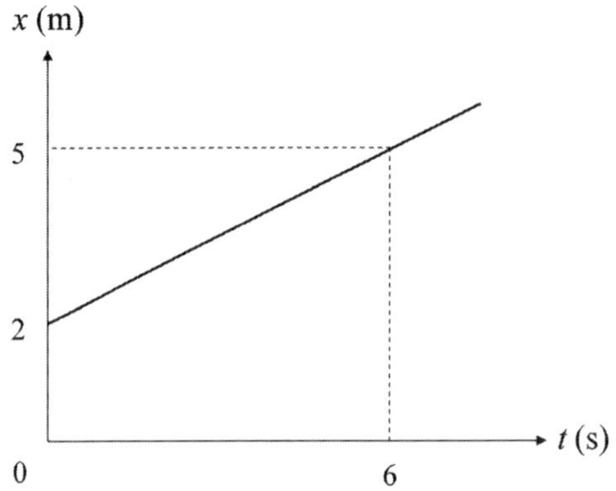

▸▸ **그림 p.1–16**

풀이 (1) 6초일 때 직선의 기울기가 0.5이므로, $v = 0.5\ \text{m/s}$

(2) 직선의 방정식은 $x(t) = 0.5t + 2$이므로 10초일 때 위치는

$$x(10) = 0.5 \times 10 + 2 = 7\ (\text{m})$$

이다.

보충문제 2초일 때 속도 v와 위치 x를 계산하라.

답 $v = 0.5\ \text{m/s},\ x = 3\ \text{m}$

1-17 물체 A, B, C가 그림 p.1–17의 $(x-t)$ 그래프처럼 움직였다. (1) 각 물체의 속도, (2) 10초일 때 B를 기준으로 한 A의 변위와 C의 변위를 각각 구하라.

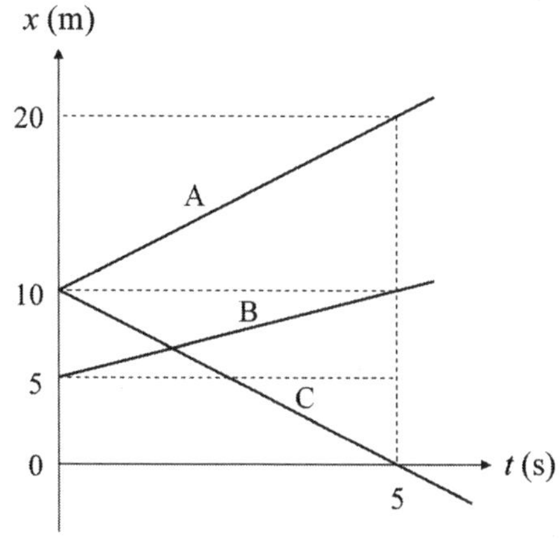

▸▸ 그림 p.1-17

풀이 (1) 속도는 직선의 기울기이므로 A는 2 m/s, B는 1 m/s, C는 −2 m/s

(2) A와 B의 직선의 방정식은 $x_A(t) = 2t + 10$, $x_B(t) = t + 5$이므로 10초일 때 B를 기준으로 한 A의 변위는

$$\Delta x = x_A(10) - x_B(10) = 30 - 15 = 15\ (\text{m})$$

B와 C의 직선의 방정식은 $x_B(t) = t + 5$, $x_C(t) = -2t + 10$이므로 10초일 때 B를 기준으로 한 C의 변위는

$$\Delta x = x_C(10) - x_B(10) = -10 - 15 = -25\ (\text{m})$$

보충문제 4초일 때 A와 C 사이의 거리를 계산하라.

답 16 m

1-18 어떤 물체가 일직선상에서 0 ~ 3초 사이에 일정하게 속도가 증가하여 4 m/s에 이르렀고, 3 ~ 5초 사이에 4 m/s의 속도를 유지하다가 5 ~ 9초 사이에는 일정하게 속도가 감소하여 −2 m/s에 이르렀다. 이 상황을 그래프로 표현하라.

풀이 시간에 따라 속도가 변하는 상황을 제시했으므로 $(v-t)$ 그래프가 적절하다. 완성된 $(v-t)$ 그래프는 그림 p.1-18과 같다.

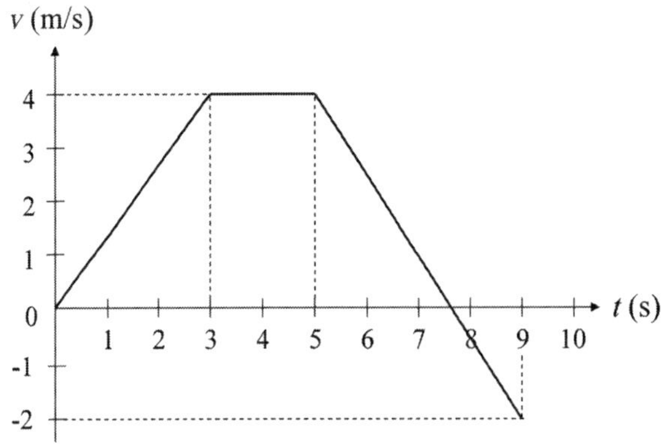

▸▸ 그림 p.1-18

보충문제 $0 \sim 3$초 사이에 간 거리는 얼마인가?

답 6 m

보충문제 $3 \sim 5$초 사이에 간 거리는 얼마인가?

답 8 m

보충문제 $5 \sim 9$초 사이의 평균 속도 $\bar{v}$는 얼마인가?

답 $\bar{v}=1$ m/s

1-19 $(v-t)$ 그래프에서 곡선과 시간축이 이루는 넓이는 어떤 물리량인가?

해설 평균 속도 $\bar{v}=\dfrac{\Delta x}{\Delta t}$이므로 Δt 동안의 변위는 $\Delta x=\bar{v}\,\Delta t$이다. 그림 p.1-19의 $(v-t)$ 그래프에서 Δt 동안의 평균 속도를 $\bar{v}_i$라 하면 곡선 아래 직사각형의 면적소(area element) $\bar{v}_i \Delta t$는 Δt 동안의 변위 Δx가 된다. 만약 $\Delta t \rightarrow 0$이면 $\bar{v}_i \rightarrow v_i$가 되고, t_1과 t_2 사이에서 면적소(area element)들을 모두 더한 넓이는 t_1과 t_2 사이의 **변위**가 된다. 이를 적분으로 표현하면 다음과 같다.

$$\Delta x=\int_{t_1}^{t_2} v(t)\,dt$$

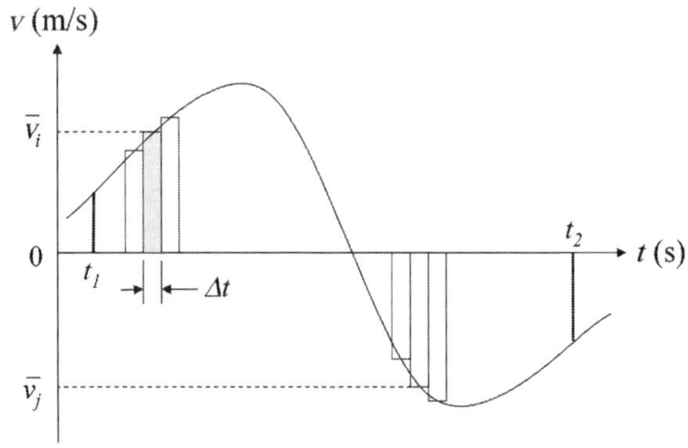

▸▸ 그림 p.1-19

1-20 4 m/s 의 일정한 속력으로 9초 동안 움직였다. 이를 그래프로 나타내고 변위를 계산하라.

풀이 그림 p.1-20의 $(v-t)$ 그래프에서 직선과 시간축이 만드는 넓이는 $4 \times 9 = 36$ 이므로 $\Delta x = 36$ m 이다.

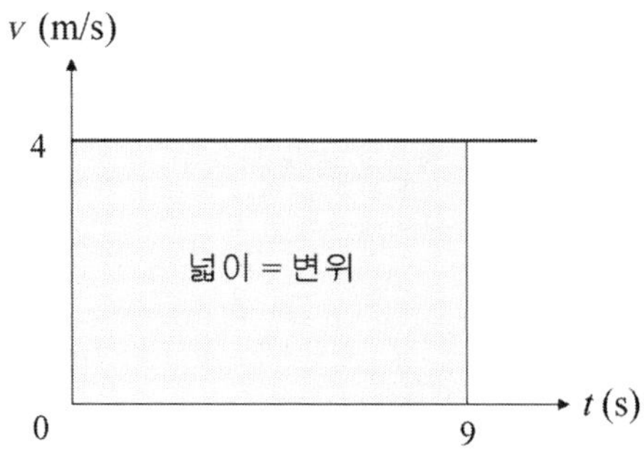

▸▸ 그림 p.1-20

1-21 일정한 속도 -4 m/s 로 9초 동안 움직였다. 이를 그래프로 나타내고 변위를 계산하라.

풀이 그림 p.1-21의 $(v-t)$ 그래프에서 직선과 시간축이 만드는 넓이는 $(-4)\times 9 = -36$이므로 $\Delta x = -36$ m이다.

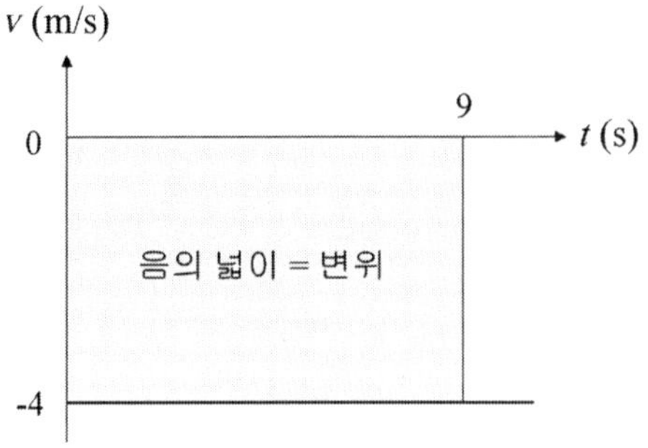

▸▸ 그림 p.1-21

1-22 어떤 물체가 그림 p.1-22의 $(v-t)$ 그래프와 같이 움직였다. 각 구간별 변위와 전체 구간의 변위를 구하고, 운동 상태를 간략히 기술하라.

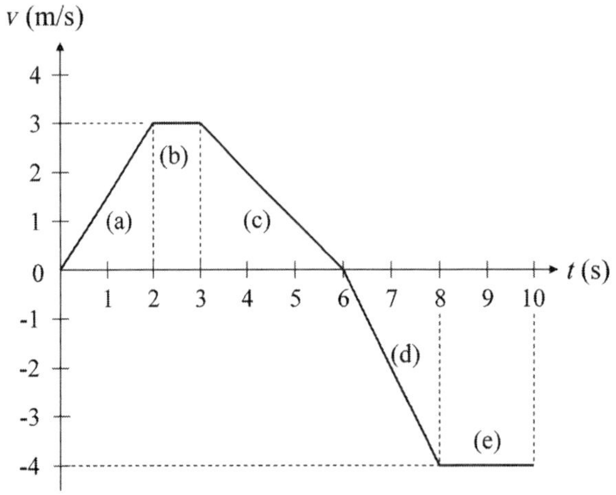

▸▸ 그림 p.1-22

풀이 각 구간의 넓이는 변위와 같다.

$$\text{구간 (a)} \ \Delta x = \frac{1}{2}\times 3\times 2 = 3 \ (\text{m})$$

구간 (b) $\Delta x = 3 \times 1 = 3$ (m)

구간 (c) $\Delta x = \frac{1}{2} \times 3 \times 3 = 4.5$ (m)

구간 (d) $\Delta x = \frac{1}{2} \times (-4) \times 2 = -4$ (m)

구간 (e) $\Delta x = (-4) \times 2 = -8$ (m)

전체 구간(0 ~10초) : $\Delta x = 3 + 3 + (4.5) + (-4) + (-8) = -1.5$ (m)

운동 상태 출발선에서 오른쪽으로 운동하여 0 ~ 6초 사이에 10.5 m를 갔다가 6초가 되는 순간 운동 방향을 반대로 바꾸어 6 ~ 10초 사이에 12 m를 되돌아 왔다. 물체는 10초가 되는 순간에 출발선에서 왼쪽 1.5 m 지점에 도달했다.

보충문제 시간에 따라 변위가 일정하게 변하는 구간은?

답 2 ~ 3초 사이, 8 ~ 10초 사이

보충문제 0 ~ 2초 사이에서 변위는 시간에 따라 어떻게 변하나?

답 $\Delta x = \frac{1}{2} \times \left(\frac{3}{2}t\right) \times t = \frac{3}{4}t^2$ ⇒ 시간의 제곱에 비례

4. 가속도와 $(v-t)$ 그래프

1-25 가속도에 대해 설명하라.

해설 속도는 빠르기와 방향을 나타내는 벡터양인 반면에 가속도는 시간에 따른 **속도 변화량**을 나타내는 벡터양이다.

$$\text{평균 가속도 } \bar{a} = \frac{\text{나중속도} - \text{처음속도}}{\text{경과한 시간}} = \frac{\Delta v}{\Delta t}$$

$$\text{가속도 (또는 순간 가속도) } a = \lim_{\Delta t \to 0} \frac{\Delta v}{\Delta t} = \frac{dv}{dt}$$

가속도는 방향을 나타내는 (+) 또는 (−) 부호가 따라다닌다.

주 의 물체가 일직선상에서 한 방향으로 움직이는 경우에 굳이 좌표계를 정의할 필요가 없으면 속도를 속력으로 표기하기도 한다. 이 경우에

$$\bar{a} = \frac{\text{나중속력} - \text{처음속력}}{\text{경과한 시간}}$$

이 된다.

1-26 물체의 평균 가속도를 각각 계산하고 운동 방향과 가속도 방향을 기술하라. (단, 좌표축 방향을 오른쪽으로 설정하라.)

(1) 정지해 있던 물체 A의 속도가 2초 후 10 m/s로 변했다.

(2) 10 m/s로 움직이던 물체 B의 속도가 3초 후 4 m/s로 변했다.

(3) 속력이 일정하게 변화했다고 가정하고 A와 B의 운동 상태를 $(v-t)$ 그래프로 나타내라.

풀이 (1) $\bar{a}_A = \frac{\Delta v}{\Delta t} = \frac{10-0}{2} = 5\ (\mathrm{m/s^2})$ ⇒ 운동 방향과 가속도의 방향은 오른쪽

(2) $\bar{a}_B = \frac{\Delta v}{\Delta t} = \frac{4-10}{3} = -2\ (\mathrm{m/s^2})$ ⇒ 운동 방향은 오른쪽, 가속도 방향은 왼쪽

(3) $(v-t)$ 그래프는 그림 p.1-26과 같다.

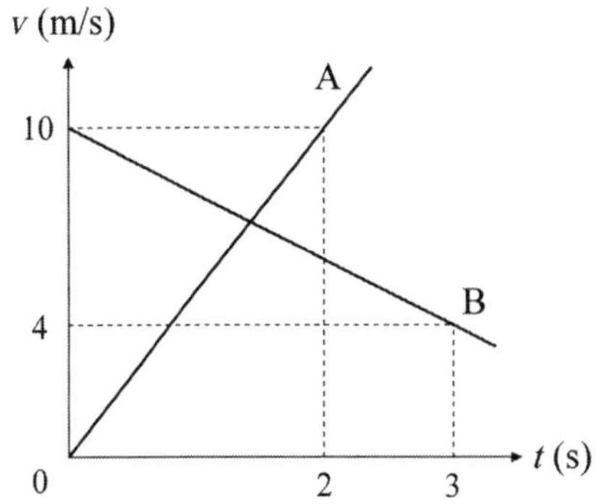

▸▸ **그림 p.1-26**

보충문제 B의 속도가 0이 되는 시간을 구하라.

답 5 s

1-27 물체의 평균 가속도를 각각 계산하고 운동 방향과 가속도 방향을 기술하라. (단, 좌표축 방향을 오른쪽으로 설정하라.)

(1) 자동차 A가 -10 m/s로 달리다가 10초 후 -30 m/s가 되었다.

(2) -50 m/s로 달리던 자동차 B가 10초 후 -20 m/s가 되었다.

(3) 속력이 일정하게 변했다고 가정하고 A와 B의 운동 상태를 $(v-t)$ 그래프로 나타내라.

풀이 (1) $\bar{a}_A = \dfrac{\Delta v}{\Delta t} = \dfrac{(-30)-(-10)}{10} = -2\ (\mathrm{m/s^2})$ ⇒ 운동 방향과 가속도의 방향은 왼쪽

(2) $\bar{a}_B = \dfrac{\Delta v}{\Delta t} = \dfrac{(-20)-(-50)}{10} = +3\ (\mathrm{m/s^2})$ ⇒ 운동 방향은 왼쪽, 가속도 방향은 오른쪽

(3) $(v-t)$ 그래프는 그림 p.1-27과 같다.

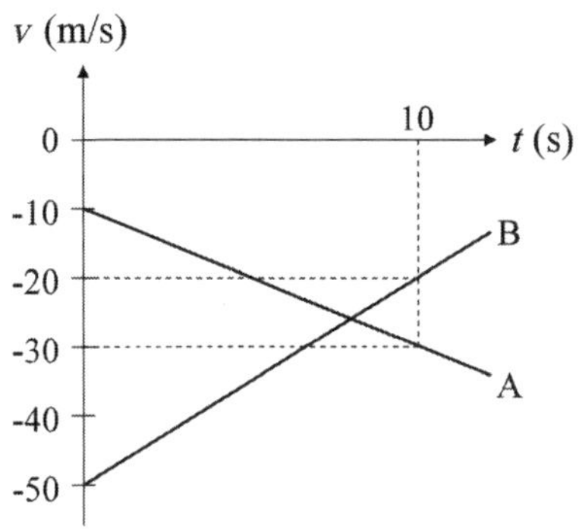

▸▸ 그림 p.1-27

주 의 운동 방향과 가속도 방향은 서로 다를 수 있다. 예컨대, 오른쪽으로 운동하는 동안 속력이 증가하면 가속도 방향은 오른쪽, 속력이 감소하면 가속도 방향은 왼쪽이다. 마찬가지로 왼쪽으로 운동하는 동안 속력이 증가하면 가속도 방향은 왼쪽, 속력이 감소하면 가속도 방향은 오른쪽이다.

보충문제 B의 속도가 0이 되는 시간을 구하라.

답 $\dfrac{50}{3}$ s

1-28 자동차가 그림 p.1-28의 그래프처럼 움직였다. 속력 $v = \sqrt{36-(t-6)^2}$ 이다. (1) $0 \sim 12$초 사이의 변위와 평균 속도, (2) $0 \sim 6$초 사이의 평균 가속도, (3) $6 \sim 12$초 사이의 평균 가속도를 구하라.

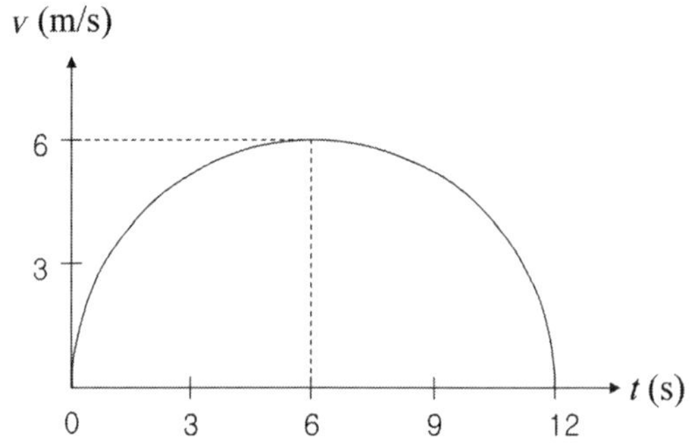

▸▸ 그림 p.1-28

풀이 (1) $v = \sqrt{36-(t-6)^2}$ 이므로 곡선은 $v^2+(t-6)^2=6^2$인 원의 일부다. $0 \sim 12$초 사이의 변위 Δx와 평균 속도 $\bar{v}$는 다음과 같다.

$$\Delta x = \text{반원의 넓이} = \frac{1}{2}\times(\pi\times 6^2) = 18\pi \text{ (m)}$$

$$\bar{v} = \frac{\Delta x}{t} = \frac{18\pi}{12} = 1.5\pi \text{ (m/s)}$$

(2) $\bar{a} = \dfrac{6-0}{6} = 1 \text{ (m/s}^2\text{)}$

(3) $\bar{a} = \dfrac{0-6}{12-6} = -1 \text{ (m/s}^2\text{)}$

보충문제 $0 \sim 9$초 사이의 평균 가속도는?

답 $\dfrac{1}{\sqrt{3}}$ m/s^2

1-29 그림 p.1-29처럼 진동수가 10 Hz인 시간기록계로 장난감 자동차의 운동을 종이테이프에 기록했다. 기록을 완료하고 타점 위치를 측정해서 표로 만들었다. 빈칸 (1)~(3)에 알맞은 단어나 숫자를 채워라.

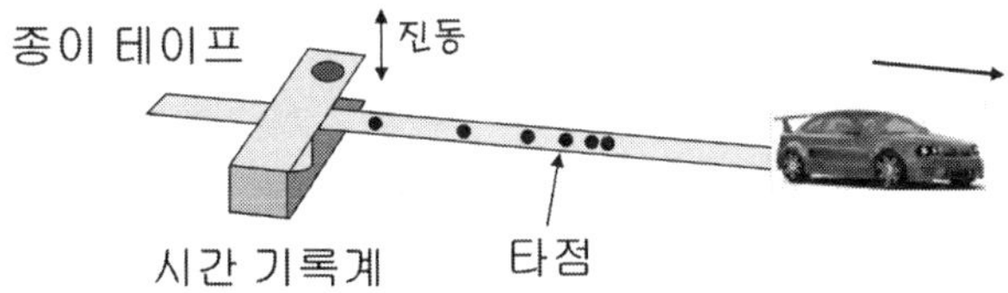

▸▸ 그림 p.1-29

시간 (s)	0	0.1	0.2	0.3	0.4	0.5
위치 (cm)	0	1	3	6	10	15
(1)		1	2	3	4	5
평균 속력 (cm/s)		10	20	30	40	50
(2)			10	10	10	10
평균 가속도 (cm/s^2)			**(3)**			

풀이 (1) 위치 변화량 (cm)

(2) 평균 속력 변화량 (cm/s)

(3) 100

보충문제 0.7초일 때 위치 s와 0.6 ~ 0.7초 사이의 평균 속력 $\bar{v}$는?

답 $s = 28$ cm, $\bar{v} = 70$ cm/s

1-30 그림 p.1-30(a)는 진동수가 50 Hz인 시간기록계로 경사면을 미끄러져 내려가는 물체의 운동을 종이테이프에 기록한 것이다. 평균 가속도는 얼마인가? 0 ~ 1초 사이의 $(x-t)$ 그래프를 개략적으로 그려라.

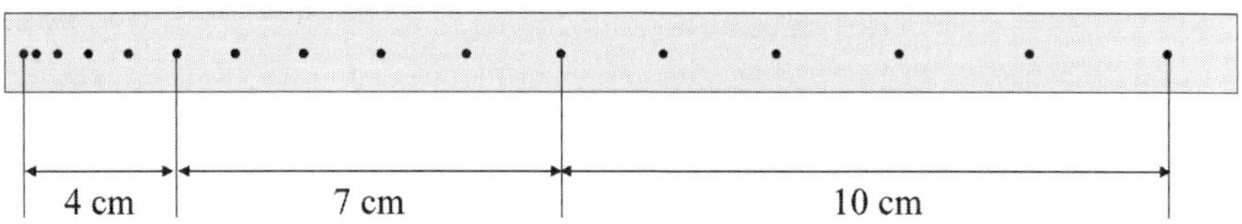

▸▸ 그림 p.1-30(a)

풀이 각 구간의 시간 간격은 0.1초이므로 평균 속력은 40, 70, 100 cm/s 이다. 평균 속력의 변화가 30 cm/s 이므로 평균 가속도는 300 cm/s^2이다. 그림 p.1-30(b)의 $(x-t)$ 그래프는 0.1초 간격으로 위치를 표시했으며, 등가속도 운동의 전형적인 $(x-t)$ 그래프를 보여주고 있다. 아래 표는 0 ~ 1초 사이의 $(x-t)$ 그래프를 그릴 때 사용한 데이터의 일부이다.

t(s)	0.1	0.2	0.3	0.4	0.5	· · ·	1.0
x(cm)	4	11	21	35	50	· · ·	175

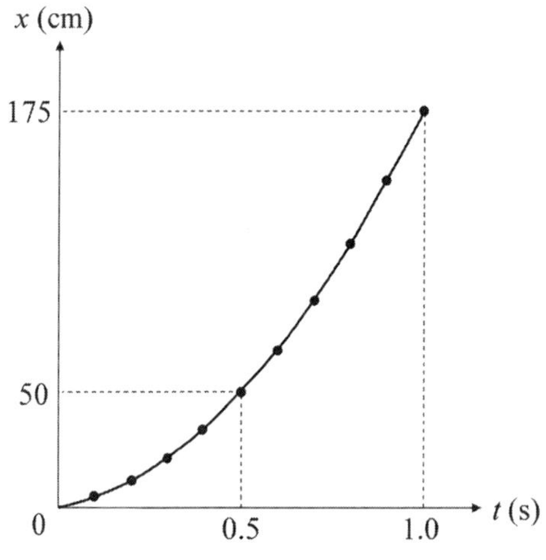

▸▸ 그림 p.1-30(b)

보충문제 초속도 v_0는 얼마인가?

답 물체가 움직이고 나서 기록이 시작될 수 있으므로 반드시 $v_0 = 0$일 이유는 없다. 데이터는 평균값만 제공하므로 v_0를 계산하기 위해서 $(v-t)$ 그래프를 활용한다. 그림 p.1-30(c)의 그래프에서 0 ~ 0.1초, 0.1 ~ 0.2초 사이의 평균 속력(40, 70)과 0, 0.1, 0.2초일 때 순간 속력(v_0, v_1, v_2)을 각각 표시했다. 이 값들이 15 cm/s 의 간격으로 일정하게 떨어져 있으므로 $v_0 = 40 - 15 = 25$ (cm/s)이다. 참고로 0.1초일 때 $v_1 = 55$ cm/s, 0.2초일 때 $v_2 = 85$ cm/s 이다.

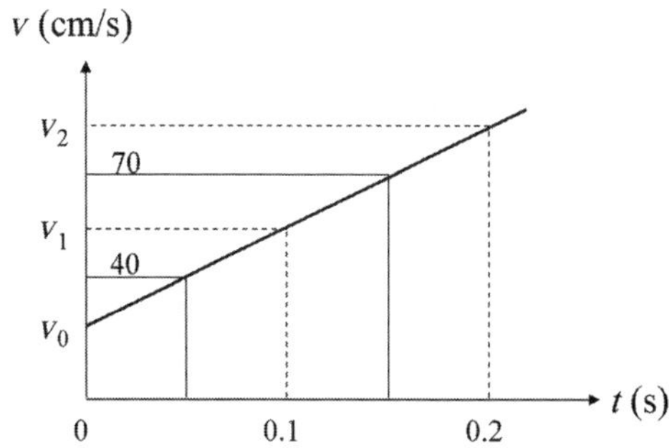

▸▸ 그림 p.1-30(c)

간편해법 이웃한 평균 속력 사이의 차이를 반으로 나누어 처음 평균 속력에서 빼면 초속도 v_0를 얻을 수 있다. 즉,

$$v_0 = \bar{v}_0 - \left(\frac{\bar{v}_1 - \bar{v}_0}{2}\right) = 40 - \left(\frac{70-40}{2}\right) = 25\ (\mathrm{cm/s})$$

이다.

1-31 그림 p.1-31은 진동수가 10 Hz인 시간기록계로 어떤 물체의 운동을 종이테이프에 기록하고 타점 1개 간격으로 테이프를 절단하여 그래프에 붙인 것이다. 세로축 L은 테이프 길이를 의미한다. 물체의 평균 가속도를 계산하라.

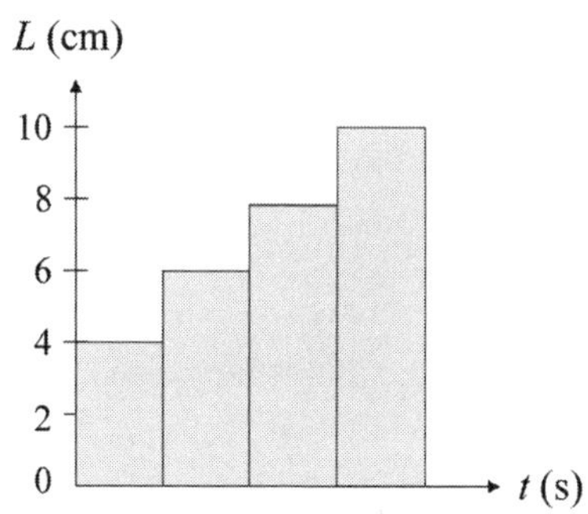

▸▸ 그림 p.1-31

풀이 테이프 조각 사이의 시간 간격은 0.1초다. 테이프 길이는 물체의 위치 변화

량이다. 아래 표에 그래프 데이터를 정리했다. 표를 참조하면 0.1초 동안의 평균 속력 변화량이 20 cm/s 이므로 평균 가속도는 200 cm/s^{2}이다.

<table>
<tr><td>시간 (s)</td><td colspan="2">0~0.1</td><td colspan="2">0.1~0.2</td><td colspan="2">0.2~0.3</td><td colspan="2">0.3~0.4</td></tr>
<tr><td>위치 변화량 (cm)</td><td colspan="2">4</td><td colspan="2">6</td><td colspan="2">8</td><td colspan="2">10</td></tr>
<tr><td>평균 속력 (cm/s)</td><td colspan="2">40</td><td colspan="2">60</td><td colspan="2">80</td><td colspan="2">100</td></tr>
<tr><td>평균 속력 변화량 (cm/s)</td><td></td><td colspan="2">20</td><td colspan="2">20</td><td colspan="2">20</td><td></td></tr>
</table>

보충문제 초속도 v_0와 0.4초 동안 간 거리 s를 계산하라.

답 $v_0 = 30$ cm/s, $s = 28$ cm

1-32 $(v-t)$ 그래프를 이용해서 가속도를 설명하라.

해설 그림 p.1-32의 $(v-t)$ 그래프에서 점 A와 B를 잇는 직선 p의 기울기는

$$\bar{a} = \frac{v - v_0}{t - t_0} = \frac{\Delta v}{\Delta t}$$

이다. $\bar{a}$는 Δt 동안 Δv 만큼 속도가 변했음을 의미하며, $t_0 \sim t$ 사이의 **평균 가속도**라고 한다. 만약 $t_0 \to t$ 이면 직선 p는 점 B의 접선 q로 전환되고, q의 기울기는 시간 t일 때 **순간 가속도** a가 된다. 순간 가속도를 간단히 **가속도**라 부른다.

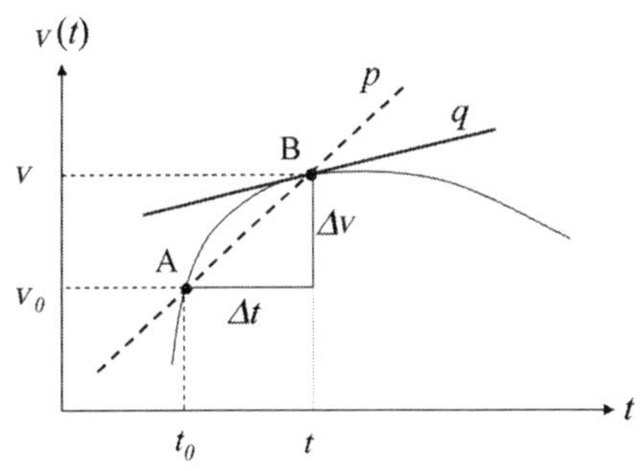

▸▸ 그림 p.1-32

1-33 그림 p.1-33의 $(v-t)$ 그래프에서 시간 t_1, t_2, t_3, t_4일 때의 운동 상태에 대해서 간략히 설명하라.

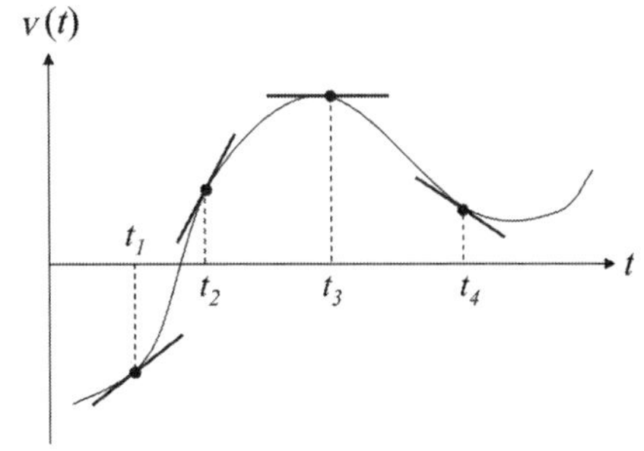

▸▸ **그림 p.1-33**

풀이 좌표축 방향을 오른쪽으로 설정하자. (속력은 속도의 절댓값이다.)

시간 t_1: $v < 0$, 가속도 방향은 오른쪽, 속력은 감소 추세

시간 t_2: $v > 0$, 가속도 방향은 오른쪽, 속력은 증가 추세

시간 t_3: $v > 0$, 오른쪽 방향의 등속 운동($a = 0$)

시간 t_4: $v > 0$, 가속도 방향은 왼쪽, 속력은 감소 추세

보충문제 $t_3 \sim t_4$ 사이의 가속도 부호는?

답 (−)

5. 등가속도 운동방정식

1-34 [등가속도 운동방정식 유도] 초속도는 v_0이고 가속도는 a로 일정할 때 물체의 속도와 위치를 구하라.

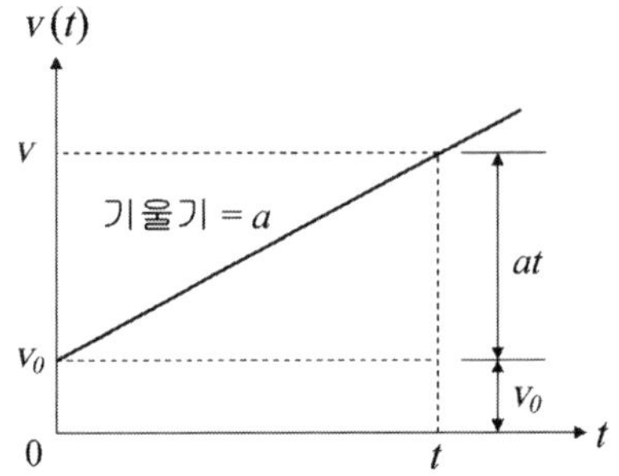

▸▸ **그림 p.1-34**

해설 평균 가속도 $\overline{a}=\dfrac{\Delta v}{\Delta t}=\dfrac{v-v_0}{t}$에서 가속도가 일정하면 $\overline{a}=a$이므로

$$v=v_0+at \quad \cdots\cdots ①$$

이다. 이를 $(v-t)$ 그래프로 나타내면 그림 p.1-34와 같다. 그래프에서 직선이 이루는 넓이는 변위 Δx이다. 따라서

$$\Delta x=\frac{1}{2}\times\{v_0+(v_0+at)\}\times t= v_0t+\frac{1}{2}at^2$$

$\Delta x= x-x_0$이므로 물체의 위치 x는

$$x= x_0+v_0t+\frac{1}{2}at^2 \quad \cdots\cdots ②$$

이며, x_0는 처음위치이다. ①의 t를 ②에 대입하여 정리하면

$$x= x_0+v_0\left(\frac{v-v_0}{a}\right)+\frac{1}{2}a\left(\frac{v-v_0}{a}\right)^2$$

$$\therefore\ 2a(x-x_0)=v^2-v_0^2 \quad \cdots\cdots ③$$

위 3개의 식을 **등가속도 운동방정식**이라 하며 가속도가 일정할 때 유용하게 활용할 수 있다.

정 리 등가속도 운동방정식

$$v = v_0 + at$$

$$x = x_0 + v_0 t + \frac{1}{2}at^2 \xrightarrow{\text{만약 } x_0 = 0} x = v_0 t + \frac{1}{2}at^2$$

$$2a(x - x_0) = v^2 - v_0^2 \xrightarrow{\text{만약 } x_0 = 0} 2ax = v^2 - v_0^2$$

1-35 정지해 있던 물체가 오른쪽으로 움직이기 시작했다. 물체의 초속도는 4 m/s, 가속도는 2 m/s^{2}이다. 5초일 때 (1) 속도와 (2) 위치, 그리고 (3) 위치가 12 m일 때 속도를 구하라.

풀이 처음위치 $x_0 = 0$라 놓고, 등가속도 운동방정식을 이용해서 해답을 구해보자.

(1) $v = v_0 + at = 4 + (2 \times 5) = 14$ (m/s)

(2) $x = v_0 t + \frac{1}{2}at^2 = (4 \times 5) + \left(\frac{1}{2} \times 2 \times 5^2\right) = 45$ (m)

(3) $2ax = v^2 - v_0^2$에서

$$v = \pm\sqrt{2ax + v_0^2} = \pm\sqrt{(2 \times 2 \times 12) + 4^2} = \pm 8 \text{ (m/s)}$$

오른쪽으로 운동하고 있는 상태이므로 (−) 부호는 제외한다.

$\therefore v = 8$ (m/s)

보충문제 $(v-t)$ 그래프를 이용해서 위 문제를 풀어라.

답 문제에서 제시한 조건에 의해 직선의 방정식은 $v = 2t + 4$이다. 이를 $(v-t)$ 그래프로 나타내면 그림 p.1-35와 같다.

(1) $t = 5$ s이면 $v = 14$ m/s이다.

(2) 0 ~ 5초 사이에서 직선과 시간축이 이루는 넓이는 변위 Δx와 같다.

$\Delta x = x - x_0$에서 $x_0 = 0$이므로

$$x = \frac{1}{2} \times (4 + 14) \times 5 = 45 \text{ (m)}$$

(3) $(v-t)$ 그래프에서 넓이가 12인 시간을 t'이라 하면, $v = 2t' + 4$이므로

$$\frac{1}{2} \times [4 + (2t' + 4)] \times t' = 12 \Rightarrow (t' + 6)(t' - 2) = 0$$

$t' > 0$이므로 $t' = 2$ s이다. $v = 2t' + 4$에 $t' = 2$를 대입하면, $v = 8$ m/s

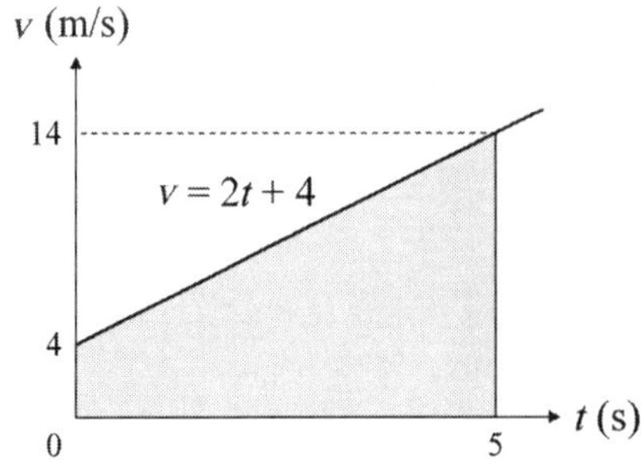

▸▸ 그림 p.1-35

보충문제 10초일 때 위치 x와 속도 v를 각각 계산하라.

답 $x = 140$ m, $v = 24$ m/s

1-36 그림 p.1-36은 진동수가 10 Hz인 시간기록계로 어떤 물체의 운동을 종이테이프에 기록한 다음, 타점 간격으로 테이프를 절단하여 그래프에 붙인 것이다. 세로축 L은 테이프 길이를 의미한다. 초속도를 계산하라.

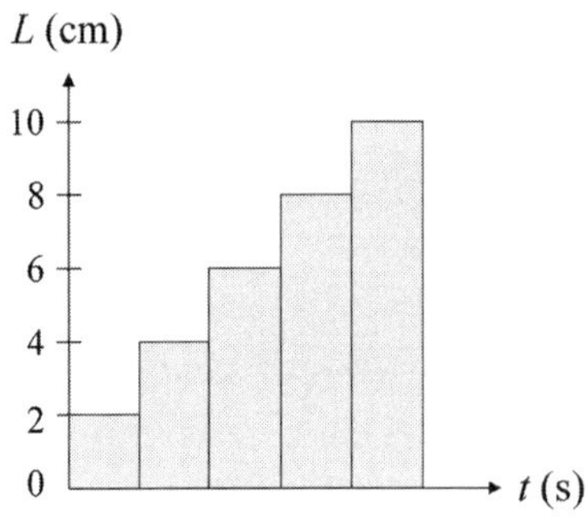

▸▸ 그림 p.1-36

풀이 평균 속력이 20, 40, · · · 이고 시간 간격이 0.1초이므로, 가속도 $a = 200$ cm/s^{2}이다. 초속도를 v_0, 0.1초일 때 속력을 v_1이라 하면 $v_1 = v_0 + at = v_0 + 20$이며 $0 \sim 0.1$초 사이의 평균 속력이 20 cm/s이므로

$$\frac{v_0 + v_1}{2} = \frac{v_0 + (v_0 + 20)}{2} = 20 \quad \therefore \ v_0 = 10 \text{ cm/s}$$

보충문제 문제 1-30의 [간편해법]으로 초속도를 구하라.

답 평균 속력이 20, 40, ···이므로, $v_0 = 20 - \left(\frac{40-20}{2}\right) = 10$ (cm/s)

보충문제 0.8초일 때 위치는 얼마인가?

답 $x = v_0 t + \frac{1}{2}at^2 = 72$ (cm)

1-37 진동수가 10 Hz인 시간기록계로 어떤 물체의 운동을 종이테이프에 기록한 다음, 타점 위치를 측정해서 표를 만들었다. 등가속도 운동방정식을 이용해서 물체의 초속도와 가속도를 각각 계산하라.

시간 (s)	0	0.1	0.2	0.3	0.4	0.5	0.6
위치 (cm)	0	2	5	9	14	20	27

풀이 등가속도 운동방정식 $x = v_0 t + \frac{1}{2}at^2$에서 t가 각각 0.1초와 0.2초일 때

$$2 = v_0 \times (0.1) + \frac{1}{2}a \times (0.1)^2$$

$$5 = v_0 \times (0.2) + \frac{1}{2}a \times (0.2)^2$$

두 식을 풀면 $v_0 = 15$ cm/s, $a = 100$ cm/s^{2}이다. 표에 있는 다른 데이터로 계산해도 결과는 같을 것이다.

보충문제 시간 영역별로 평균 속력을 구한 다음, 위 문제의 답을 구하라.

답 시간기록계 데이터를 사용해서 다음 표를 만든다.

시간 (s)	0~0.1	0.1~0.2	0.2~0.3
평균 속력 (cm/s)	20	30	40

0.1초 간격으로 평균 속력이 10 cm/s씩 증가하므로 가속도 $a = 100$ cm/s^{2}이다. 한편 초속도를 v_0, 0.1초일 때 속력을 v_1이라 하면, 0~0.1초 사이의 평균 속력이 20 cm/s이므로

$$\frac{v_0 + v_1}{2} = 20 \Rightarrow v_0 + v_1 = 40 \quad \text{①}$$

등가속도 운동방정식 $v_1 = v_0 + at$에서 $a = 100$, $t = 0.1$이므로

$$v_1 = v_0 + 10 \quad \text{②}$$

②를 ①에 대입하여 정리하면, $v_0 = 15$ cm/s

보충문제 문제 1-30의 [간편해법]으로 초속도를 구하라.

답 위 [보충문제]의 표를 참조하면, $v_0 = 20 - \left(\frac{30-20}{2}\right) = 15$ (cm/s)

1-38 오른쪽으로 초속도 10 m/s로 출발한 물체가 12 m 지점에서 속도가 -2 m/s가 되었다. (1) 물체의 가속도와 (2) 되돌아오면서 12 m 지점을 지나는 순간의 시간을 각각 구하라. (단, 속력은 일정하게 변했다.)

풀이 등가속도 운동방정식을 이용해서 답을 구해보자.

(1) $2ax = v^2 - v_0^2$에서

$$a = \frac{v^2 - v_0^2}{2x} = \frac{(-2)^2 - 10^2}{2 \times 12} = -4 \ (\text{m/s}^2)$$

(2) $x = v_0 t + \frac{1}{2}at^2$에서 $12 = 10t + \frac{1}{2} \times (-4)t^2$이므로

$$(t-2)(t-3) = 0 \Rightarrow \begin{cases} t = 2 \text{ s} & (\text{오른쪽으로 갈 때}) \\ t = 3 \text{ s} & (\text{되돌아올 때}) \end{cases}$$

$\therefore t = 3$ s

$t = 2$ s는 오른쪽으로 가면서 12 m를 지나는 순간의 시간이므로 해답에서 제외한다. 그림 p.1-38(a)를 보아라.

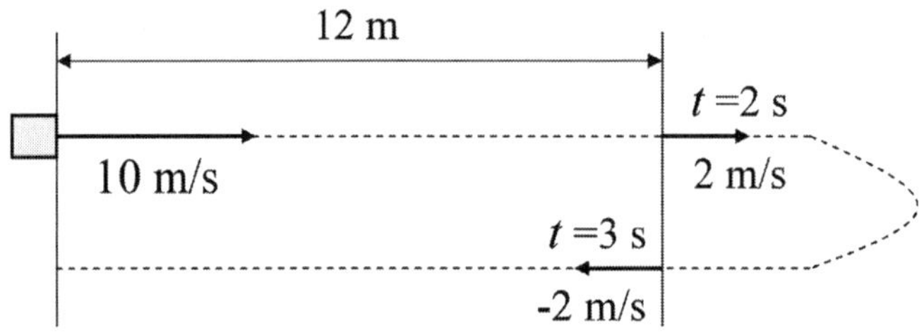

▸▸ 그림 p.1-38(a)

보충문제 $(v-t)$ 그래프를 이용해서 위 문제를 풀어라.

답 그림 p.1-38(b)의 $(v-t)$ 그래프를 보아라.

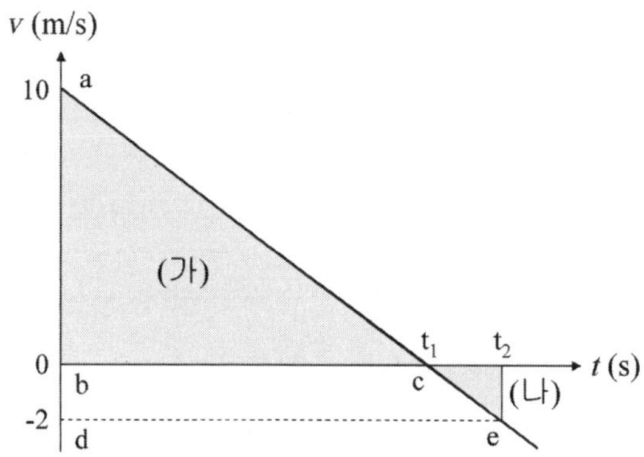

▸▸ 그림 p.1-38(b)

(1) $v=0$인 시간을 t_1, $v=-2$ m/s인 시간을 t_2라 하면 $(v-t)$ 그래프에서 △abc와 △ade는 닮은꼴이므로 $t_1 : t_2 = 10 : 12$이다. 따라서

$$t_2 = \frac{6}{5}t_1 \quad \cdots\cdots \text{①}$$

한편

삼각형 (가)의 넓이 $A_{(가)} = \frac{1}{2}\times 10 \times t_1 = 5t_1$

삼각형 (나)의 넓이 $A_{(나)} = \frac{1}{2}\times(-2)\times(t_2 - t_1) = t_1 - t_2$

전체 넓이는 12 m와 같다. 즉,

$$A_{(가)} + A_{(나)} = 5t_1 + (t_1 - t_2) = 6t_1 - t_2 = 12 \quad \cdots\cdots \text{②}$$

①을 ②에 대입하여 계산하면

$$t_1 = \frac{5}{2} \quad \cdots\cdots \text{③}$$

그런데 직선의 기울기는 가속도 a가 되므로

$$a = -\frac{10}{t_1} \quad \cdots\cdots \text{④}$$

③을 ④에 대입하면, $a = -4\ \text{m/s}^2$

(2) ③을 ①에 대입하면, 12 m에 도달한 시간 $t_2 = 3$ s

보충문제 가장 멀리 갔을 때의 위치 x와 출발선으로 되돌아왔을 때의 속도 v를 각각 구하라.

답 $x = 12.5$ m, $v = -10$ m/s

1-39 직선 도로의 출발선에 정지해 있던 자동차가 다리를 통과할 때까지 등가속도 운동을 했다. 출발선에서 다리 입구까지의 거리는 200 m, 다리 입구에 도달했을 때 자동차의 속력은 10 m/s, 다리 끝에 도달했을 때 속력은 20 m/s 이다. (1) 자동차의 가속도, (2) 출발선에서 다리 입구까지 걸린 시간, (3) 다리 길이를 구하라.

풀이 등가속도 운동방정식을 이용해서 답을 구해보자.

(1) $2as = v^2 - v_0^2$에서 $v = 10$, $v_0 = 0$, $s = 200$

$$\therefore\ a = \frac{v^2}{2s} = \frac{10^2}{2\times 200} = 0.25\ (\mathrm{m/s^2})$$

(2) $v = v_0 + at$에서 $v = 10$, $v_0 = 0$, $a = 0.25$

$$\therefore\ t = \frac{v}{a} = \frac{10}{0.25} = 40\ (\mathrm{s})$$

(3) $2aL_{다리} = v^2 - v_0^2$에서 $v = 20$, $v_0 = 10$, $a = 0.25$

$$\therefore\ L_{다리} = \frac{20^2 - 10^2}{2\times 0.25} = 600\ (\mathrm{m})$$

보충문제 $(v-t)$ 그래프를 이용해서 위 문제를 풀어라.

답 등가속도 운동이므로 $(v-t)$ 그래프는 그림 p.1-39와 같다. 다리 입구와 다리 끝에 도달하는 순간의 시간을 각각 t_1, t_2라 하자.

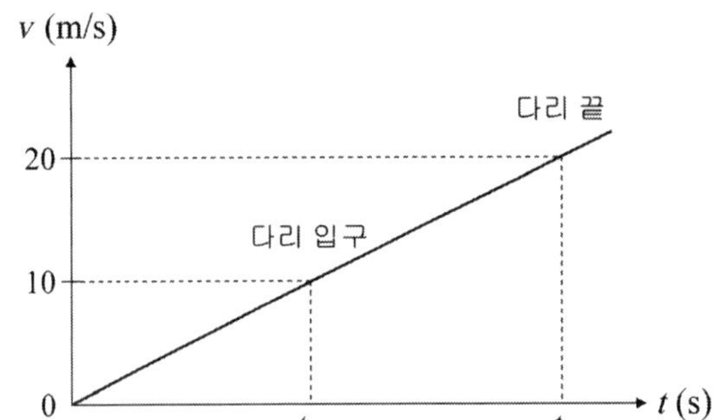

▸▸ 그림 p.1-39

(1) 출발선에서 다리 입구까지 거리가 200 m이므로

t_1까지 넓이 $= \frac{1}{2}\times 10\times t_1 = 200 \Rightarrow t_1 = 40\ (\mathrm{s})$ ······························ ①

$$\therefore\ a = \frac{10-0}{t_1} = \frac{10}{40} = 0.25\ (\mathrm{m/s^2})$$

(2) 다리 입구까지 걸린 시간은 ①에서 $t_1 = 40\ (\mathrm{s})$

(3) 다리 길이는 $(v-t)$ 그래프에서 $t_1 \sim t_2$ 사이의 넓이다. 다리 끝 속력이 다리 입구 속력의 2배이므로 $t_2 = 2t_1$이다. $t_2 - t_1 = t_1 = 40\ (\mathrm{s})$이므로

$$L_{다리} = \frac{1}{2} \times (10+20) \times 40 = 600\ (\mathrm{m})$$

보충문제 출발선에 정지해 있던 다른 자동차가 30초 후에 출발했다. 앞서 간 자동차와 다리 끝에서 동시에 만났다면 얼마의 등가속도로 달렸을까?

답 $0.64\ \mathrm{m/s^2}$

6. 자유낙하 운동

1-40 (1) 자유낙하란 무엇인가?
(2) 중력가속도란 무엇인가?
(3) 자유낙하 운동방정식

해설 (1) 공기 마찰력을 포함한 어떤 외력도 작용하지 않는 상태에서 중력만 작용하여 물체가 연직 방향으로 운동하는 것을 **자유낙하**라 한다. 자유낙하는 하강 운동과 더불어 일시적인 상승 운동도 포함한다.

(2) 지표면 위에서 낙하하는 물체는 속력이 일정하게 증가하며 떨어진다. 물체의 가속도는 지구가 물체를 끌어 당겨 발생하므로 **중력가속도**라 부른다. 중력가속도 방향은 지구 중심을 향한다. 지표면에서 중력가속도는 약 $9.8\ \mathrm{m/s^2}$이며, 문제를 풀 때는 계산 편의상 $10\ \mathrm{m/s^2}$을 사용하기도 한다.

(3) 자유낙하 운동은 가속도가 일정한 운동이므로 등가속도 운동방정식을 따른다. 편의상 $x \rightarrow h$, $a \rightarrow g$로 변수를 바꾸어 정리하면 다음과 같다.

정 리 자유낙하 운동방정식

$$v = v_0 + gt$$

$$h = h_0 + v_0 t + \frac{1}{2}gt^2 \xrightarrow{\text{만약 } h_0 = 0} h = v_0 t + \frac{1}{2}gt^2$$

$$2g(h - h_0) = v^2 - v_0^2 \xrightarrow{\text{만약 } h_0 = 0} 2gh = v^2 - v_0^2$$

주 의 중력가속도 g의 부호는 좌표축이 상방이면 (−), 하방이면 (+)

1-41 지표면으로부터 높이 H에서 물체를 살짝 놓았다. (1) 지표면에 도달하는 순간의 물체 속력과 (2) 낙하 시간을 각각 구하라.

풀이 좌표축 방향을 연직 하방으로 설정한다.

(1) 자유낙하 운동방정식 $2gh = v^2 - v_0^2$에서 $h = H$, $v_0 = 0$이므로, $v = \sqrt{2gH}$

(2) $h = v_0 t + \frac{1}{2}gt^2$에서 $h = H$, $v_0 = 0$이므로, $t = \sqrt{\frac{2H}{g}}$

보충문제 지표면 도달 속력에 비해 속력이 $\frac{1}{2}$이 되는 높이를 구하라.

답 $\frac{3}{4}H$ (즉, 처음 높이 H에서 $\frac{1}{4}H$ 낙하한 지점)

1-42 깊이를 알 수 없는 우물 바로 위에서 돌을 살짝 놓았다. 3초 후 돌이 입수하는 소리가 들렸다. 우물 깊이 h를 계산하라. (단, 소리의 전파 속력은 무시하며, 중력가속도는 $10\ \mathrm{m/s^2}$이다.)

풀이 좌표축 방향을 연직 하방으로 설정하자. 그러면 $h = v_0 t + \frac{1}{2}gt^2$에서 $v_0 = 0$, $g = 10$, $t = 3$이므로, $h = \frac{1}{2} \times 10 \times (3^2) = 45\ (\mathrm{m})$

1-43 그림 p.1−43(a)처럼 지표면에서 $v_0 = 30\ \mathrm{m/s}$ 의 초속도로 물체를 위로 던졌다. (1) 최고 높이, (2) 위로 올라갔다가 다시 지표면에 도달했을 때의 속도를 구하라. (단, 중력가속도는 $10\ \mathrm{m/s^2}$ 이다.)

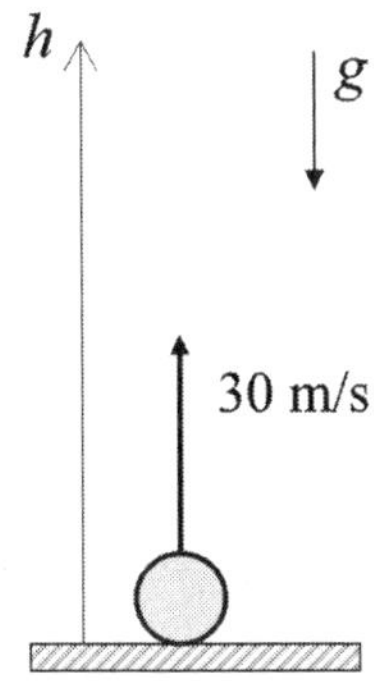

▸▸ 그림 p.1−43(a)

풀이 좌표축 방향을 연직 상방으로 설정한다.

(1) 최고 높이에 도달하면 속력은 0이다. $2gh = v^2 - v_0^2$에서 $g = -10$, $v = 0$, $v_0 = 30$이므로

$$h = -\frac{v_0^2}{2g} = -\frac{30^2}{2\times(-10)} = 45\ (\mathrm{m})$$

(2) $2gh = v^2 - v_0^2$에서 $h = 0$, $v_0 = 30$이므로 $v^2 - 30^2 = 0$이다. 따라서

$$v = \pm 30 \xrightarrow{(-)\text{만 선택}} \therefore\ v = -30\ (\mathrm{m/s})$$

보충문제 $(v-t)$ 그래프를 이용해서 위 문제를 풀어라.

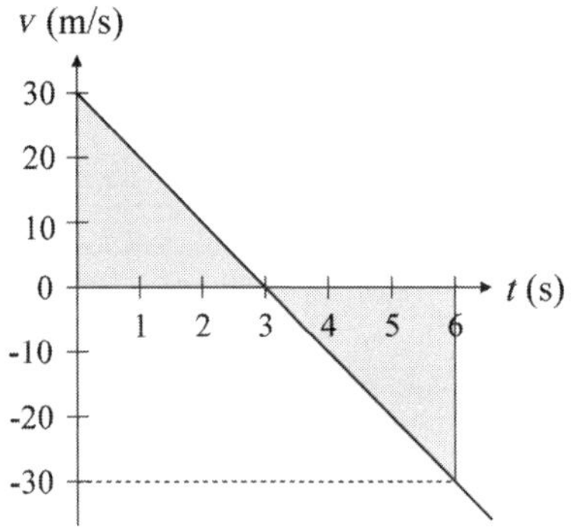

▸▸ 그림 p.1−43(b)

답 중력가속도에 해당하는 기울기 −10인 직선을 그림 p.1−43(b)의 $(v-t)$ 그래프에 나타냈다.

(1) 최고 높이에서 속력이 0이므로, $t=3$ s

(2) 다시 지표면에 내려 왔을 때 변위가 0이므로, 직선과 시간축이 이루는 넓이가 0이 되는 시간은 6 s, 대응하는 속도는 −30 m/s

보충문제 $(v-t)$ 그래프를 이용해서 1초 동안 올라간 높이를 구하라.

답 25 m

1-44 절벽 가장자리에서 연직 상방으로 40 m/s 의 속도로 물체를 던졌다. (1) 2초일 때 물체의 속도, (2) 2초일 때 물체의 높이, (3) 최고 높이 도달 시간, (4) 12초일 때 물체의 위치를 각각 구하라. (단, 중력가속도는 $10\ \mathrm{m/s^2}$이다.)

풀이 좌표축 방향을 연직 상방으로 설정한다.

(1) $v = v_0 + gt$에서 $g = -10$, $t = 2$이므로

$$v = 40 + (-10) \times 2 = 20\ (\mathrm{m/s})$$

(2) $h = v_0 t + \frac{1}{2} g t^2$에서 $v_0 = 40$, $g = -10$, $t = 2$이므로

$$h = 40 \times 2 + \frac{1}{2} \times (-10) \times (2^2) = 60\ (\mathrm{m})$$

(3) $v = v_0 + gt$에서 $v = 0$, $v_0 = 40$, $g = -10$이므로 최고 높이 도달 시간은

$$t = -\frac{v_0}{g} = -\frac{40}{(-10)} = 4\ (\mathrm{s})$$

(4) $h = v_0 t + \frac{1}{2} g t^2$에서 $v_0 = 40$, $g = -10$, $t = 12$이므로

$$h = 40 \times 12 + \frac{1}{2} \times (-10) \times (12^2) = -240\ (\mathrm{m})$$

⇐ 절벽 아래 240 m 지점

보충문제 $(v-t)$ 그래프를 이용해서 위 문제를 풀어라.

답 $(v-t)$ 그래프는 그림 p.1−44와 같다. 직선의 기울기는 중력가속도 값인 −10이다.

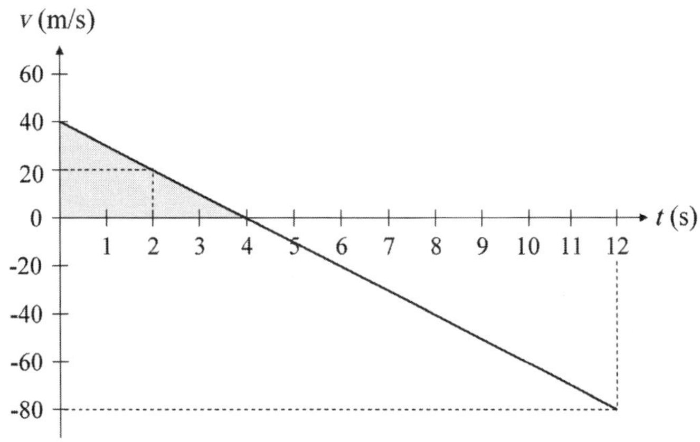

▸▸ 그림 p.1-44

(1) 2초일 때 속도는 20 m/s

(2) 0~2초 사이의 넓이를 계산한다.

$$h = \frac{1}{2} \times (40+20) \times 2 = 60 \text{ (m)}$$

(3) 최고 높이에 도달하면 속력은 0이다. 그래프에서 $v=0$이 되는 시간은 4초

(4) 0~12초 사이의 넓이를 계산한다.

$$h = \left(\frac{1}{2} \times 40 \times 4\right) + \left(\frac{1}{2} \times (-80) \times 8\right) = -240 \text{ (m/s)}$$

보충문제 ($v-t$) 그래프에서 처음 위치에 다시 도달한 시간을 찾아라.

답 8 s

7. 두 물체의 상대운동

1-45 상대속도에 대해 설명하라.

해설 물체의 속도는 통상 지면에 있는 사람이 관측한 값이다. 반면에 움직이는 물체에서 다른 물체의 속도를 관측했을 때는 **상대속도**라고 한다. A가 관측한 B의 상대속도를 $v_{A,B}$라면

$$v_{A,B} = v_B - v_A \quad \cdots\cdots ①$$

이다. 예를 들어보자. B가 오른쪽으로 10 m/s 의 속도로 움직이고 있는 데, A가 4 m/s 의 속도로 뒤따라가면서 B를 관측했다고 하자. 그러면

$$v_{A,B} = v_B - v_A = 10 - 4 = 6 \text{ (m/s)}$$

이다. 2차원 운동도 마찬가지다. 그림 p.1-45와 같이 두 대의 자동차가 서로 다른 방향으로 달린다고 하자. 그러면 상대속도 $v_{A,B}$는 그림 p.1-45의 오른쪽 벡터 그림에 표시한 바와 같다.

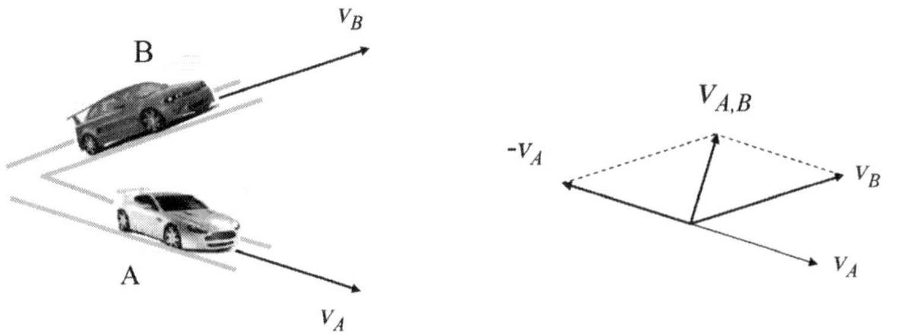

▸▸ 그림 p.1-45

1-46 자동차 A가 오른쪽으로 100 km/h의 속력으로 달리고 있다. (1) 자동차 B가 오른쪽으로 80 km/h의 속력으로 달리고 있다면 A가 본 B의 속도, (2) A가 본 B의 속도가 30 km/h라면 B의 속도는 얼마인가?

풀이 (1) $v_A = 100$ km/h, $v_B = 80$ km/h이므로

$$v_{A,B} = v_B - v_A = 80 - 100 = -20 \text{ (km/h)}$$

(2) $v_A = 100$ km/h, $v_{A,B} = 30$ km/h이므로

$$v_B = v_{A,B} + v_A = 30 + 100 = 130 \text{ (km/h)}$$

보충문제 위 문제에서 자동차 B가 관측한 A의 속도가 −10 km/h라면 B의 속도는?

답 110 km/h

1-47 그림 p.1-47과 같이 왼쪽 차선에는 자동차 A가 60 km/h로, 오른쪽 차선에는 자동차 B가 40 km/h로 달리고 있다. 처음에 B가 A보다 100 m 앞서 있었다. 몇 초 후에 A가 B를 앞서기 시작할까?

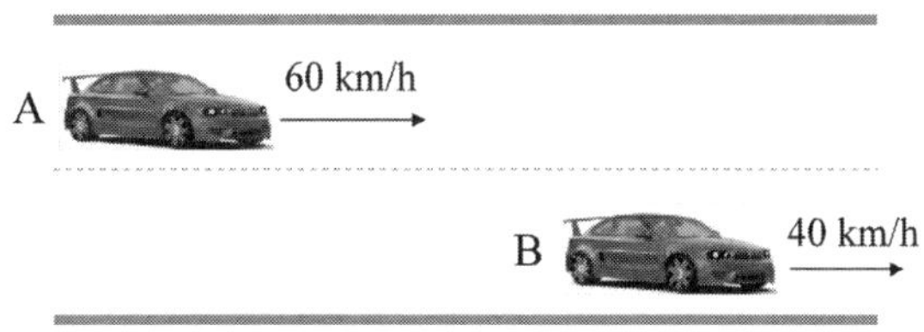

▸▸ 그림 p.1-47

풀이 상대속도는

$$v_{B,A} = v_A - v_B = 60 - 40 = 20 \ (\text{km/h})$$

이며, 이 상대속도로 100 m를 가면 두 자동차가 만난다. 따라서 A가 앞서기 시작한 시간은

$$t = \frac{0.1 \text{ km}}{20 \text{ km/h}} = \frac{1}{200} \ (\text{h}) = 18 \ (\text{s})$$

이다.

보충문제 A가 B를 앞서기 시작해서 5초가 되었을 때 두 자동차의 거리는?

답 약 27.8 m

1-48 강물이 $v_r = 0.5$ m/s의 속력으로 흐르고 있다. 수영선수가 상류 방향으로 $s = 150$ m를 수영하고 출발점으로 되돌아 왔다. 수영선수는 강물에 대해 $v_p = 1.5$ m/s의 속력으로 수영할 수 있다. (1) 왕복 시간은 얼마인가? (2) 물의 흐름이 없는 호수에서 같은 거리를 왕복한다면 얼마나 걸리나?

풀이 (1) 상대속도 $v_{선수} = v_{강물,선수} + v_{강물}$에서 상류 방향으로 수영할 때 $v_{강물} = -v_r$, $v_{강물,선수} = v_p$이므로 걸린 시간은

$$t_1 = \frac{L}{v_{선수}} = \frac{L}{v_p - v_r} = \frac{150}{1.5 - 0.5} = 150 \ (\text{s})$$

하류 방향이면 $v_{강물} = v_r$, $v_{강물,선수} = v_p$이므로

$$t_2 = \frac{L}{v_{선수}} = \frac{L}{v_p + v_r} = \frac{150}{1.5 + 0.5} = 75 \ (\text{s})$$

따라서 왕복 수영시간은 $t = t_1 + t_2 = 225$ (s)

(2) 호수에서 왕복 수영시간 $t = \dfrac{2L}{v_p} = \dfrac{300}{1.5} = 200\ (\mathrm{s})$

보충설명 호수보다 강에서 수영할 때 왕복시간이 더 길다. 하류 방향 수영에서 유속의 도움으로 수영 시간이 단축되는 효과(25초 감소)보다 상류 방향 수영에서 시간 연장 효과(50초 증가)가 더 크기 때문이다.

보충문제 강을 수직으로 가로 질러 300 m를 수영한다면 얼마나 걸릴까?

답 약 212초

Hint 유속을 고려하여 그림 p.1-48에 표시한 $v_{강물,선수}$ 방향으로 수영해야 강을 수직으로 갈 수 있다.

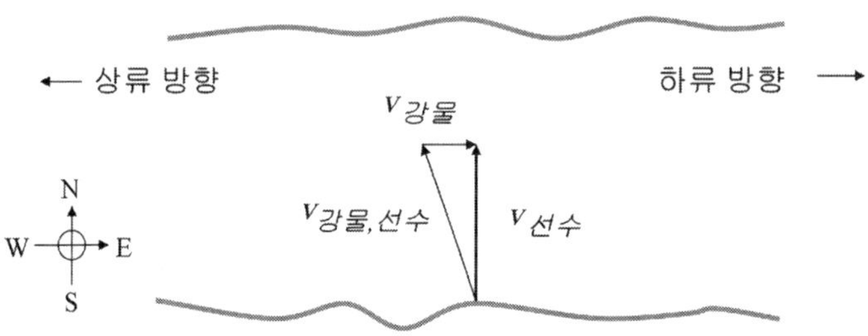

▸▸ 그림 p.1-48

1-49 그림 p.1-49(a)처럼 지표면에서 연직 상방으로 20 m/s의 속력으로 물체 A를 던졌다. 2초 후에 같은 방향으로 40 m/s의 속력으로 물체 B를 던져 올렸을 때, 두 물체가 만나는 시간 t와 높이 h를 구하라. (단, 중력가속도 g는 $10\ \mathrm{m/s^2}$이다.)

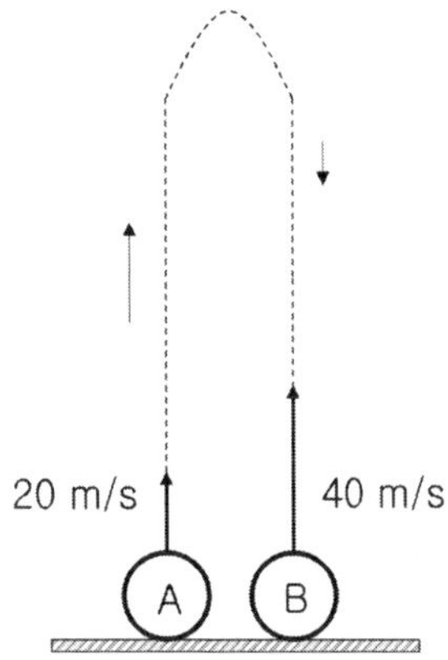

▸▸ 그림 p.1-49(a)

풀이 좌표축 방향을 연직 상방으로 설정하자. 그러면 t초 후 A의 높이는

$$h_A = v_{0A}t + \frac{1}{2}gt^2 = 20t + \frac{1}{2}\times(-10)t^2$$

$$= -5t^2 + 20t \quad \cdots\cdots ①$$

A보다 2초 후에 던져진 B의 높이는

$$h_B = v_{0B}(t-2) + \frac{1}{2}g(t-2)^2 = 40(t-2) + \frac{1}{2}\times(-10)(t-2)^2$$

$$= -5t^2 + 60t - 100 \quad \cdots\cdots ②$$

두 물체가 만났다면 ① = ② 이므로 $40t - 100 = 0$ 에서 만난 시간은 $t = 2.5$ s 이며, 이 시간에 A의 높이는 두 물체가 만난 높이 h와 같다. ①에서

$$h = h_A = (-5)\times(2.5)^2 + 20\times 2.5 = 18.75\ (\mathrm{m})$$

보충문제 $(v-t)$ 그래프를 이용해서 위 문제를 풀어라.

답 중력가속도에 해당하는 기울기 −10인 직선을 그림 p.1-49(b)의 $(v-t)$ 그래프에 나타냈다. 0~t초 사이에서 물체 A의 직선이 만드는 넓이는 A의 높이와 같다.

$$h_A = \left\{\frac{1}{2}\times 20\times 2\right\} + \left\{\frac{1}{2}\times(-10t+20)\times(t-2)\right\} = -5t^2 + 20t \quad \cdots\cdots ①$$

마찬가지로 물체 B의 높이는

$$h_B = \frac{1}{2}\times[40 + \{-10(t-2)+40\}]\times(t-2) = -5t^2 + 60t - 100 \quad \cdots\cdots ②$$

이다. 만약 ① = ② 이면 $40t - 100 = 0$ 이므로 두 물체가 만난 시간은 2.5초이다. 이 시간에 A의 높이는 두 물체가 만난 높이 h가 된다. ①에서

$$h = (-5)\times(2.5)^2 + (20\times 2.5) = 18.75\ (\mathrm{m})$$

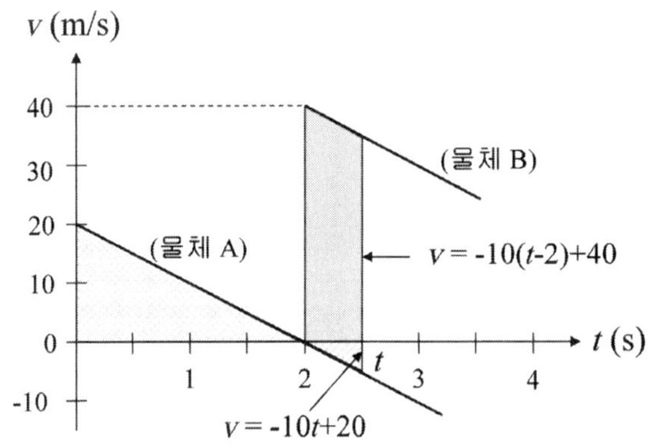

▸▸ 그림 p.1-49(b)

보충문제 두 물체가 만났을 때 각각의 속도를 계산하고, $(v-t)$ 그래프에서 결과를 확인하라.

답 $v_A = -5\ \mathrm{m/s}$, $v_B = 35\ \mathrm{m/s}$

보충문제 2초 이후 A가 관측한 B의 속도 $v_{A,B}$를 구하라.

답 $\begin{cases} v_A = -10t + 20 \\ v_B = -10t + 60 \end{cases}$ $\therefore\ v_{A,B} = 40\ \mathrm{m/s}$

1-50 그림 p.1-50(a)와 같이 물체 A가 정지해 있는 동안 물체 B가 $10\ \mathrm{m/s}$로 다가오고 있다. B가 A 위치에 도달하는 순간 A가 출발해서 $2\ \mathrm{m/s^2}$의 가속도 운동을 했고, B는 출발선을 지나는 순간부터 $-2\ \mathrm{m/s^2}$의 가속도 운동을 했다. (1) A와 B가 다시 만나는 시간과 (2) 8초가 되는 순간 B의 속도를 구하라.

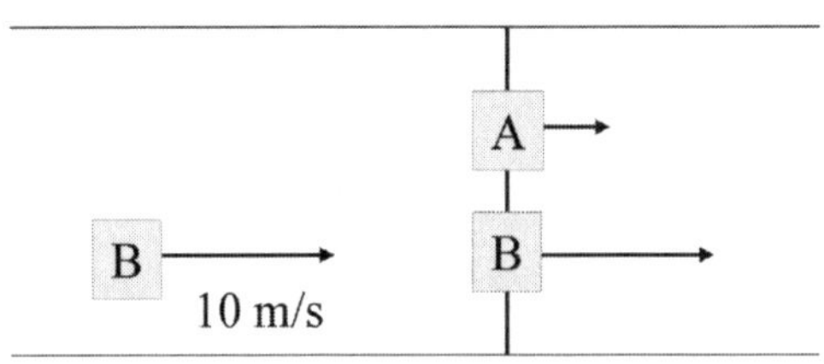

▸▸ 그림 p.1-50(a)

풀이 등가속도 운동방정식을 이용해서 답을 구해보자.

(1) 시간 t일 때 A와 B의 위치는

$$x_A = v_{A0}t + \frac{1}{2}a_A t^2 = \frac{1}{2}\times 2\times t^2 = t^2$$

$$x_B = v_{B0}t + \frac{1}{2}a_B t^2 = 10t + \left\{\frac{1}{2}\times(-2)\times t^2\right\} = -t^2 + 10t$$

$x_A = x_B$일 때 시간은

$$t^2 = -t^2 + 10t \Rightarrow t(t-5) = 0$$

$$\therefore \begin{cases} t = 0 \text{ (출발 시간이므로 제외)} \\ t = 5 \text{ (s)} \end{cases}$$

(2) $v_B = v_{B0} + a_B t$에서 $v_{B0} = 10$, $a_B = -2$, $t = 8$이므로

$$v_B = 10 + (-2)\times 8 = -6 \text{ (m/s)}$$

보충문제 $(v-t)$ 그래프를 이용해서 위 문제를 풀어라.

답 그림 p.1-50(b)의 $(v-t)$ 그래프를 참조하라.

(1) $(v-t)$ 그래프에서 직선 A와 B가 만드는 넓이가 서로 같은 시간이, A와 B가 다시 만나는 시간이다. 그래프에서 그 시간이 5초임을 알 수 있다.

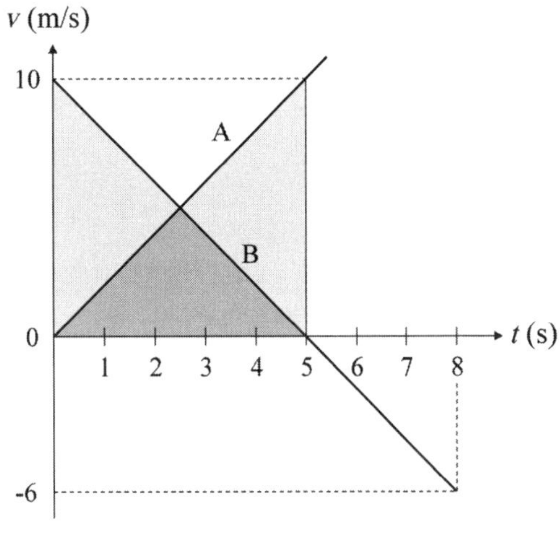

▸▸ 그림 p.1-50(b)

(2) 그래프에서 $t = 8$ s일 때, $v_B = -6$ m/s

보충문제 A가 관측한 B의 속도 $v_{A,B}$를 구하라.

답 $v_{A,B} = -4t + 10$

보충문제 A를 기준으로 한 B의 위치 $x_{A,B}$를 시간 t로 나타내고 그래프를 그려라.

답 $x_{A,B} = x_B - x_A = -2t^2 + 10t$이며, 그래프는 그림 p.1-50(c)와 같다.

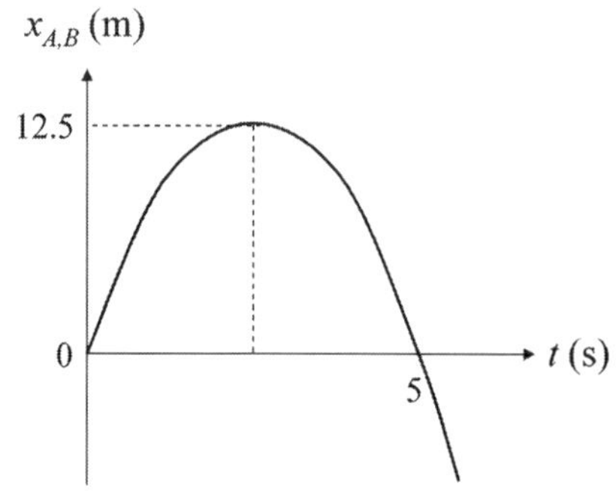

▸▸ 그림 p.1-50(c)

1-51 원점에 있다가 출발한 물체 A와 B의 운동 상태를 그림 p.1-51(a)의 $(v-t)$ 그래프에 직선으로 나타냈다. 직선의 기울기는 서로 같으며, B의 초속도는 0이다. 시간이 지남에 따라 B가 관측한 A의 (1) 속도와 (2) 거리는 어떻게 변하는가?

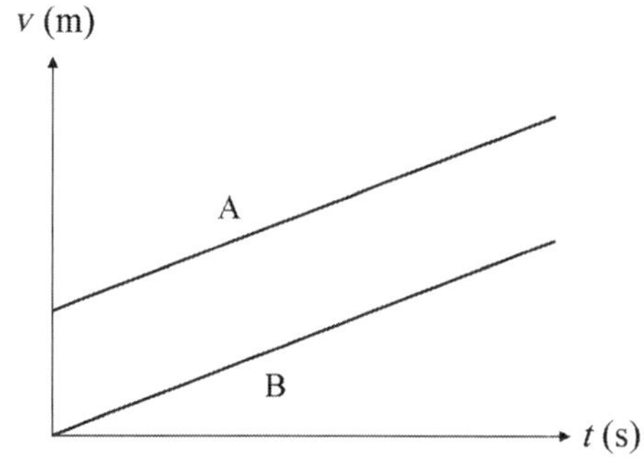

▸▸ 그림 p.1-51(a)

풀이 등가속도 운동방정식을 이용해서 답을 구해보자.

(1) 직선의 기울기가 같으므로 두 물체의 가속도는 서로 같다. 가속도를 a, 물체 A의 초속도를 v_{A0}라 하자. 그러면 $v_A = v_{A0} + at$, $v_B = at$이다. B가 본 A의 상대속도는

$$v_{B,A} = v_A - v_B = v_{A0}$$

이므로 일정하다.

(2) 시간 t일 때, 두 물체의 위치는 $x_A = v_{A0}t + \frac{1}{2}at^2$, $x_B = \frac{1}{2}at^2$이므로

거리는

$$x_{B,A} = x_A - x_B = v_{A0}t$$

이다. 따라서 시간에 비례하여 점점 멀어진다.

보충문제 $(v-t)$ 그래프를 이용해서 위 문제를 풀어라.

답 그림 p.1-51(b)의 $(v-t)$ 그래프를 참조하라.

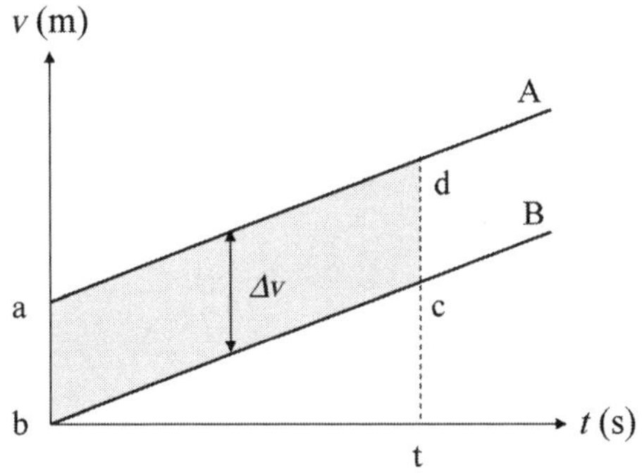

▸▸ 그림 p.1-51(b)

(1) 두 직선 사이의 차이 Δv가 시간에 따라 일정 ⇒ 상대속도 일정

(2) 시간 t일 때 상대거리는 그림 p.1-51(b)의 사각형 abcd의 넓이와 같다. 시간에 따라 사각형 abcd의 넓이가 일정하게 증가하므로, 두 물체는 시간에 비례하여 점점 멀어진다.

보충문제 두 물체의 초속도는 모두 0이고 가속도는 $a_A > a_B$일 때, 시간에 따른 상대속도 $v_{B,A}$와 거리 $x_{B,A}$를 각각 구하라.

답 $v_{B,A} = (a_A - a_B)t$, $x_{B,A} = \frac{1}{2}(a_A - a_B)t^2$

1-52 그림 p.1–52(a)처럼 두 자동차 A와 B가 각각 $10\ \mathrm{m/s}$, $5\ \mathrm{m/s}$의 속력으로 기준선 P를 동시에 통과한 순간부터 A는 등속 운동을 하고 B는 등가속도 운동을 하여 동시에 기준선 Q를 통과했다. A와 B가 P에서 Q까지 이동하는 데 걸린 시간은 각각 10초이다. (1) P에서 Q까지의 거리, (2) B의 가속도, (3) P~Q 구간에서 A가 관측한 B의 속도 $v_{A,B}$를 구하라.

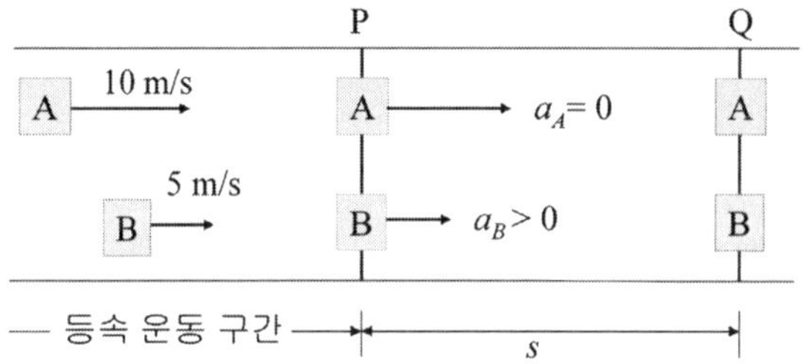

▸▸ 그림 p.1–52(a)

풀이 등가속도 운동방정식을 이용해서 답을 구해보자.

(1) 등속 운동한 A로 계산한다. $a_A = 0$이므로, $x = v_{0A}t = 10 \times 10 = 100\ (\mathrm{m})$

(2) $x = v_{0B}t + \frac{1}{2}a_Bt^2$에서 $100 = 5 \times 10 + \frac{1}{2}a_B \times (10)^2 \quad \therefore\ a_B = 1\ (\mathrm{m/s^2})$

(3) $v_A = 10$, $v_B = t + 5$이므로, $v_{A,B} = t - 5$

보충문제 $(v-t)$ 그래프를 이용해서 위 문제를 풀어라.

답 두 자동차가 기준선 Q에 동시에 도달했으므로, 그림 p.1–52(b)의 $(v-t)$ 그래프에서 A와 B가 이루는 넓이가 서로 같으려면 Q에서 B의 속도는 $15\ \mathrm{m/s}$가 되어야 한다.

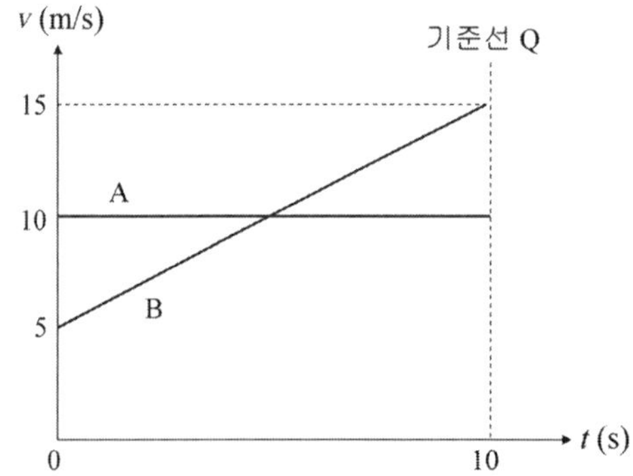

▸▸ 그림 p.1–52(b)

(1) $(v-t)$ 그래프에서 A의 넓이는 P~Q 사이의 거리 ⇒ $x=10\times10=100$ (m)

(2) 가속도는 직선 B의 기울기 ⇒ $a_B=\dfrac{15-5}{10}=1$ (m/s^2)

(3) 직선의 방정식이 $v_A=10$, $v_B=t+5$이므로 $v_{A,B}=v_B-v_A=t-5$

보충문제 문제 풀이에서 상대속도 $v_{A,B}=t-5$이었다. 이 식을 이용하여 두 자동차의 속도가 같은 시간 t를 계산하고, $(v-t)$ 그래프에서 확인하라.

답 $t=5$ s (즉, 상대속도가 0인 시간임)

$(v-t)$ 그래프에서 직선 A와 B가 교차하는 시간은 5초이다.

1-53 정지해 있던 두 자동차 A, B가 출발선을 동시에 출발하여 $x_0=100$ m 떨어진 결승선에 도달하는 데 A는 5초, B는 10초 걸렸다. 출발선에서 결승선까지 두 자동차는 등가속도 운동을 했다. (1) A와 B의 가속도, (2) A가 결승선에 도달하는 순간 B의 위치를 각각 구하라.

풀이 등가속도 운동방정식을 이용해서 답을 구해보자.

(1) $v_{0A}=v_{0B}=0$

$$x_0=\frac{1}{2}a_At_A^2\text{에서 }a_A=\frac{2\times100}{5^2}=8\ (\text{m/s}^2)$$

$$x_0=\frac{1}{2}a_Bt_B^2\text{에서 }a_B=\frac{2\times100}{10^2}=2\ (\text{m/s}^2)$$

(2) A가 결승선에 도달한 5초가 되었을 때 $(v_{0B}=0)$

$$x_B=\frac{1}{2}a_Bt^2=\frac{1}{2}\times2\times5^2=25\ (\text{m})$$

보충문제 $(v-t)$ 그래프를 이용해서 위 문제를 풀어라.

답 그림 p.1-53의 $(v-t)$ 그래프를 참조하라.

(1) $(v-t)$ 그래프에서 직선 A와 B가 이루는 넓이가 100이 되도록 한다. A에 대해 0~5초 사이에서 $\frac{1}{2}\times v_A\times5=100$이므로 결승선에서 $v_A=40$ m/s이며, B는 0~10초 사이에서 $\frac{1}{2}\times v_B\times10=100$이므로 결승선에서 $v_B=20$ m/s이다. 가속도는 직선의 기울기이므로 $a_A=\frac{40}{5}=8$ (m/s^2), $a_B=\frac{20}{10}=2$ (m/s^2)이다.

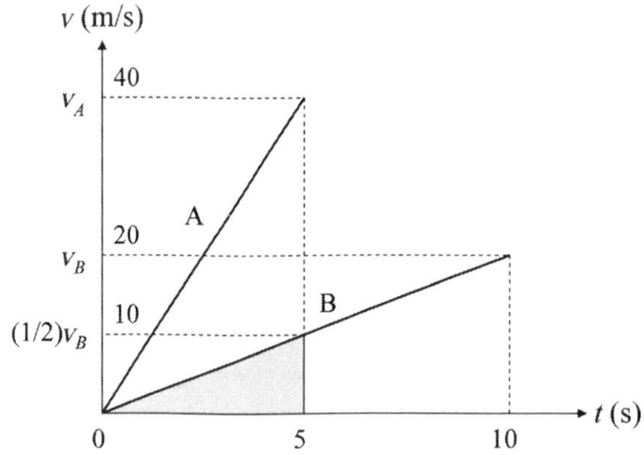

▸▸ 그림 p.1-53

(2) 0~5초 사이에 직선 B가 이루는 넓이는 B의 위치와 같다. 5초일 때 속력이 10 m/s이므로, $x_B = \frac{1}{2} \times 10 \times 5 = 25\ (\text{m})$

보충문제 자동차 A의 운동이 그대로 유지된다면, B가 결승선에 도달했을 때 A는 결승선에서 얼마나 더 멀리 갔는가?

답 300 m

보충문제 자동차 A의 운동이 그대로 유지된다면, B가 결승선에 도달했을 때 B가 본 A의 속도 $v_{B.A}$는 얼마인가?

답 $v_{B.A} = 60$ m/s

1-54 그림 p.1–54(a)처럼 직선도로에서 속력 v로 운동하던 자동차 A가 출발선에 도달하는 순간 출발선에 정지해 있던 자동차 B가 출발했다. A는 출발선에서 중간선까지 속력 v로 등속 운동을 하고, 중간선에서 도착선까지는 가속도 운동을 했다. B는 가속도 a_B로 중간선까지 등가속도 운동을 하고, 중간선에서 도착선까지는 등속 운동을 했다. A와 B는 중간선에 동시에 도달했으며, 도착선에도 동시에 도달했다. 출발선에서 중간선, 중간선에서 도착선 사이의 거리는 각각 L이다. (1) 중간선에 도달하는 순간 B의 속력을 v로 나타내라. (2) 중간선에서 도착선까지 A의 가속도를 a_B로 나타내라. (3) 출발선에서 도착선까지 A가 걸린 시간을 v와 a_B로 나타내라.

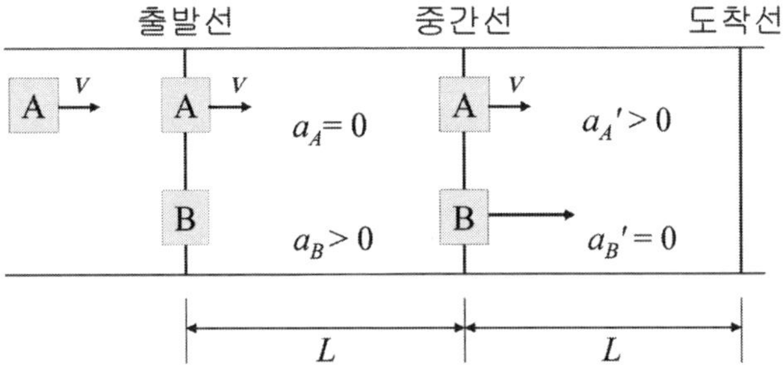

▸▸ 그림 p.1-54(a)

풀이 등가속도 운동방정식을 이용해서 답을 구해보자.

(1) A, B가 중간선에 동시에 도달한 시간을 t_1이라 하면

$$v_{A0}t_1 + \frac{1}{2}a_A t_1^2 = v_{B0}t_1 + \frac{1}{2}a_B t_1^2$$

이며 $v_{A0} = v$, $a_A = 0$, $v_{B0} = 0$이므로

$$t_1 = \frac{2v}{a_B} \quad \cdots\cdots ①$$

한편 $v_{B0} = 0$이므로, 중간선에서 B의 속력 $v_B = a_B t_1 = 2v$

(2) 중간선을 시간 원점으로 다시 설정한다. A, B가 도착선에 도달한 시간을 t_2라 하면 $v_{A0}' t_2 + \frac{1}{2}a_A' t_2^2 = v_{B0}' t_2 + \frac{1}{2}a_B' t_2^2$이며 $v_{A0}' = v$, $v_{B0}' = v_B = 2v$, $a_B' = 0$ 이므로

$$t_2 = \frac{2v}{a_A} \quad \cdots\cdots ②$$

이며, $t_1 = \frac{L}{v}$, $t_2 = \frac{L}{2v}$이므로

$$t_2 = \frac{1}{2}t_1 \quad \cdots\cdots ③$$

①과 ②를 ③에 대입하면 $\frac{2v}{a_A'} = \frac{v}{a_B}$이므로, $a_A' = 2a_B$

(3) 출발선에서 도착선까지 걸린 시간은 ①과 ③에서

$$t = t_1 + t_2 = \left(\frac{2v}{a_B}\right) + \frac{1}{2}\left(\frac{2v}{a_B}\right) = \frac{3v}{a_B}$$

보충문제 $(v-t)$ 그래프를 이용해서 위 문제를 풀어라.

답 두 자동차가 중간선에 동시에 도달했으므로 그림 p.1-54(b)의 $(v-t)$ 그래프에 보인 바와 같이 A와 B의 넓이가 일치하려면, 중간선에서 B의 속력은 $2v$가 되어야 한다. 같은 이유로 도착선에서 A의 속력은 $3v$이다. A가 등속 v로 출발선에서 중간선까지 운동했으므로 걸린 시간은 L/v, B가 $2v$의 등속으로 중간선에서 도착선까지 운동했으므로 걸린 시간은 $L/2v$이다. 따라서 출발선에서 도착선까지 걸린 총 시간은 $3L/2v$이다.

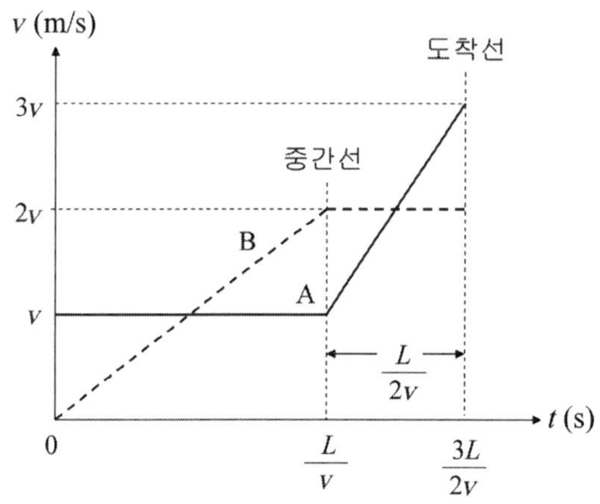

▸▸ **그림 p.1-54(b)**

(1) 그래프를 참조하면, 중간선에서 $v_B = 2v$

(2) 출발선~중간선 구간에서 직선 B의 기울기는 자동차 B의 가속도 a_B이다.

$$a_B = \frac{2v}{(L/v)} = \frac{2v^2}{L} \quad \cdots\cdots ①$$

중간선~도착선 구간에서 자동차 A의 가속도는 직선 A의 기울기이므로

$$a_A' = \frac{2v}{(L/2v)} = \frac{4v^2}{L} \quad \cdots\cdots ②$$

①과 ②에서 $a_A' = 2a_B$

(3) 그래프를 참조하면 $t = \frac{3L}{2v}$이며 ①에서 $\frac{L}{v} = \frac{2v}{a_B}$이므로, $t = \frac{3v}{a_B}$

보충문제 도착선에서 A가 관측한 B의 속도 $v_{A,B}$는 얼마인가?

답 $v_{A,B} = -v$

보충문제 A와 B의 상대속도가 0이 되는 시간은 언제인가? $(v-t)$ 그래프에서 찾아라.

답 $\frac{L}{2v}$, $\frac{5L}{4v}$

Ⅱ 힘과 가속도 운동

1. 기초사항

• 힘

물체의 속도를 변화시키거나 물체의 형태를 변형시키는 물리적 원인

• 합력(알짜힘)

여러 힘이 물체에 작용할 때 그 힘들의 벡터 합을 말한다. 물체의 가속도는 합력에 의해 결정된다.

• 관성

속도 변화에 저항하는 물체의 성질

• 질량

관성의 크기를 나타내는 물리량. 관성질량과 중력질량이 있다.

• 뉴턴의 운동법칙

제1법칙: 관성의 법칙

제2법칙: 가속도의 법칙

제3법칙: 작용-반작용 법칙

• 합력 $\sum F$와 가속도 a의 관계 - 뉴턴 제2법칙

$\sum F = ma$

• 병진 평형 조건

$\sum F = 0$

• 장력

줄을 양쪽에서 잡아당길 때 줄에서 발생하는 응력

• 수직항력

물체와 접촉하고 있는 면이 수직 위 쪽 방향으로 물체에 작용하는 항력

• 마찰력

두 물체가 접촉한 상태에서 운동할 때 접촉면 방향으로 물체 운동을 방해하는 힘이며, 정지마찰력과 운동마찰력으로 구분한다.

- 마찰계수

  마찰력과 수직항력 사이의 비례상수이며, 정지마찰계수와 운동마찰계수가 있다.

- 훅(Hooke)의 법칙

  $F_k = -kx$ (F_k: 탄성력, k: 용수철 상수, x: 변위)

- 관성력

  계가 가속도 운동을 할 때, 계에 있는 물체가 받는 가상의 힘이며 관성 때문에 발생한다. 계의 가속도와 반대 방향으로 작용한다.

- 겉보기 무게

  실제 무게에 관성력이 더해져서 관측되는 가상의 무게

2. 힘의 평형

2-1 힘이란 무엇인가?

해설 뉴턴 제1법칙인 관성의 법칙에 의하면, 외부로부터 어떤 영향을 받지 않으면 정지한 물체는 정지 상태를, 어떤 속도로 움직이던 물체는 그 속도를 계속 유지한다. 이와 같이 현재 상태를 유지하려는 성질을 물체의 **관성**이라 한다. 관성을 극복하면서 물체의 속도를 변화시키려면 어떤 형태의 영향력을 물체에 작용해야 한다. 이 외부 영향력이 바로 **힘**이다.

지표면에서는 물체에 힘을 가해도 물리 법칙으로 예상되는 속도 변화를 관찰하기가 쉽지 않다. 그 이유는 운동을 방해하는 마찰이 있기 때문이다. 절벽에서 돌을 떨어뜨리면 힘과 속도 변화의 관계를 직접 관찰할 수 있다. 보통 돌이 떨어진다고 표현하지만, 실제로는 중력에 의해 지구 중심으로 돌이 끌려가는 것이다.

단위시간당 속도 변화율을 **가속도**라 한다. 힘 F와 가속도 a의 관계는 뉴턴 제2법칙에서 잘 설명하고 있다. 즉, $F = ma$이다. 힘이 작용하는 동안 물체의 속도 변화는 계속되며, 한 방향으로만 힘이 작용하면 속력이 점점 증가한다. 낙하하는 돌의 속력이 점점 증가하는 것은 중력이 계속해서 돌을 잡아당기기 때문이다.

한편 운동 법칙 $F=ma$의 비례상수 m을 **질량**이라 하며, 관성의 크기를 나타내는 기본 물리량이다. 질량이 클수록 속도 변화에 저항하는 관성이 커진다. 질량 m의 단위는 [kg], 가속도 a의 단위는 [m/s^2]이므로 힘 F의 단위는 [kg · m/s^2]이며 간단히 [N]으로 표기한다. 이것은 물리학자 Newton의 첫 글자를 빌린 것이다. 만약 질량 1 kg인 물체가 1 m/s^{2}의 가속도 운동을 한다면, 물체에 작용한 힘은 1 N이다.

힘은 물체 사이의 상호작용이다. 뉴턴 제3법칙인 작용-반작용 법칙에 의하면 물체 A가 물체 B에 힘을 가하면 B도 같은 크기의 힘을 A에 미친다.

힘의 종류는 다양하다. 중력, 전자기력, 탄성력, 마찰력과 같이 일상생활에서 경험할 수 있는 힘이 있는 반면에 핵력과 같이 원자핵 단위에서 존재하여 우리가 직접 느낄 수 없는 힘도 있다.

보충문제 자연에는 4가지 근본적인 힘이 존재한다고 한다. 이 4가지 힘은 무엇인가?

보충문제 만유인력은 서로 떨어져 있는 물체 사이에서 작용하고 있다. 힘이 미치는 원리에 대해 알아보자.

보충문제 수소 원자에서 양성자가 전자에 미치는 만유인력과 전기력의 크기를 비교해 보자.

보충문제 우주에 존재하는 암흑물질과 암흑에너지에 대해 알아보자.

2-2 (1) 작용-반작용과 (2) 평형 상태에 대해 설명하라.

해설 (1) 작용-반작용

그림 p.2-2와 같이 물체 A가 물체 B에 힘 F_{AB}를 작용하면 B는 A에 F_{BA}의 반작용을 가한다. 작용-반작용은 물체가 접촉한 상태에서만 적용되는 것이 아니다. 만유인력, 전기력, 자기력은 물체가 떨어져 있어도 작용-반작용 법칙이 성립한다. **작용력과 반작용력의 특징**은 다음과 같다.

① F_{AB}와 F_{BA}의 크기는 같지만 방향은 반대다.

② 두 힘은 동일 일직선상에서 서로 작용한다.

③ 힘의 작용점은 대응하고 있는 상대 물체에 있다.

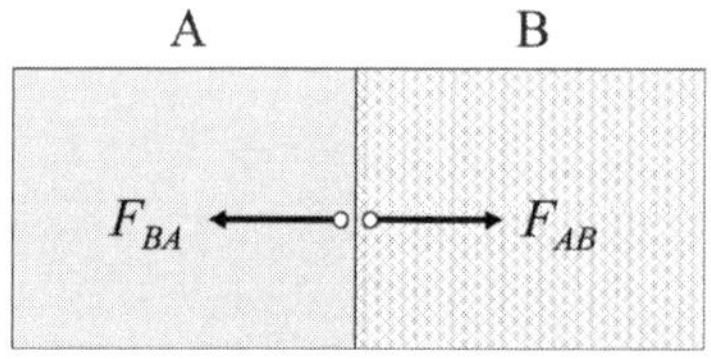

▸▸ 그림 p.2-2

한 물체가 다른 물체에 가하는 힘이 작용이라면 상대되는 힘은 반작용이라 한다. 그러나 어떤 힘이 작용력이고 어떤 힘이 반작용력인지 구분하는 객관적 기준은 없으며 단순히 상대적인 개념이다. 다만, 문장에서 주어와 목적어가 명확하게 제시되었을 때 주어의 역할은 작용, 목적어의 역할은 반작용으로 표현한다.

예컨대, '지구가 물체를 잡아당긴다.'라고 했다면 지구가 물체를 당기는 힘은 작용, 물체가 지구에 미치는 힘은 반작용이다. 반대로 '물체가 지구를 잡아당긴다.'하고 했다면 물체가 지구에 미치는 힘은 작용, 지구가 물체를 당기는 힘은 반작용이다. 그러나 '지구와 물체 사이에 만유인력이 작용한다.'라고 하면 작용과 반작용을 구분할 기준이 없다.

(2) 평형 상태

물체의 운동은 **병진운동**과 **회전운동**으로 구분한다. 하나의 힘이 물체에 작용하면 물체의 병진운동과 회전운동 상태가 변화한다. 그런데 여러 힘이 물체에 작용할 때는 이들 힘의 효과가 서로 상쇄되어 병진운동이나 회전운동의 변화가 발생하지 않을 수도 있다. 이 경우에 물체는 **평형 상태**에 있다고 말한다.

평형 상태는 다음 두 가지 상태를 동시에 만족시켜야 한다. ① 물체가 정지해 있거나 등속으로 직선 운동을 한다. ② 물체가 회전하지 않거나 일정한 율로 회전 운동을 한다.

첫 번째 평형 상태가 되려면 물체에 작용하는 합력이 0이 되어야 한다. 3차원 공간에 물체가 있다면 x, y, z의 세 직각 방향으로 각각 합력이 0이 되어야 한다. 즉,

$$\sum F_x = 0,\ \sum F_y = 0,\ \sum F_z = 0$$

이다. 이 방정식을 **평형의 제1조건**이라 한다.

두 번째 평형 상태가 되려면 힘의 작용선들이 물체의 한 점에서 만나야

한다. 이 경우에 힘들이 공유점을 가진다고 말한다. 회전운동과 관련된 **평형의 제2조건**은 이 책의 편집 범위를 벗어나므로 자세한 설명은 생략하기로 한다.

보충문제 한 물체에 두 개의 힘이 작용할 때, 물체가 병진운동과 회전운동에 대해 평형상태에 있기 위한 조건을 제시하라.

답 다음 3가지 조건이 동시에 만족해야 한다.

① 두 힘의 크기가 같다.

② 두 힘의 방향이 서로 반대다.

③ 두 힘이 하나의 작용선상에 있다.

보충문제 작용-반작용의 예를 찾아서 정리하라.

보충문제 힘의 작용점과 작용선은 무엇인가?

보충문제 짝힘과 평형의 제2조건에 대해 자료를 찾아서 각각 정리하라.

2-3 그림 p.2-3과 같이 물체 A에 힘 F가 작용할 때 벽이 물체 B에 작용하는 힘을 구하라.

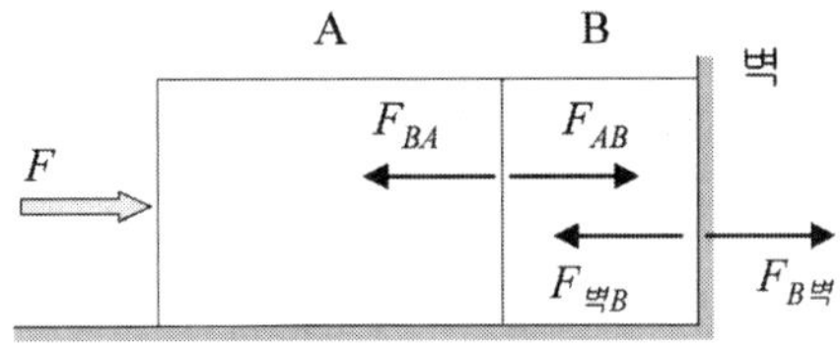

▸▸ **그림 p.2-3**

풀이 물체가 정지해 있거나 등속 운동하면 힘의 평형 상태에 있다고 말한다. 물체의 병진 평형 조건은 물체에 작용하는 합력(알짜힘)이 0이 되는 것이다. 즉,

$$\sum F = 0$$

이다. 그림 p.2-3에서 물체 A에는 외력 F와 B가 미는 힘 F_{BA}가 작용하며, 물체 B에는 A가 미는 힘 F_{AB}와 벽이 미는 힘 $F_{벽B}$가 작용한다. 작용-반작용 관계에 있는 두 힘 F_{BA}와 F_{AB}의 크기를 f라 하자. 그러면 물체들이 평

형 상태에 있으므로

$$(\text{물체 A}) \ \sum F_A = F - f = 0$$

$$(\text{물체 B}) \ \sum F_B = f - F_{\text{벽}B} = 0$$

두 식을 더하면 벽이 물체 B에 작용하는 힘 $F_{\text{벽}B} = F$

보충문제 A에 작용하는 F와 F_{BA}는 작용-반작용인가? 아니면 힘의 평형 관계인가?

2-4 장력이란 무엇인가?

해설 줄을 양쪽에서 팽팽하게 당겼을 때 이 힘에 저항하는 줄의 응력을 **장력**(tension)이라 한다. T의 힘으로 줄 양쪽을 잡아당기면 줄의 장력은 T가 된다. 줄 한쪽을 물체에 연결하고 반대쪽을 당기면, 물체에 작용하는 힘의 크기는 줄에 걸린 장력의 크기와 같다.

보충문제 줄 양쪽의 장력은 작용-반작용인가? 아니면 힘의 평형 관계인가?

2-5 그림 p.2-5처럼 줄(B)로 물체(A)를 천장(C)에 매달았다. 이 물체계에 작용하는 힘들을 설명하라. (단, 줄의 질량은 무시한다.)

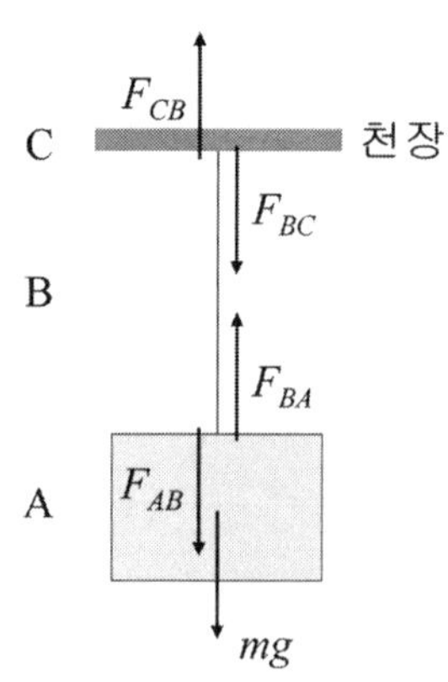

▸▸ 그림 p.2-5

해설 물체 A의 질량중심에 작용하는 mg는 지구가 당기는 중력이다. 중력 mg는 물체 내부를 통해 전달되어 줄 끝을 아래로 당기는 F_{AB}로 작용한다. 작용점이 물체에 있는 F_{BA}는 F_{AB}의 반작용력이다. 또한 F_{AB}가 줄을 통해 천장까지 전달되어 힘 F_{BC}가 천장에 가해지고 F_{BC}의 반작용력인 F_{CB}가 줄 끝에 작용한다. 물체가 정지해 있으므로 모든 힘의 크기는 동일하다. 줄을 양끝에서 당기는 F_{AB}와 F_{CB}는 줄의 장력을 발생시킨다. 정리하면 다음과 같다.

- 작용-반작용 관계에 있는 힘. ( )는 작용점 위치이다.
  ① mg(물체)와 물체가 지구를 당기는 만유인력(지구 중심)
  ② F_{AB}(줄)와 F_{BA}(물체)
  ③ F_{CB}(줄)와 F_{BC}(천장)
- 평형 관계에 있는 힘
  ① 물체: mg와 F_{BA}
  ② 줄: F_{AB}와 F_{CB}

2-6 그림 p.2-6의 (가)에서 줄 1과 2의 장력을 각각 구하라. (단, M과 m은 각 물체의 질량이며, 줄의 질량은 무시한다.)

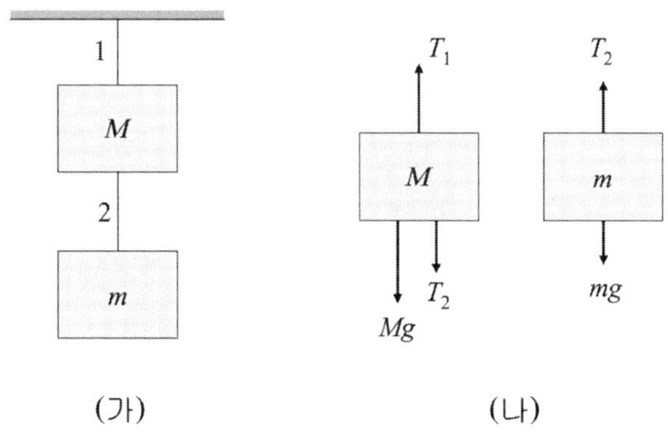

▸▸ **그림 p.2-6**

풀이 병진 평형 조건은 물체에 작용하는 합력이 0이다. 그림 p.2-6의 (나)는 자유물체도이다. 물체들이 평형상태에 있으므로

(물체 M) $\sum F_M = T_1 - T_2 - Mg = 0$

(물체 m) $\sum F_m = T_2 - mg = 0$

두 식으로부터 $T_1 = (M+m)g$, $T_2 = mg$이다.

보충문제 천장에 걸리는 힘은 얼마인가?

답 T_1

2-7 그림 p.2–7의 (가)와 같이 $m = 5$ kg인 물체가 줄에 매달려 있다. 줄의 장력은 얼마인가? (단, 중력가속도는 $10\ \mathrm{m/s^2}$이며, 줄의 무게는 무시한다.)

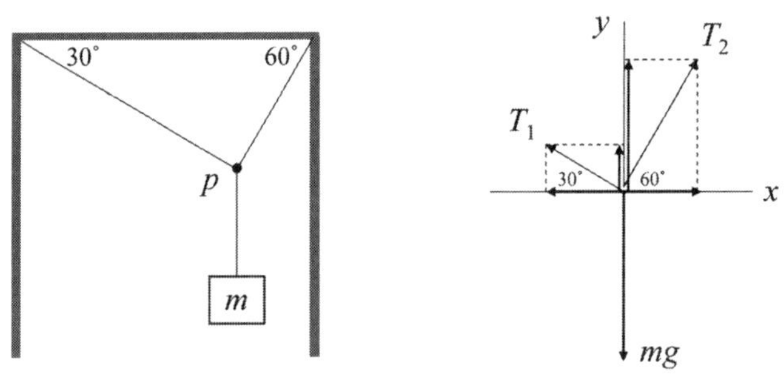

(가) (나)

▸▸ 그림 p.2–7

풀이 p에 작용하는 합력이 0이다. 그림 p.2–7의 (나)를 참조하면

(수평 방향) $\sum F_x = T_2 \cos 60^\circ - T_1 \cos 30^\circ = 0$

$\therefore\ T_2 - \sqrt{3}\, T_1 = 0$ ······························ ①

(수직 방향) $\sum F_y = T_1 \sin 30^\circ + T_2 \sin 60^\circ - mg = 0$

$\therefore\ T_1 + \sqrt{3}\, T_2 = 2mg$ ······························ ②

①과 ②에서

$$T_1 = \frac{1}{2}mg = \frac{1}{2} \times 5 \times 10 = 25\ (\mathrm{N})$$

$$T_2 = \sqrt{3}\, T_1 = 25\sqrt{3}\ (\mathrm{N})$$

보충문제 두 기둥이 줄에서 받는 수평 방향의 힘을 비교하라.

답 크기는 같고 방향은 반대

2-8 그림 p.2-8의 (가)와 같이 무게 w인 물체가 줄에 매달려 있다. 줄의 장력을 구하라.

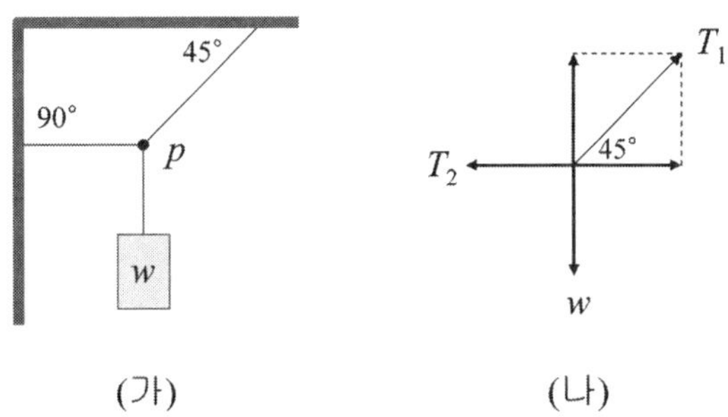

▸▸ 그림 p.2-8

풀이 p가 평형 상태에 있으려면 그림 p.2-8의 (나)에서

$$(\text{수평 방향})\ \sum F_x = T_1 \cos 45^\circ - T_2 = 0$$

$$(\text{수직 방향})\ \sum F_y = T_1 \sin 45^\circ - w = 0$$

따라서 $T_1 = \sqrt{2}\,w,\ \ T_2 = w$

보충문제 줄이 벽과 천장에 수직으로 작용하는 힘의 크기는 각각 얼마인가?

답 모두 w

2-9 그림 p.2-9와 같이 마찰이 없는 경사면에 질량 m인 물체 A가 도르래를 거쳐 질량 M인 물체 B와 줄로 연결되어 있다. 경사각이 θ일 때 두 물체는 움직이지 않는다. M과 m의 관계를 구하라. (단, 도르래 마찰은 무시한다.)

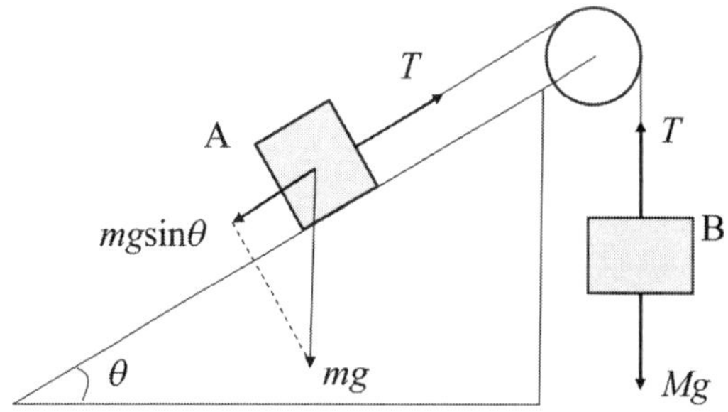

▸▸ 그림 p.2-9

풀이 두 물체에 작용하는 합력은 각각 0이다.

(물체 A) $\sum F_A = T - mg\sin\theta = 0$

(물체 B) $\sum F_B = Mg - T = 0$

두 식을 더해서 정리하면, $M = m\sin\theta$

보충문제 경사각을 증가시키면 물체 움직임은 어떻게 되나?

답 물체 A가 미끄러져 내려간다.

2-10 수직항력이란 무엇인가?

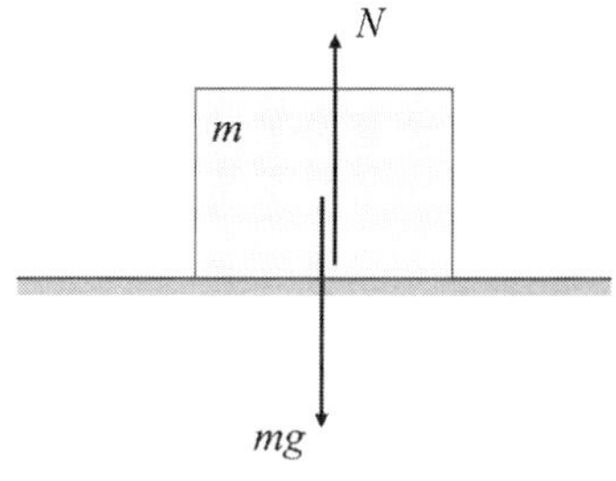

▸▸ 그림 p.2-10(a)

해설 수평면에 놓여 있는 물체에 중력 mg가 작용하지만 물체가 바닥 밑으로 들어가지 못하는 이유는 그림 p.2-10(a)처럼 바닥이 중력과 동일한 힘 N으로 물체를 떠받치기 때문이다. 힘 N을 **수직항력**이라 한다.

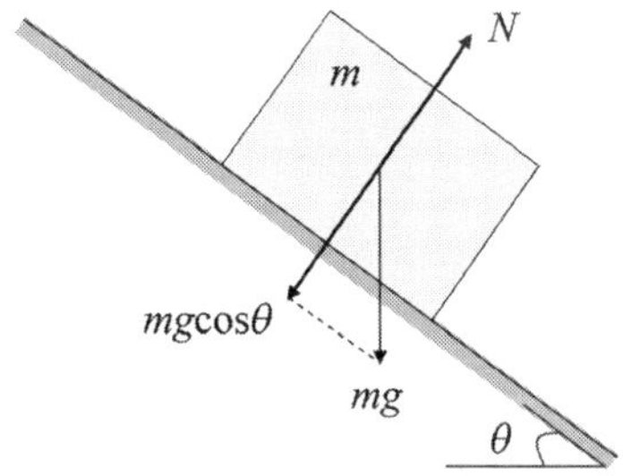

▸▸ 그림 p.2-10(b)

경사면에서는 경사각에 따라 수직항력의 방향과 크기가 달라진다. 그림 p.2-10(b)와 같이 경사면과 수직한 방향으로의 중력 성분에 저항하여 경사면이 N의 힘으로 물체를 떠받치고 있다. 이때 수직항력 $N = mg\cos\theta$이다. 수직항력의 방향은 물체가 놓여있는 면과 **항상 수직**이다.

보충문제 그림 p.2-10(a)에서 수직항력과 중력은 작용-반작용 관계에 있는가?

2-11 그림 2-11(a)와 같이 철로 만든 상자에 자석이 붙어 있다. 각 위치에서 수직항력을 구하라. (단, 자석의 질량은 m, 중력가속도는 g, 자기력 $F_B = 1.2mg$이다.)

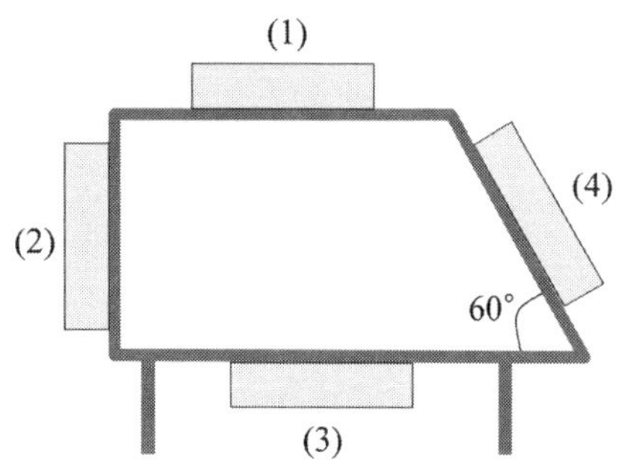

▸▸ 그림 p.2-11(a)

풀이 수직항력 N의 방향은 그림 2-11(b)를 참조하라.

(1) $N = F_B + F_g = 1.2mg + mg = 2.2mg$

(2) $N = F_B = 1.2mg$

(3) $N = F_B - F_g = 1.2mg - mg = 0.2mg$

(4) $N = F_B + F_g\cos 60^\circ = 1.2mg + 0.5mg = 1.7mg$

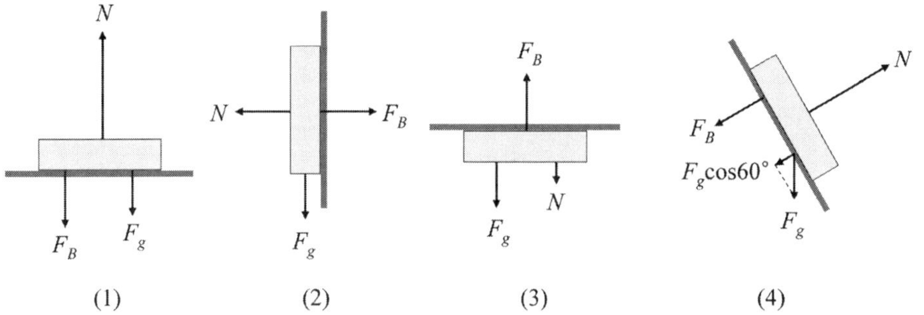

▸▸ 그림 p.2-11(b)

2-12 그림 p.2–12의 (가)와 같이 마찰이 없는 경사면에 놓인 물체가 도르래를 거쳐 줄로 바닥에 고정되어 있다. 물체의 질량이 m일 때 줄의 장력과 물체의 수직 항력을 각각 구하라. (단, 물체의 크기는 무시한다.)

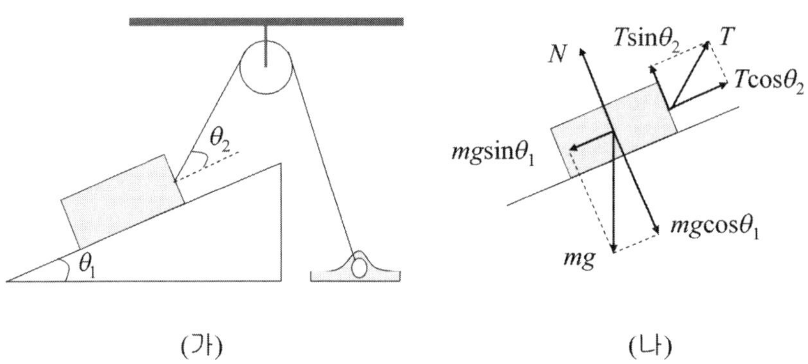

▸▸ 그림 p.2-12

풀이 줄의 장력이 T일 때 물체에 작용하는 힘과 분력을 그림 p.2–12의 (나)에 표시했다. 물체가 정지해 있으므로 경사면과의 수평 및 수직 방향의 알짜힘은 0이다.

$$\sum F_{수평} = mg\sin\theta_1 - T\cos\theta_2 = 0 \cdots\cdots ①$$

$$\sum F_{수직} = N + T\sin\theta_2 - mg\cos\theta_1 = 0 \cdots\cdots ②$$

①에서 장력 $T = \left(\dfrac{\sin\theta_1}{\cos\theta_2}\right)mg$

T를 ②에 대입하여 정리하면 수직항력 $N = (\cos\theta_1 - \sin\theta_1\tan\theta_2)mg$

보충문제 바닥에 있는 지지대 부근에서 줄의 장력은 얼마인가?

답 T의 크기와 같다.

2-13 정지마찰력과 운동마찰력에 대해 설명하라.

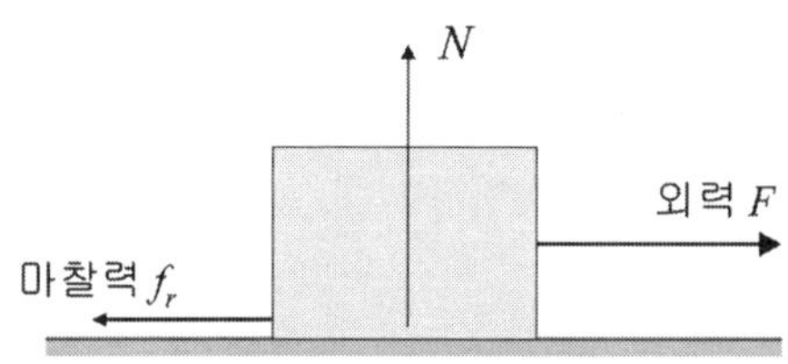

▸▸ 그림 p.2-13(a)

해설 그림 p.2-13(a)에서 마찰력 f_r이 외력 F와 평형을 이루면 물체는 정지한 상태를 유지한다. 정지한 상태에서 물체에 작용한 마찰력을 **정지마찰력**이라 한다. 그림 p.2-13(b)의 그래프에 표시한 바와 같이, 물체가 정지한 상태에서는 외력이 증가하면 정지마찰력도 같은 크기로 증가한다.

외력을 더 증가시키면 물체가 움직이는 시점이 있다. 물체가 움직이기 시작한 순간의 정지마찰력을 **최대 정지마찰력**이라 한다. 실험결과에 의하면 최대 정지마찰력 f_s는 물체의 수직항력 N에 비례한다. 즉,

$$f_s = \mu_s N$$

이며 비례상수 μ_s를 **정지마찰계수**라 한다.

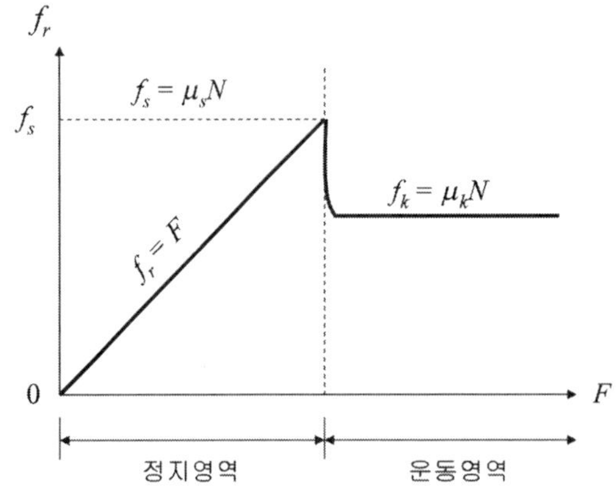

▸▸ **그림 p.2-13(b)**

외력이 최대 정지마찰력과 같아지는(또는 무시할 정도의 크기를 초과하는) 순간에 물체는 미끄러지기 시작하여 운동마찰을 받는다. 이때 물체에 작용한 마찰력을 **운동마찰력**이라 한다. 정지마찰력과 마찬가지로 운동마찰력 f_k도 물체의 수직항력 N에 비례한다. 즉, 비례상수를 μ_k라고 하면

$$f_k = \mu_k N$$

가 성립한다. μ_k를 **운동마찰계수**라 하며 일반적으로 정지마찰계수보다 작다. 그림 p.2-13(b)에 보인 바와 같이 외력의 크기와 관계없이 운동마찰력은 일정하다.

보충문제 마찰은 매우 복잡한 물리 현상이다. 어떤 경우에는 $f_r \propto N$ 대신에 $f_r \propto N^{0.9}$로 주어지며, 속력이 증가함에 따라 운동마찰력이 점차 감소하는 경우도 있다. 마찰 현상에 대해 상세하게 조사해 보아라.

보충문제 자동차 제동장치인 ABS(anti-lock brake system)의 작동 원리에 대해 정리하라.

보충문제 정지영역과 운동영역 사이의 낮은 속력에서는 정지마찰과 운동마찰이 결합된 특성이 나타난다. 예컨대, 갑작스런 '붙기-미끄러지기(stick-slip)' 운동 때문에 삐걱거리는 소리가 난다. 낮은 속력에서의 마찰 특성을 알아보라.

보충문제 마찰계수의 몇 가지 예를 정리하라.

답 마찰계수는 표면 상태, 습기, 온도 등 환경적 요인에 의해 변하는 값이므로 절댓값은 없다. 대략적인 근삿값을 정리하면 다음과 같다. (마찰계수는 접촉면의 넓이와 무관함에 유의하라.)

	정지마찰계수	운동마찰계수
강철과 강철	0.74	0.57
콘크리트와 고무	1.0	0.8
나무와 나무	0.25~0.5	0.2
윤활유 처리한 금속과 금속	0.15	0.06
얼음과 얼음	0.1	0.03
사람의 연골 관절	0.01	0.003

* R. A. Serway, *College Physics*, 8th ed. (Brooks/Cole, Stamford, 2009) 참조

2-14 그림 p.2-14의 상태에서 물체 A가 정지 상태를 유지할 수 있는 물체 B의 최대 무게가 w이었다. 물체 A와 바닥 사이의 정지마찰계수는 얼마인가? (단, A의 질량은 m이다.)

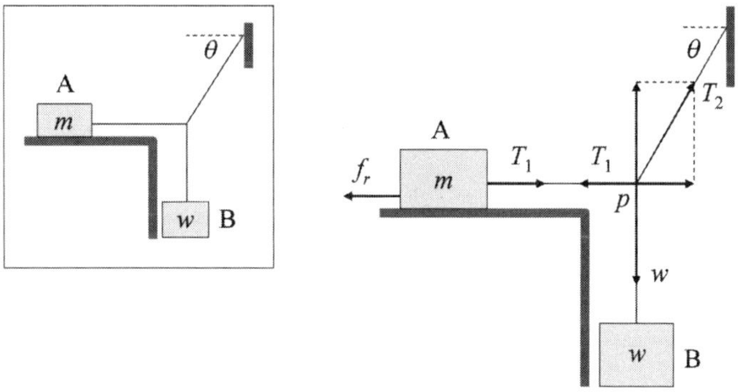

▸▸ 그림 p.2-14

풀이 그림 p.2-14에서 p의 평형 조건은 다음과 같다.

$$(\text{수평 방향})\ \sum F_x = T_2\cos\theta - T_1 = 0$$

$$(\text{수직 방향})\ \sum F_y = T_2\sin\theta - w = 0$$

위 연립 방정식을 풀면 장력 T_1은 다음과 같다.

$$T_1 = \frac{w}{\tan\theta} \quad \cdots\cdots ①$$

물체 A에 작용하는 최대 정지마찰력 $f_r = \mu_s mg$이므로 평형 조건에 의해

$$f_r = \mu_s mg = T_1 \quad \cdots\cdots ②$$

따라서 ①과 ②에서 정지마찰계수 $\mu_s = \dfrac{w}{mg\tan\theta}$

보충문제 이 상태에서 물체 A 위에 질량 m인 다른 물체를 올려놓으면 정지마찰력의 크기는 얼마인가?

답 정지마찰력은 외력과 같으므로 변하지 않는다.

2-15 물체 A, B, C가 그림 p.2-15와 같이 연결되어 있다. A와 B 사이, A와 바닥 사이의 정지마찰계수는 μ_s이다. A의 질량은 m_A, B의 질량은 m_B, C의 질량은 M이다. 물체들이 정지해 있기 위한 C의 최대 질량과 장력 T를 구하라. $\mu_s = 0.2$, $m_A = 5\ \text{kg}$, $m_B = 2\ \text{kg}$일 때 M과 T를 각각 계산하라. (단, 중력가속도는 $10\ \text{m/s}^2$이며, 도르래 마찰은 무시한다.)

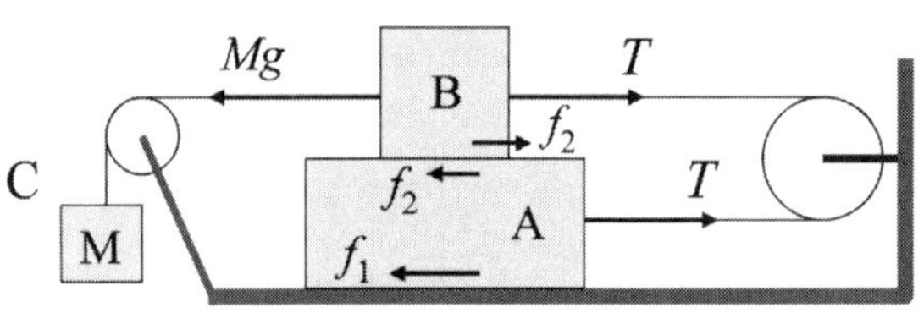

▸▸ 그림 p.2-15

풀이 물체 C가 하강하는 방향으로 힘 Mg가 B에 작용하므로 마찰력 f_1과 f_2는 그림 p.2-15에 표시한 바와 같다. 마찰력 $f_1 = \mu_s(m_A + m_B)g$, $f_2 = \mu_s m_B g$이다. 물체 각각에 대해 평형 조건을 적용하면

$$(\text{물체 A})\ \sum F_A = T - f_1 - f_2 = 0 \quad \cdots\cdots ①$$

$$(\text{물체 B})\ \sum F_B = Mg - T - f_2 = 0 \quad \cdots\cdots ②$$

①과 ②를 더하면 $Mg = f_1 + 2f_2 = \mu_s(m_A + 3m_B)g$이므로 물체 C의 최대 질량은

$$M = \mu_s(m_A + 3m_B)$$

①에서 장력은

$$T = f_1 + f_2 = \mu_s(m_A + 2m_B)g$$

만약 $\mu_s = 0.2$, $m_A = 5$ kg, $m_B = 2$ kg이면 $M = 2.2$ kg, $T = 18$ N

보충문제 물체 A와 바닥 사이에 마찰이 없을 때 C의 최대 질량 M과 장력 T를 구하라.

답 $M = 2\mu_s m_B$, $T = \mu_s m_B g$

2-16 세 개의 물체가 그림 p.2-16(a)와 같이 연결되어 있다. 물체 C가 등속 v로 하강하고 있다. A와 B의 질량은 각각 m이며 A와 바닥, B와 경사면 사이의 운동 마찰계수는 μ_k이다. (1) A와 B 사이의 장력과 (2) 물체 C의 무게를 각각 구하라.

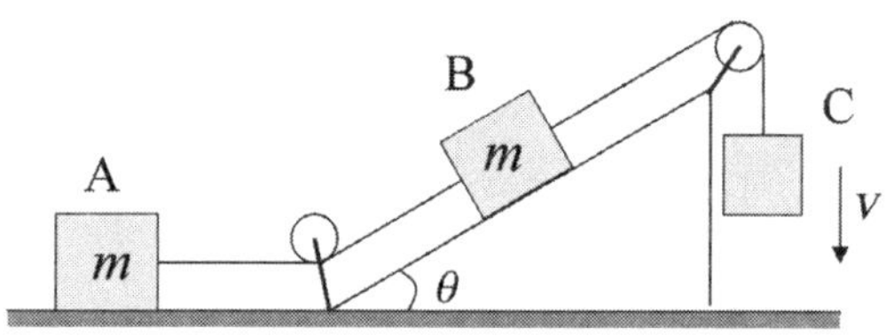

▸▸ 그림 p.2-16(a)

풀이 등속 운동하므로 각 물체는 힘의 평형 상태에 있다. 그림 p.2-16(b)의 자유 물체도를 참조하면

(물체 A) $\sum F_A = T_1 - f_{rA} = 0$ ············ ①

(물체 B) $\sum F_B = T_2 - T_1 - f_{rB} - mg\sin\theta = 0$ ············ ②

(물체 C) $\sum F_C = w - T_2 = 0$ ············ ③

이며, 여기서 $f_{rA} = \mu_k mg$, $f_{rB} = \mu_k N = \mu_k mg\cos\theta$이다.

(1) A와 B 사이의 장력은 ①에서 $T_1 = f_{rA} = \mu_k mg$

(2) ③에서 $w = T_2$이며, ①과 ②를 더하면

$$w = T_2 = (\mu_k + \mu_k\cos\theta + \sin\theta)mg$$

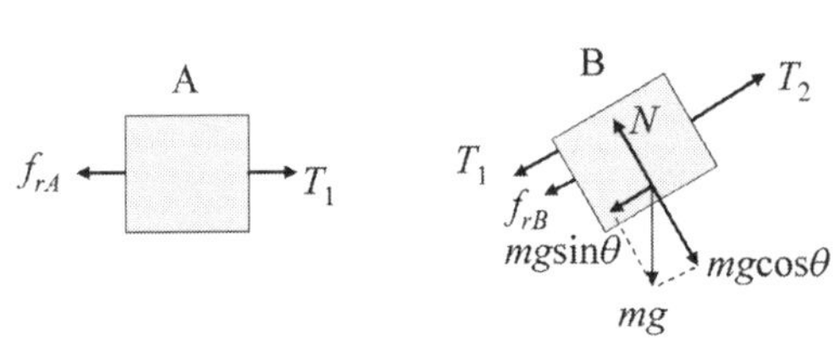

▸▸ 그림 p.2-16(b)

보충문제 물체 B의 질량이 $2m$일 때 장력 T_1과 무게 w를 구하라.

답 $T_1 = \mu_k mg$, $w = (\mu_k + 2\mu_k\cos\theta + 2\sin\theta)mg$

2-17 그림 p.2-17과 같이 고정도르래에 매단 발판 위에 사람이 앉아 있고, 사람이 연속적으로 줄을 당기고 있다. 발판과 사람의 총 질량이 M일 때 발판이 등속으로 움직이기 위해 얼마의 힘으로 줄을 당겨야 하나?

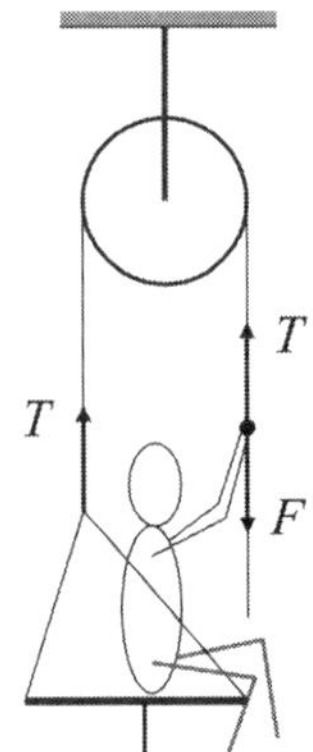

▸▸ 그림 p.2-17

풀이 발판이 등속으로 움직이려면 발판에 작용하는 합력이 0이 되어야 한다. 사람이 줄을 당김으로써 반작용으로 발생한 줄의 장력을 T라 하면

$$\sum F_{발판} = 2T - Mg = 0 \quad \therefore \quad T = \frac{1}{2}Mg$$

따라서 사람이 $F = T = \frac{1}{2}Mg$의 힘으로 줄을 당기면 발판은 등속으로 움직인다. (등속으로 움직인다고 하면 정지, 등속 상방 운동, 등속 하방 운동 중 하나를 의미한다. 어느 경우든 힘의 평형 상태란 점에서 물리적으로 차이가 없다.)

보충문제 도르래의 천장 고정줄 장력은 얼마인가?

답 Mg

2-18 그림 p.2-18과 같이 고정도르래 3개와 움직도르래 3개로 구성된 장치가 있다. 물체가 정지한 상태를 유지하기 위한 힘 F의 크기를 구하라. (단, 물체의 무게는 w이며 도르래와 줄의 질량은 무시한다.)

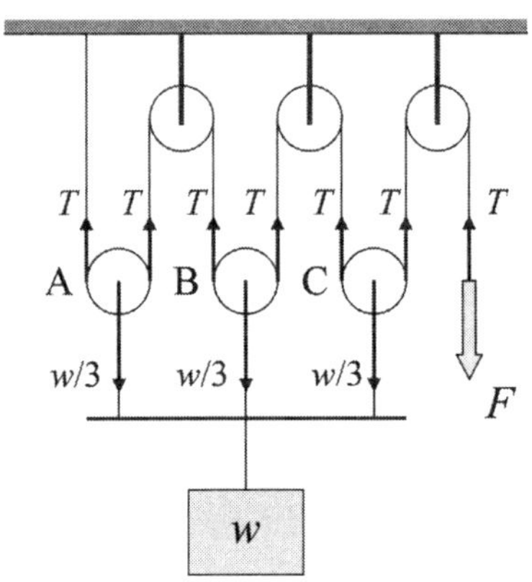

▸▸ 그림 p.2-18

풀이 도르래와 줄에 작용하는 힘을 p.2-18에 표시했다. 고정도르래와 움직도르래를 거쳐 줄이 하나로 연결되어 있으므로 모든 위치에서 장력의 크기는 같다. 움직도르래 A, B, C가 정지해 있으므로

$$(\text{줄 한끝})\ \sum F_{\text{줄}} = F - T = 0$$

$$(\text{도르래 A})\ \sum F_A = 2T - \frac{1}{3}w = 0$$

$$(\text{도르래 B})\ \sum F_B = 2T - \frac{1}{3}w = 0$$

$$(\text{도르래 C})\ \sum F_C = 2T - \frac{1}{3}w = 0$$

첫 번째 식에서 $F = T$, 나머지 세 개에서 $T = \frac{1}{6}w$이므로, $F = \frac{1}{6}w$

보충문제 천장에 작용하는 합력은 얼마인가?

답 $\frac{7}{6}w$

보충문제 천장에 작용하는 합력이 물체의 무게 w보다 큰 이유를 설명하라.

2-19 그림 p.2-19처럼 1개의 고정도르래와 3개의 움직도르래에 줄을 연결하고 도르래 C에 질량 M인 물체를 매달았다. 줄 한쪽을 당겨서 물체가 정지한 상태에 있도록 했다. 줄의 장력과 당기는 힘 F를 각각 구하라. (단, 도르래와 줄의 질량은 무시한다.)

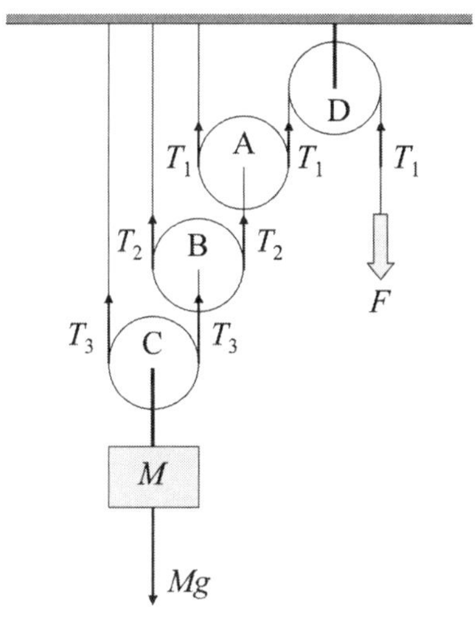

▸▸ 그림 p.2-19

풀이 움직도르래가 정지하고 있으므로 평형 조건에 의해

$$(\text{줄 한끝})\ \sum F_{\text{줄}} = F - T_1 = 0$$

$$(\text{도르래 A})\ \sum F_A = 2T_1 - T_2 = 0$$

$$(\text{도르래 B})\ \sum F_B = 2T_2 - T_3 = 0$$

$$(\text{도르래 C})\ \sum F_C = 2T_3 - Mg = 0$$

마지막 식에서 $T_3 = \frac{1}{2}Mg$, 이것을 세 번째 식에 대입하면 $T_2 = \frac{1}{4}Mg$, 두 번째 식에서 $T_1 = \frac{1}{8}Mg$이며, 첫 번째 식에서 $F = T_1$이다. 결과를 정리하면 다음과 같다.

$$F = \frac{1}{8}Mg,\ T_1 = \frac{1}{8}Mg,\ T_2 = \frac{1}{4}Mg\ ,\ T_3 = \frac{1}{2}Mg$$

보충문제 도르래 D를 잡고 있는 천장 고정줄의 장력은 얼마인가?

답 $\frac{1}{4}Mg$

보충문제 천장에 작용하는 합력은 얼마인가?

답 $\frac{9}{8}Mg$

2-20 그림 p.2-20의 움직도르래 시스템은 문제 2-19의 도르래 시스템을 상하로 뒤집어 놓은 형태다. 힘 F로 줄을 당겨 물체가 정지한 상태에 있게 했다. 힘 F와 줄의 장력을 각각 구하라. (단, 도르래와 줄의 질량은 무시한다.)

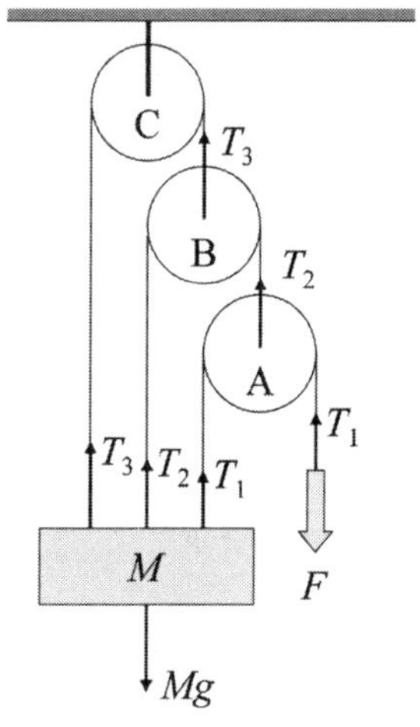

▸▸ 그림 p.2-20

풀이 물체와 도르래가 정지하고 있으므로 평형 조건에 의해

$$(\text{줄 한끝})\ \sum F_{\text{줄}} = F - T_1 = 0$$

$$(\text{도르래 A})\ \sum F_A = T_2 - 2T_1 = 0$$

$$(\text{도르래 B})\ \sum F_B = T_3 - 2T_2 = 0$$

$$(\text{물 체})\ \sum F_M = T_1 + T_2 + T_3 - Mg = 0$$

첫 번째 식에서 $T_1 = F$이므로 두 번째 식에서 $T_2 = 2F$, 세 번째 식에서 $T_3 = 4F$이다. 마지막 식에서 $7F = Mg$이므로 다시 정리하면 다음과 같다.

$$F = \frac{1}{7}Mg,\ T_1 = \frac{1}{7}Mg,\ T_2 = \frac{2}{7}Mg,\ T_3 = \frac{4}{7}Mg$$

보충문제 고정 도르래 C를 잡고 있는 천장 고정줄의 장력은 얼마인가?

답 $\frac{8}{7}Mg$

2-21 그림 p.2-21에서 줄을 F로 당겼을 때 물체들이 정지한 상태다. 줄의 장력과 힘 F의 크기를 각각 구하라. (단, 도르래와 줄의 질량은 무시한다.)

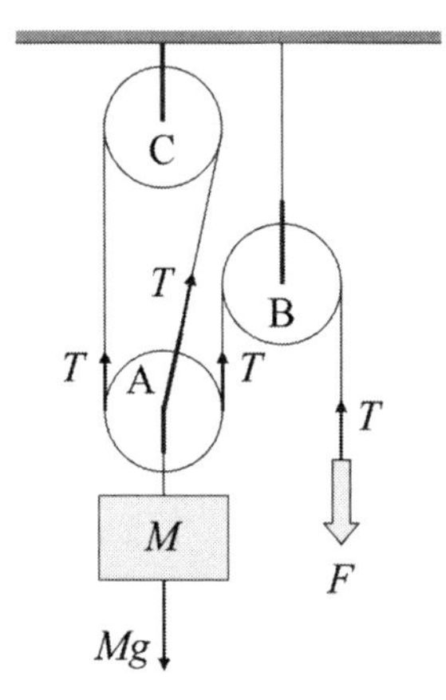

▸▸ 그림 p.2-21

풀이 하나의 줄이 도르래 3개에 걸쳐 연결되어 있으므로 모든 위치에서 줄의 장력은 같다. 움직도르래가 정지하고 있으므로

(줄 한끝) $\sum F_{줄} = F - T = 0$

(도르래 A) $\sum F_A = 3T - Mg = 0$

위 식을 풀면 $F = T = \frac{1}{3}Mg$

보충문제 고정도르래 B와 C를 잡고 있는 천장 고정줄의 장력 T_B와 T_C는 각각 얼마인가?

답 $T_B = \frac{2}{3}Mg$, $T_C = \frac{2}{3}Mg$

2-22 그림 p.2–22와 같이 줄 위에서 자유롭게 움직일 수 있는 도르래에 질량 m인 물체가 매달려 있다. 수평 방향의 힘 F로 도르래를 당겨 A의 각도는 45°, B의 각도는 직각이 되도록 했다. F의 크기는 얼마인가? (단, 줄과 도르래의 질량은 무시한다.)

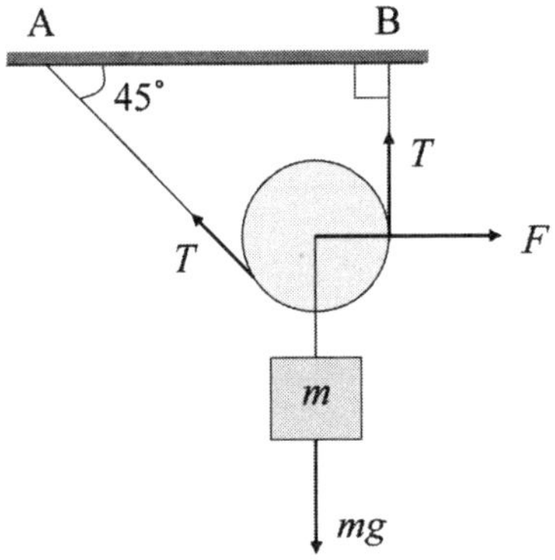

▸▸ 그림 p.2–22

풀이 힘의 평형상태이므로 수평과 수직 방향으로의 합력이 각각 0이다. 도르래가 자유로이 움직일 수 있으므로 도르래와 줄이 접한 두 곳에서 장력의 크기는 서로 같다. 줄의 장력을 T라 하면

(수평 방향) $\sum F_x = F - T\cos 45° = 0$

$\therefore F = \frac{1}{\sqrt{2}}T$ ·························· ①

(수직 방향) $\sum F_y = T\sin 45° + T - mg = 0$

$$\therefore\ T = (2 - \sqrt{2})mg \cdots\cdots ②$$

②를 ①에 대입하면, $F = (\sqrt{2} - 1)mg$

보충문제 $F = 0$이고 A와 B의 각도가 각각 θ이면 장력의 크기는 얼마인가?

답 $\dfrac{mg}{2\sin\theta}$

3. 힘과 가속도 운동

2-23 정지해 있던 물체에 외력이 작용해 $5\ \mathrm{m/s^2}$의 가속도가 발생했다. 물체의 질량이 $2\ \mathrm{kg}$일 때, 작용한 외력의 크기는 얼마인가?

풀이 뉴턴 제2법칙 $F = ma$에서 $F = (2\ \mathrm{kg}) \times (5\ \mathrm{m/s^2}) = 10\ (\mathrm{N})$

2-24 $100\ \mathrm{m/s}$의 속력으로 움직이던 물체에 크기가 일정한 외력이 5초 동안 작용했더니 $50\ \mathrm{m/s}$로 속력이 감소했다. 물체의 질량이 $2\ \mathrm{kg}$이면 힘 F는 얼마인가?

풀이 외력이 일정하므로 물체는 등가속도 운동을 한다. 따라서 가속도와 힘은

$$a = \frac{50 - 100}{5} = -10\ (\mathrm{m/s^2})$$

$$F = ma = 2 \times (-10) = -20\ \mathrm{N}$$

이다. 부호 (−)는 물체가 움직인 반대 방향으로 힘이 작용했음을 의미한다.

2-25 스토크스 법칙에 의하면, 작은 구형 물체가 공기 중에서 v의 속력으로 운동하면 βv의 공기 저항을 받는다. 여기서 β는 비례상수다. 질량 m인 구형 빗방울이 점점 속력이 증가하며 떨어지더니 어느 순간부터 등속으로 낙하하기 시작했다. 최종 낙하 속력을 구하라.

풀이 빗방울이 등속으로 낙하한다면, 빗방울에 작용하는 알짜힘은 0이다. 따라서 최종 낙하 속력을 v_t라 하면

$$\sum F = mg - \beta v_t = 0 \quad \therefore\ v_t = \frac{mg}{\beta}$$

속력 v_t를 종단속력(terminal speed)이라 한다.

보충문제 만약 소나기 빗방울이 8 km 상공에서 형성되어 공기 저항을 받지 않고 자유낙하를 했다면, 지표면에 도달하는 순간에 빗방울 속력은 얼마인가?

답 약 396 m/s

보충문제 스토크스(Stokes) 법칙에 대해 설명하라.

해설 스토크스 법칙에 의하면, 구형 물체가 유체 속에서 운동할 때 받는 저항은 $f_r = -6\pi\eta r v$이다. 여기서 η는 유체의 점성계수, r은 물체의 반지름, v는 물체의 속력이다. 유체의 점성계수가 큰 반면에 물체 크기는 작고 속력이 느리면 이 법칙이 잘 맞는다. 스토크스 법칙으로 빗방울 속력을 계산하면 실제보다 매우 큰 값이 나온다. 그 이유는 공기의 점성계수가 매우 작기 때문이다. 빗방울에 대한 공기 저항은 v^2에 비례한다는 모델이 스토크스 법칙보다 잘 맞는 것으로 확인되고 있다.

보충문제 스토크스 법칙을 적용해서 반지름 1 mm인 빗방울의 종단속력을 계산해 보아라.

답 빗방울의 밀도가 ρ이면 종단속력은 다음과 같이 다시 쓸 수 있다.

$$v_t = \frac{2r^2\rho g}{9\eta}$$

빗방울의 ρ는 약 1000 kg/m^3, 중력가속도 g는 9.8 m/s^2, 상온에서 공기의 점성계수 η는 약 1.8×10^{-5} kg/(m·s)이므로

$$v_t \simeq (1.2\times10^8)\,r^2 \quad (\text{m/s})$$

가 된다. 빗방울 반지름이 1 mm이면 $v_t \simeq 120$ m/s이다. 관측 결과에 의하면 반지름 1 mm 내외의 빗방울 속력은 지표면 근처에서 대략 2 ~ 20 m/s라 한다. 따라서 스토크스 법칙은 빗방울의 낙하 속력을 설명하기에 적합하지 않음을 알 수 있다.

2-26 관성질량과 중력질량에 대해 설명하라.

해설 속도 변화에 저항하는 물체의 근본 성질을 **관성**이라 한다. 뉴턴 제2법칙인

$$F = ma$$

에 의하면 주어진 힘 F에 대해서 단위시간당 속도 변화율인 가속도 a는 질량 m에 반비례한다. 즉, **질량** m은 관성의 크기를 나타내는 척도이다. 주어진 힘 F에 대해 물체의 가속도를 측정하여 산출한 질량을 **관성질량**이라 한다. 한편 만유인력 법칙에 의하면 질량 m인 물체가 지구로부터 받는 중력은

$$F = mg, \quad g = G\frac{M}{r^2}$$

이며 G는 만유인력상수, M은 지구 질량, r은 지구 중심에서 물체까지 거리다. 물체에 작용한 중력(무게)을 측정하여 산출한 질량을 **중력질량**이라 한다. 상술한 바와 같이 관성질량과 중력질량은 서로 다른 방법으로 결정된다. 그럼에도 두 질량의 크기는 서로 같다는 사실이 많은 실험을 통해 확인되었다. 아인슈타인은 일반상대성 이론에서 중력질량과 관성질량을 구분할 수 없다는 결론을 내렸다.

국제도량형국은 백금 90%와 이리듐 10%의 합금으로 만든 **표준 킬로그램원기**를 보유하고 있다. 이 원기의 질량을 1 kg으로 약속하고 다른 물체의 질량을 결정하는 표준단위로 사용하고 있다.

보충문제 관성질량과 중력질량을 측정하는 방법에 대해 알아보자.

보충문제 아인슈타인이 관성질량과 중력질량을 구분할 수 없다고 주장한 배경은 무엇인가?

보충문제 국제도량형국이 보유하고 있는 표준 킬로그램원기의 변천사와 문제점에 대해 알아보자.

2-27 질량이 다른 물체 A와 B에 같은 힘을 가했더니 가속도의 비가 $a_A : a_B = 3 : 1$이었다. 두 물체의 질량비는 얼마인가?

풀이 동일한 힘이 작용하면 $F = m_A a_A = m_B a_B$가 되므로

$$\frac{m_A}{m_B} = \frac{a_B}{a_A} = \frac{1}{3} \Rightarrow m_A : m_B = 1 : 3$$

이러한 방법으로 측정한 질량은 관성질량이다. 물론 2개 중 하나의 질량은 미리 알고 있어야 한다.

보충문제 A와 B 두 사람이 마찰이 없는 수평면에서 손바닥을 마주하고 서로 밀었다. 두 사람의 평균 가속도 비 $\overline{a_A}/\overline{a_B}$는 얼마인가? (단, A의 질량은 30 kg, B의 질량은 60 kg이다.)

답 $\frac{\overline{a_A}}{\overline{a_B}}=2$

2-28 그림 p.2–28과 같이 서로 접촉하고 있는 두 물체가 수평면에 놓여있다. 물체 A를 힘 F로 밀었을 때 물체의 가속도와 A가 B를 미는 힘을 각각 구하라. (단, 수평면은 마찰이 없다.)

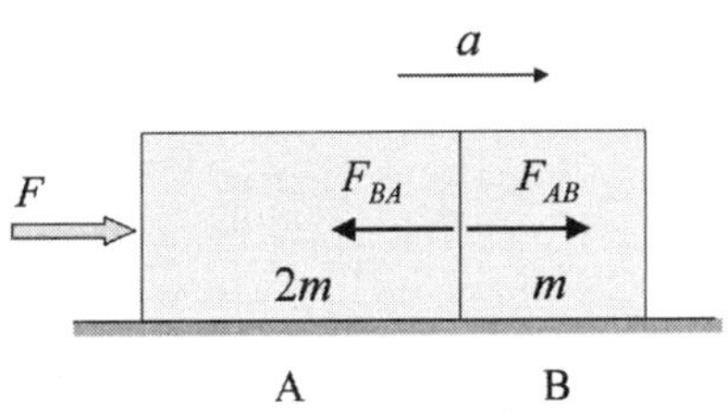

▸▸ 그림 p.2–28

풀이 물체 A에는 외력 F와 B가 미는 힘 F_{BA}가, 물체 B에는 A가 미는 힘 F_{AB}가 작용한다. 작용–반작용 관계에 있으므로 $|F_{BA}|=|F_{AB}|=f$라 하고, 가속도를 a라 하면

(물체 A) $\sum F_A = F - f = (2m)a$ ········· ①

(물체 B) $\sum F_B = f = ma$ ········· ②

두 식을 더하여 정리하면, $a=\frac{1}{3m}F$ ········· ③

A가 B를 미는 힘 f는 ②와 ③에서, $f=m\times\left(\frac{F}{3m}\right)=\frac{1}{3}F$

보충문제 또 다른 해법으로 위 문제를 풀어 보아라.

답 두 물체가 함께 움직이므로 가속도 $a=\frac{1}{3m}F$이며, 물체 B가 가속도 a로 움직이려면 B에 작용하는 힘 $f=m\times\left(\frac{1}{3m}F\right)=\frac{1}{3}F$이어야 한다. 이 힘은 A로부터 받는다.

보충문제 A와 B의 질량이 서로 바뀌었다면 A가 B를 미는 힘은 얼마인가?

답 $\frac{2}{3}F$

2-29 그림 p.2-29처럼 줄로 연결된 2개의 물체를 12 N의 힘으로 끌어당기고 있다. 가속도와 각 물체에 작용하는 알짜힘을 각각 구하라. (단, 수평면의 마찰은 무시하라.)

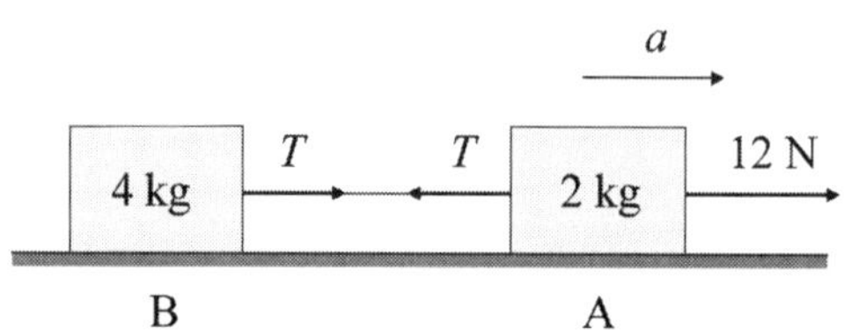

▸▸ 그림 p.2-29

풀이 줄의 장력을 T라 하자. 두 물체의 가속도가 같으므로

$$(\text{물체 A})\ \sum F_A = 12 - T = 2a \quad \cdots\cdots ①$$

$$(\text{물체 B})\ \sum F_B = T = 4a \quad \cdots\cdots ②$$

두 식을 더해서 정리하면 $a = 2\ \text{m/s}^2$이다. 따라서 각 물체에 작용하는 알짜힘은 다음과 같다.

$$\sum F_A = 2a = 4\ (\text{N}),\ \sum F_B = 4a = 8\ (\text{N})$$

보충문제 또 다른 해법으로 위 문제를 풀어 보아라.

답 A와 B가 함께 움직이므로 전체 가속도 $a = \frac{12}{2+4} = 2\ (\text{m/s}^2)$이며, 이 가속도로 각 물체가 운동하려면 A는 $m_A a = 2 \times 2 = 4\ (\text{N})$, B는 $m_B a = 4 \times 2 = 8\ (\text{N})$의 알짜힘이 필요하다.

보충문제 A와 B의 질량이 서로 바뀌었다면 줄의 장력은 얼마인가?

답 4 N

2-30 그림 p.2–30(a)와 같이 줄 p, q, r로 연결된 물체 4개를 F의 힘으로 끌고 있다. 가속도가 a일 때 F와 각 줄의 장력을 각각 구하라. (단, 수평면의 마찰은 무시하라.)

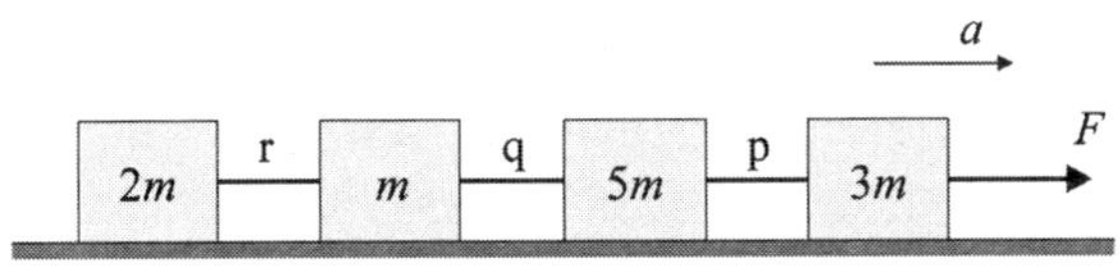

▸▸ 그림 p.2–30(a)

풀이 자유물체도인 그림 p.2–30(b)를 참조하면 각 물체의 운동방정식은 다음과 같다.

(물체 A) $\sum F_A = F - T_p = 3ma$ ······ ①

(물체 B) $\sum F_B = T_p - T_q = 5ma$ ······ ②

(물체 C) $\sum F_C = T_q - T_r = ma$ ······ ③

(물체 D) $\sum F_D = T_r = 2ma$ ······ ④

위 식을 모두 더하면 $F = 11ma$ ······ ⑤

⑤를 ①에 대입하면 $T_p = 8ma$ ······ ⑥

⑥을 ②에 대입하면 $T_q = 3ma$이며, 마지막으로 ④에서 $T_r = 2ma$이다.

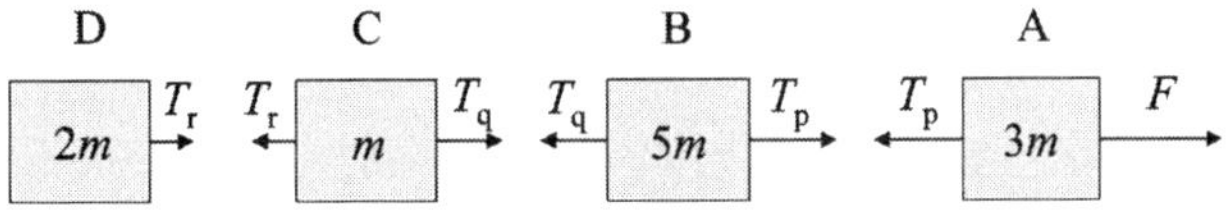

▸▸ 그림 p.2–30(b)

보충문제 또 다른 해법으로 위 문제를 풀어 보아라.

답 힘 F는 총 질량 $11m$을 가속도 a로 끌고 가므로 $F = 11ma$, p는 물체 B, C, D의 총 질량 $8m$을 끌고 가므로 $T_p = 8ma$, q는 물체 C, D의 총 질량 $3m$을 끌고 가므로 $T_q = 3ma$, r은 물체 D의 질량 $2m$을 끌고 가므로 $T_r = 2ma$이다.

보충문제 F가 물체 D에 작용해서 반대로 끌고 간다면 각 줄의 장력은 어떻게 되나? (단, 가속도는 a이다.)

답 $T_p = 3ma$, $T_q = 8ma$, $T_r = 9ma$

2-31 지구, 태양, 목성, 화성, 달 표면의 중력가속도를 계산하라.

풀이 만유인력 법칙에 의하면 질량 m인 물체를 천체가 끌어당기는 힘은 $F = mg$이다. 여기서

$$g = G\frac{M}{r^2}$$

이며, 중력가속도라 한다. 만유인력상수 $G = 6.673 \times 10^{-11}\ \mathrm{N \cdot m^2/kg^2}$, M은 천체의 질량, r은 천체의 중심으로부터 물체까지 거리이다. 천체의 질량과 반지름을 아래 표에 정리했다.

	지 구	태 양	목 성	화 성	달
질량 M (kg)	5.98×10^{24}	1.99×10^{30}	1.90×10^{27}	6.42×10^{23}	7.36×10^{22}
반지름 r (m)	6.38×10^{6}	6.96×10^{8}	6.99×10^{7}	3.37×10^{6}	1.74×10^{6}

이 데이터를 사용해서 각 지표면에서의 중력가속도를 계산하면 결과는 다음과 같다.

지구 $g = 9.80\ \mathrm{m/s^2}$

태양 $g = 2.74 \times 10^2\ \mathrm{m/s^2}$

목성 $g = 2.60 \times 10\ \mathrm{m/s^2}$

화성 $g = 3.77\ \mathrm{m/s^2}$

달 $g = 1.62\ \mathrm{m/s^2}$

보충문제 서전트 점프의 평균 높이가 80 cm인 사람이 있다. 만약 달에서 서전트 점프를 한다면 평균 높이는 얼마인가?

답 약 484 cm

보충문제 중력가속도 측정 방법에 대해 알아보자.

보충문제 지구의 지역에 따라 중력가속도가 다르다. 중력가속도 측량 데이터가 산업적으로 활용되는 예를 알아보자.

2-32 그림 p.2-32와 같이 고정도르래에 물체 2개가 매달려 있다. 물체 A의 질량은 m, 물체 B의 질량은 M이다. 물체의 가속도와 줄의 장력을 각각 구하라. (단, 도르래 마찰은 무시한다.)

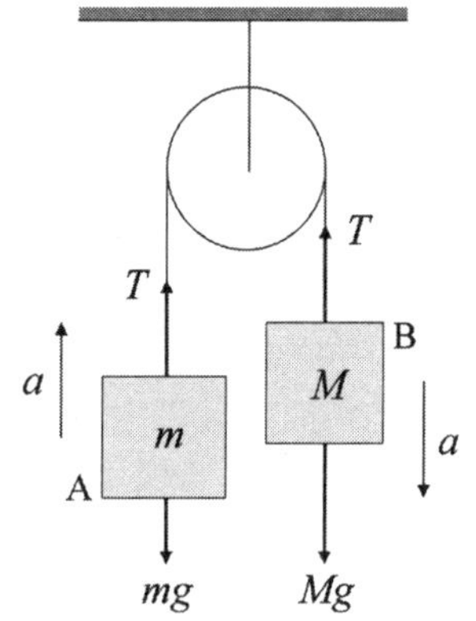

▸▸ 그림 p.2-32

풀이 가속도를 a, 장력을 T라 하자. 그러면 각 물체의 운동방정식은

(물체 A) $\sum F_A = T - mg = ma$

(물체 B) $\sum F_B = Mg - T = Ma$

위 식으로부터 가속도와 장력은 각각 다음과 같다.

$$a = \frac{(M-m)g}{M+m}, \quad T = \frac{2Mmg}{M+m}$$

2-33 그림 p.2-33에서 각 줄의 장력과 각 물체의 가속도를 구하라. (단, 도르래 질량과 마찰은 무시하며, 중력가속도는 $10\ \mathrm{m/s^2}$이다.)

(1) $m_1 = 1\ \mathrm{kg},\ m_2 = 1\ \mathrm{kg},\ m_3 = 2\ \mathrm{kg}$

(2) $m_1 = 1\ \mathrm{kg},\ m_2 = 2\ \mathrm{kg},\ m_3 = 3\ \mathrm{kg}$

(3) $m_1 = 1\ \mathrm{kg},\ m_2 = 2\ \mathrm{kg},\ m_3 = 4\ \mathrm{kg}$

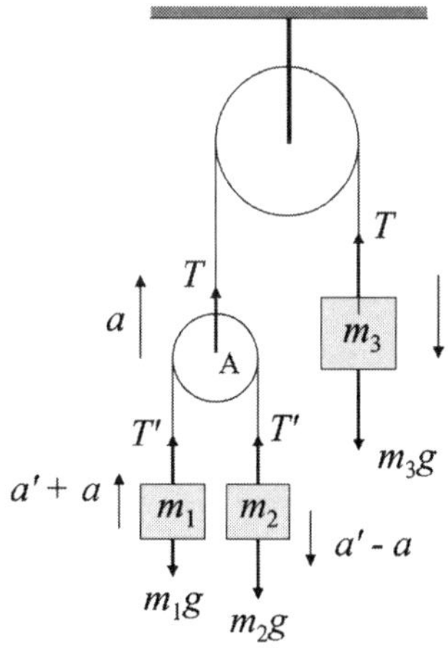

▸▸ 그림 p.2-33

풀이 움직도르래 A의 가속도 방향을 상방으로 설정하기로 한다. 도르래 A에서 관측한 m_1과 m_2의 가속도 크기가 a'이면 지상에서 관측되는 가속도는 각각 $a'+a$와 $a'-a$이다. 따라서 각 물체의 운동방정식은 다음과 같다.

(물체 m_1) $\sum F_1 = T' - m_1 g = m_1(a'+a)$

(물체 m_2) $\sum F_2 = m_2 g - T' = m_2(a'-a)$

(도르래 A) $\sum F_A = T - 2T' = 0$ ($\because$ 도르래 A의 질량은 0)

(물체 m_3) $\sum F_3 = m_3 g - T = m_3 a$

위 식을 정리하면

$$a = \frac{m_3(m_1+m_2) - 4m_1m_2}{4m_1m_2 + m_1m_3 + m_2m_3}\, g$$

$$T = m_3(g-a) = \frac{8m_1m_2m_3}{4m_1m_2 + m_1m_3 + m_2m_3}\, g$$

$$a' = \left(\frac{m_2 - m_1}{m_2 + m_1}\right)(g+a) = \frac{2m_3(m_2 - m_1)}{4m_1m_2 + m_1m_3 + m_2m_3}\,g$$

$$T' = \frac{1}{2}T = \frac{4m_1m_2m_3}{4m_1m_2 + m_1m_3 + m_2m_3}\,g$$

(1) $m_1 = 1\ \text{kg},\ m_2 = 1\ \text{kg},\ m_3 = 2\ \text{kg}$

$$a = 0\ \text{m/s}^2,\quad T = 20\ \text{N},\quad a' = 0\ \text{m/s}^2,\quad T' = 10\ \text{N}$$

(2) $m_1 = 1\ \text{kg},\ m_2 = 2\ \text{kg},\ m_3 = 3\ \text{kg}$

$$a = \frac{10}{17}\ \text{m/s}^2,\quad T = \frac{480}{17}\ \text{N},\quad a' = \frac{60}{17}\ \text{m/s}^2,\quad T' = \frac{240}{17}\ \text{N}$$

(3) $m_1 = 1\ \text{kg},\ m_2 = 2\ \text{kg},\ m_3 = 4\ \text{kg}$

$$a = 2\ \text{m/s}^2,\quad T = 32\ \text{N},\quad a' = 4\ \text{m/s}^2,\quad T' = 16\ \text{N}$$

보충문제 문제 (3)의 조건에서 도르래 A가 움직이지 않도록 고정시켰을 때 가속도 a'과 장력 T'을 구하고, 위에 있는 (3)의 결과와 비교하라.

답 $a' = \frac{10}{3}\ \text{m/s}^2,\ \ T' = \frac{40}{3}\ \text{N} \Leftarrow$ (3)의 값보다 작음

보충문제 문제 (2)에서 $m_1 + m_2 = m_3$이지만, $a \neq 0$인 이유를 설명하라.

2-34 그림 p.2-34(a)와 같이 발판 위에 사람이 서 있다. 연속해서 F의 힘으로 줄 한 쪽을 아래로 당긴다면 발판의 가속도는 얼마인가? (단, 도르래 마찰은 무시하며, 발판과 사람의 총 질량은 M이다.)

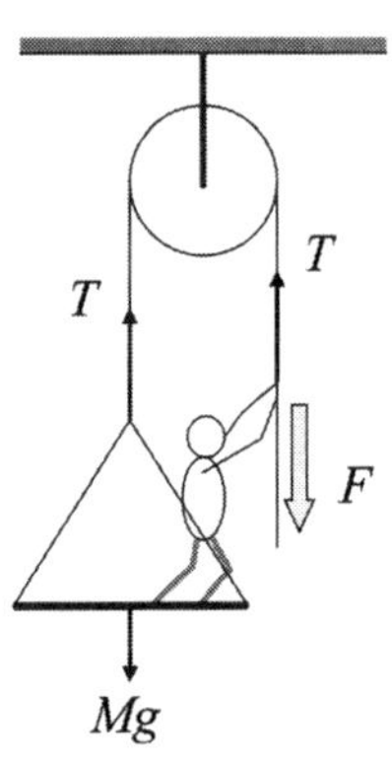

▸▸ 그림 p.2-34(a)

풀이 사람이 F의 힘으로 줄을 아래로 당기면 줄에는 F와 크기가 같은 장력 T가 생긴다. 따라서 운동방정식은 $2T - Mg = Ma$이며 $T = F$이므로

$$a = \frac{2F}{M} - g$$

이다.

보충문제 또 다른 해법으로 위 문제를 풀어 보아라.

답 그림 p.2-34(b)를 참조하라. 줄 한쪽을 F의 힘으로 당기면 발판 쪽은 F만큼 무게가 감소한다. 따라서 발판 (A)와 줄 한쪽 (B)를 독립된 개체로 놓고 운동방정식을 세우면

(A) $\sum F_A = T - (Mg - F) = Ma$

(B) $\sum F_B = F - T = 0$ ($\because m_B = 0$)

여기서 (B)의 질량은 0임을 유의하라. 두 식으로부터 가속도를 구하면 다음과 같다.

$$a = \frac{2F}{M} - g$$

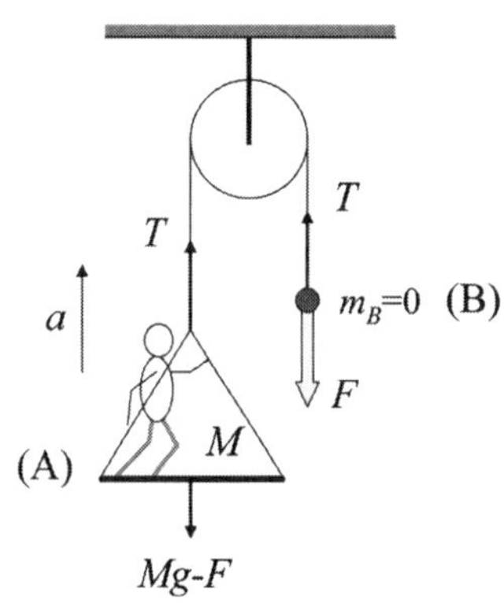

▸▸ 그림 p.2-34(b)

보충문제 $F = \frac{1}{4}Mg$일 때 발판의 가속도는 얼마인가?

답 $-\frac{1}{2}g$

보충문제 발판이 등속 운동하는 조건은 무엇인가?

답 $F = \frac{1}{2}Mg$

2-35 그림 p.2-35와 같이 발판 위에 사람이 서 있다. 연속해서 F의 힘으로 줄 한쪽을 아래로 당긴다면 발판의 가속도는 얼마인가? (단, 도르래 질량과 마찰은 무시하며, 발판과 사람의 총 질량은 M이다.)

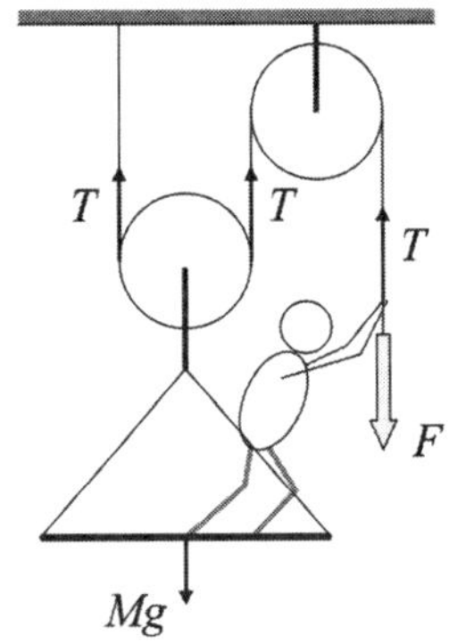

▸▸ 그림 p.2-35

풀이 사람이 F의 힘으로 줄을 아래로 당기면 줄에는 F와 크기가 같은 장력 T가 생긴다. 따라서 운동방정식은 $3T - Mg = Ma$이며 $T = F$이므로

$$a = \frac{3F}{M} - g$$

이다.

보충문제 $F = \frac{1}{4}Mg$일 때 발판의 가속도는 얼마인가?

답 $-\frac{1}{4}g$

보충문제 문제 2-34의 첫 번째 [보충문제]의 풀이 방법으로 이 문제를 풀어 보아라.

2-36 그림 p.2-36과 같이 정지해 있던 물체가 마찰이 없는 경사면을 따라 미끄러져 내려오고 있다. (1) 시간 t초일 때 위치와 속력, (2) s m 내려왔을 때 속력을 구하라. (단, 경사각은 θ이다.)

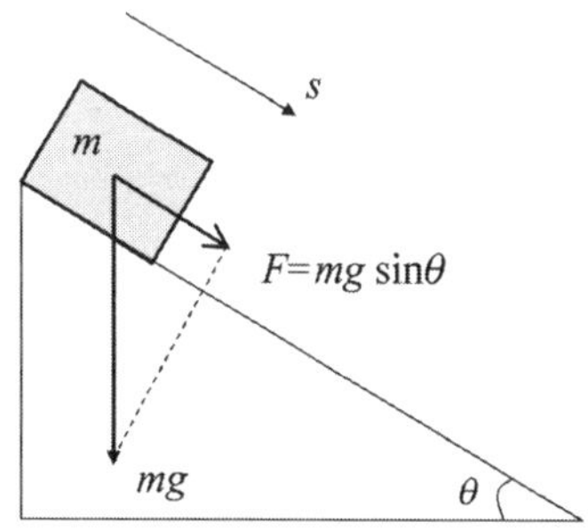

▸▸ 그림 p.2-36

풀이 경사면 아래 방향으로 좌표축을 설정하자. 그러면 $mg\sin\theta = ma$이므로 가속도 $a = g\sin\theta$이다.

(1) $s = v_0 t + \frac{1}{2}at^2$, $v = v_0 + at$에서 $v_0 = 0$, $a = g\sin\theta$이므로 시간 t일 때

$$s = \frac{1}{2}(g\sin\theta)t^2, \quad v = (g\sin\theta)t$$

(3) $2as = v^2 - v_0^2$에서 $v_0 = 0$, $a = g\sin\theta$이므로, $v = \sqrt{2gs(\sin\theta)}$

보충문제 물체가 받는 수직항력은 얼마인가?

답 $mg\cos\theta$

2-37 마찰이 없는 경사면을 따라 상방으로 물체를 밀어 올렸다. 그림 p.2-37에서 A를 지나는 순간에 속력이 $4\ \mathrm{m/s}$이었다. 물체는 B까지 올라갔다가 다시 내려와 C에서 속력이 $14\ \mathrm{m/s}$가 되었다. A에서 C까지는 2초 걸렸다. (1) 경사각 θ, (2) A에서 B까지 올라간 시간, (3) A와 C 사이의 거리를 구하라. (단, 중력가속도는 $10\ \mathrm{m/s^2}$이다.)

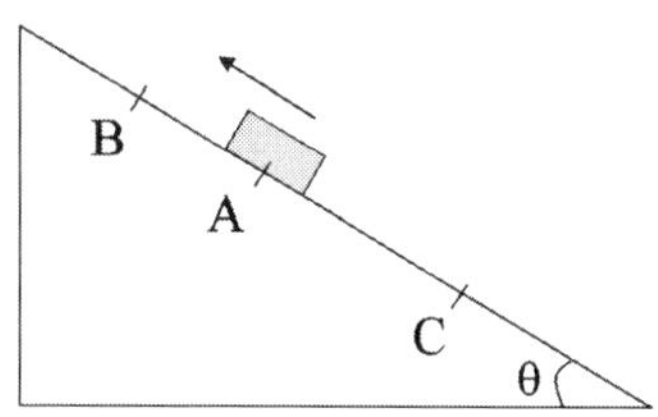

▸▸ 그림 p.2-37

풀이 경사면 아래 방향으로 좌표축을 설정하자. 물체 속력은 A에서 4 m/s, C에서 속력이 14 m/s이며 A에서 C까지 2초 걸렸으므로 가속도 $a = 5\ \mathrm{m/s^2}$이다.

(1) $a = g\sin\theta$에서 $\sin\theta = \dfrac{a}{g} = \dfrac{1}{2}$이므로 $\theta = 30^\circ$

(2) B에서 속력은 0이다. $v = v_0 + at$에서 $0 = (-4) + 5t$이므로 $t = 0.8$ s

(3) $2as = v^2 - v_0^2$에서 $a = 5$, $v_0 = 4$, $v = 14$이므로

$$2 \times 5 \times s = 14^2 - 4^2 \quad \therefore\ s = 18\ (\mathrm{m})$$

또는 $s = v_0 t + \dfrac{1}{2}at^2$에서 $v_0 = 4$, $a = 5$, $t = 2$이므로

$$s = 4 \times 2 + \frac{1}{2} \times 5 \times 2^2 = 18\ (\mathrm{m})$$

보충문제 B와 C 사이의 거리를 구하라.

답 19.6 m

2-38 그림 p.2-38과 같이 마찰이 없는 수평면에 물체 A와 B를 겹쳐 놓았다. A를 12 N의 힘으로 끌어당겼을 때, 두 물체는 같은 속력으로 움직였다. 가속도와 각 물체에 작용하는 합력을 구하라. (단, A의 질량은 2 kg, B의 질량은 4 kg 이다.)

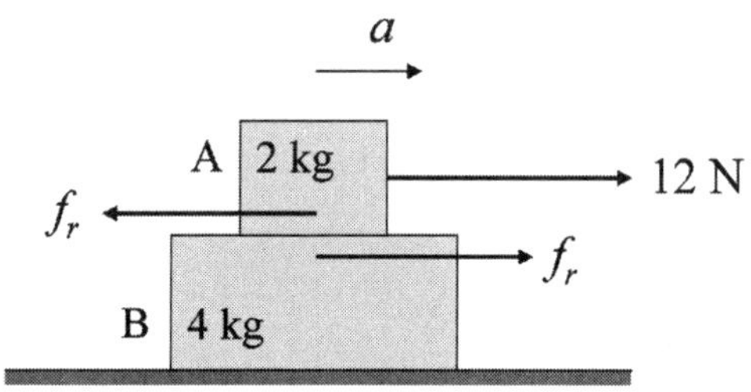

▸▸ 그림 p.2-38

풀이 가속도를 a, A와 B 사이의 마찰력을 f_r이라 하면

(물체 A) $\sum F_A = 12 - f_r = 2a$ ·· ①

(물체 B) $\sum F_B = f_r = 4a$ ··· ②

①과 ②를 더하면 $a = 2\ \mathrm{m/s^2}$이며, 이 값을 ②에 대입하면 $f_r = 8\ \mathrm{N}$이다. 물체에 작용하는 합력은 각각 다음과 같다.

$$\sum F_A = 12 - 8 = 4\ (\mathrm{N}),\ \ \sum F_B = 8\ (\mathrm{N})$$

보충문제 또 다른 해법으로 위 문제를 풀어 보아라.

답 총 질량이 6 kg이므로 가속도 $a = \frac{12}{6} = 2\ (\mathrm{m/s^2})$이다. 각 물체가 a의 가속도로 운동하려면 A에 작용하는 합력은 $2 \times 2 = 4$ (N), B에 작용하는 합력은 $4 \times 2 = 8$ (N)이어야 한다. (참고: A와 B 사이의 마찰력은 8 N이다.)

보충문제 이 상태를 유지할 수 있는 A와 B 사이의 정지마찰계수 최솟값을 계산하라. (단, 중력가속도는 $10\ \mathrm{m/s^2}$이다.)

답 0.4

2-39 그림 p.2-39와 같이 마찰이 없는 수평면에 물체 A와 B를 겹쳐 놓았다. B를 12 N의 힘으로 끌어당겼을 때, 두 물체는 같은 속력으로 움직였다. 각 물체에 작용하는 합력을 구하라. (단, A의 질량은 2 kg, B의 질량은 4 kg이다.)

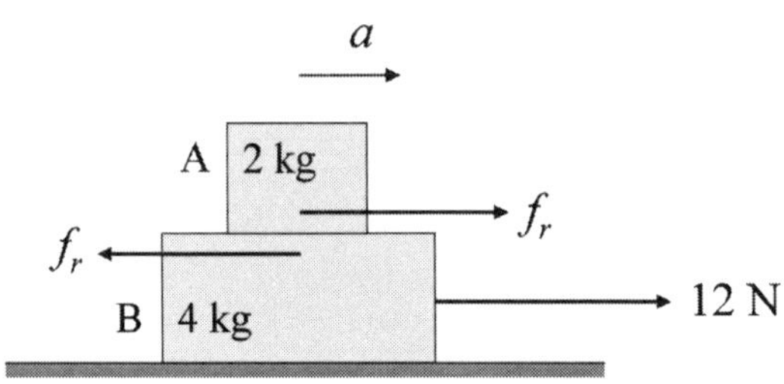

▸▸ 그림 p.2-39

풀이 가속도를 a, A와 B 사이의 마찰력을 f_r이라 하면

(물체 A) $\sum F_A = f_r = 2a$ ······ ①

(물체 B) $\sum F_B = 12 - f_r = 4a$ ······ ②

①과 ②를 더하면 $a = 2\ \mathrm{m/s^2}$이며, 이 값을 ①에 대입하면 $f_r = 4\ \mathrm{N}$이다. 물체에 작용하는 합력은 각각 다음과 같다.

$$\sum F_A = 4\ (\mathrm{N}),\ \ \sum F_B = 12 - 4 = 8\ (\mathrm{N})$$

보충문제 또 다른 해법으로 위 문제를 풀어 보아라.

답 총 질량이 6 kg이므로 가속도 $a = \frac{12}{6} = 2\ (\text{m/s}^2)$이다. 각 물체가 a의 가속도로 운동하려면 A에 작용하는 합력은 $2 \times 2 = 4\ (\text{N})$, B에 작용하는 합력은 $4 \times 2 = 8\ (\text{N})$이어야 한다. (참고: A와 B 사이의 마찰력은 4 N이다.)

보충문제 이 상태를 유지할 수 있는 A와 B 사이의 정지마찰계수 최솟값을 산출하라. (단, 중력가속도는 $10\ \text{m/s}^2$이다.)

답 0.2

2-40 그림 p.2-40과 같이 물체 B 위에 물체 A가 놓여 있다. 힘 F가 수평 방향으로 A에 작용했을 때 A는 등가속도 운동을, B는 등속 운동을 했다. A와 B 사이의 운동마찰계수 μ_1과 B와 수평면 사이의 운동마찰계수 μ_2의 비율을 구하라.

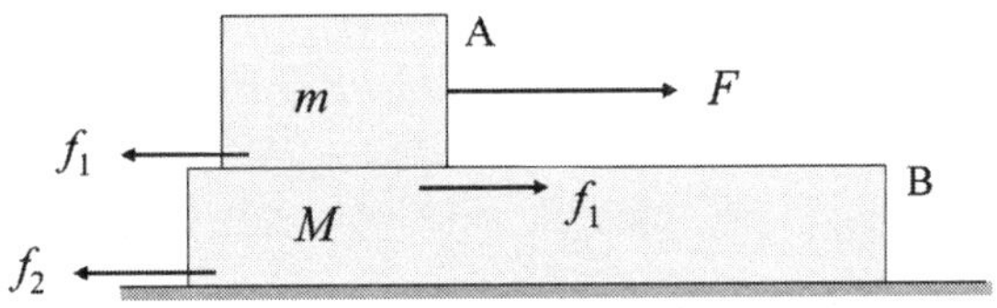

▶▶ 그림 p.2-40

풀이 A의 수직항력 $N_1 = mg$, B의 수직항력 $N_2 = (m+M)g$이므로 운동마찰계수가 μ_1, μ_2이면, 운동마찰력은 각각

$$f_1 = \mu_1 N_1 = \mu_1 mg, \quad f_2 = \mu_2 N_2 = \mu_2 (m+M)g$$

B가 등속 운동하므로 $f_1 = f_2$ 또는 $\mu_1 mg = \mu_2 (m+M)g$이므로

$$\frac{\mu_2}{\mu_1} = \frac{m}{m+M}$$

보충문제 어느 순간에 물체 B가 마찰이 없는 수평면에 들어섰다. A와 B의 운동 상태에 대해 고찰하라.

보충문제 수평면의 마찰이 없을 때, 두 물체가 같은 속력으로 움직인다면 A와 B 사이의 마찰력은 얼마인가?

답 $\left(\frac{M}{m+M}\right)F$

2-41 그림 p.2-41과 같이 질량 $m=3$ kg인 물체를 F의 힘으로 당겼을 때 가속도 $a_1=4\ \mathrm{m/s^2}$이었다. 그 다음에 같은 질량의 물체를 위에 얹고 같은 힘으로 당겼더니 가속도 $a_2=1\ \mathrm{m/s^2}$이 되었다. 힘 F를 구하라.

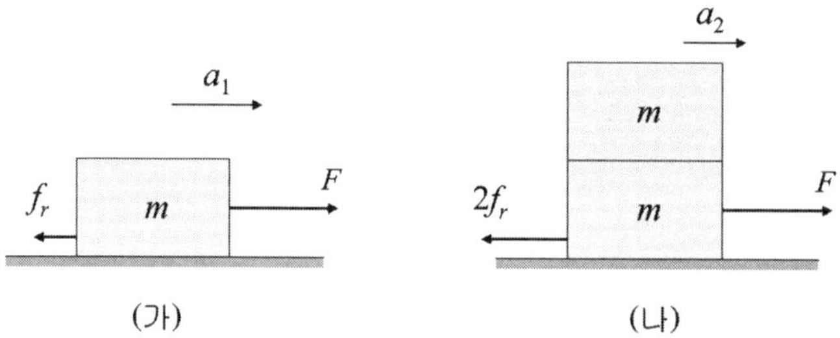

▸▸ 그림 p.2-41

풀이 그림 p.2-41의 (가)에 표시한 것처럼 운동마찰력을 f_r이라 하자. 그러면 운동방정식은

$$F-f_r=ma_1 \quad \cdots\cdots ①$$

(나)에서는 질량이 2배 증가했으므로 마찰력도 2배 증가한다. 따라서

$$F-2f_r=(2m)a_2 \quad \cdots\cdots ②$$

①과 ②에서 $F=2m(a_1-a_2)$이다. $m=3$, $a_1=4$, $a_2=1$이면

$$F=2\times3\times(4-1)=18\ (\mathrm{N})$$

보충문제 운동마찰계수는 얼마인가? (단, 중력가속도는 $10\ \mathrm{m/s^2}$이다.)

답 0.2

2-42 그림 p.2-42와 같이 마찰이 있는 경사면을 따라 물체가 등속으로 미끄러지며 내려오고 있다. 경사각 θ, 질량 m, 중력가속도는 g이다. 운동마찰계수를 구하라.

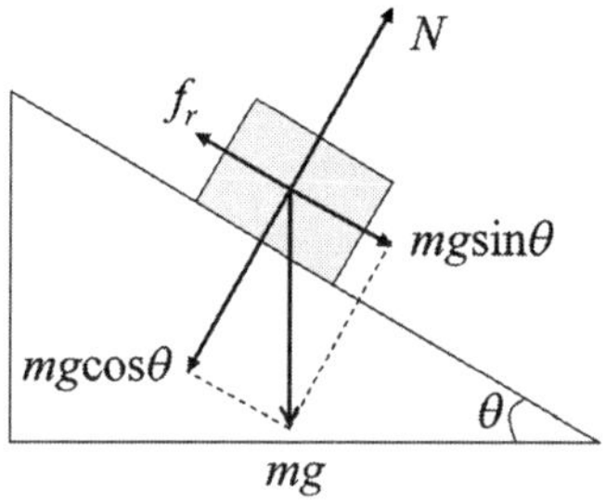

▸▸ 그림 p.2-42

풀 이 운동마찰계수가 μ_k라면

$$f_r = \mu_k mg\cos\theta \quad \cdots\cdots ①$$

등속 운동하므로, 물체에 작용하는 경사면 방향의 알짜힘은 0이다. 즉

$$mg\sin\theta - f_r = 0 \quad \cdots\cdots ②$$

①과 ②에서 운동마찰계수는 다음과 같다.

$$\mu_k mg\cos\theta = mg\sin\theta \quad \therefore \ \mu_k = \tan\theta$$

(참고: 만약 $\theta > 45°$ 이면, $\mu_k > 1$)

보충문제 운동마찰계수가 1보다 클 수 있나?

답 예컨대, 양동이를 끈으로 묶어 갯벌에서 끌어보자. 양동이 무게보다 더 큰 힘으로 당겨야 양동이가 끌려왔다면 운동마찰계수가 1보다 큰 경우이다. 마찬가지로 정지마찰계수도 1보다 클 수 있다.

2-43 그림 p.2-43과 같이 경사각이 30° 인 경사면을 따라 물체가 내려오고 있다. 운동마찰력을 구하라. (단, 물체 질량 $M = 5$ kg, 운동마찰계수 $\mu_k = 0.2$, 중력가속도 $g = 10$ m/s^{2}이다.)

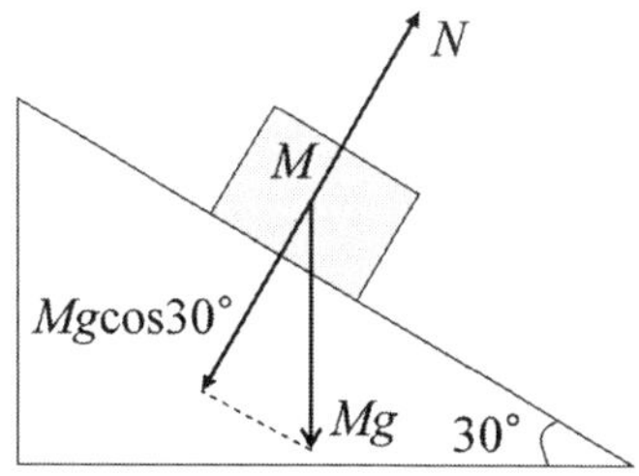

▸▸ 그림 p.2-43

풀이 경사면을 수직으로 누르는 중력 성분은 $Mg\cos 30°$ 이므로 수직항력은

$$N = Mg\cos 30° = 5 \times 10 \times \frac{\sqrt{3}}{2} = 25\sqrt{3}\ \text{(N)}$$

따라서 운동마찰력은

$$f_r = \mu_k N = 0.2 \times 25\sqrt{3} = 5\sqrt{3}\ \text{(N)}$$

보충문제 가속도는 얼마인가?

답 $(5-\sqrt{3})\ \text{m/s}^2$

보충문제 정지마찰계수가 0.6이면, 잡고 있다가 살짝 놓았을 때 물체가 미끄러져 내려올까?

답 정지상태 유지

2-44 그림 p.2-44와 같이 수평면에 질량 m인 물체 A가 도르래를 거쳐 질량 M인 물체 B와 줄로 연결되어 있다. 가속도와 장력을 각각 구하라. (단, 줄의 질량은 없으며 수평면과 도르래 마찰은 무시한다.)

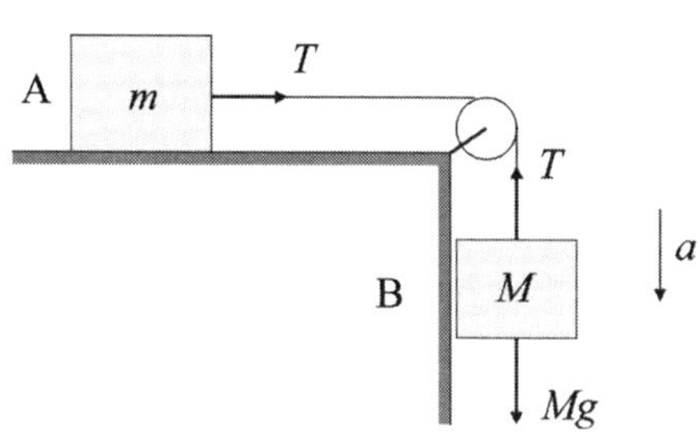

▸▸ 그림 p.2-44

풀이 물체에 작용하는 힘을 그림 p.2-44에 표시했다. 각 물체의 운동방정식은

$$(\text{물체 A})\ \sum F_A = T = ma$$

$$(\text{물체 B})\ \sum F_B = Mg - T = Ma$$

두 식을 풀면 가속도 a와 장력 T는 각각 다음과 같다.

$$a = \frac{Mg}{M+m},\quad T = \frac{Mmg}{M+m}$$

보충문제 또 다른 해법으로 위 문제를 풀어 보아라.

답 물체를 움직이는 힘은 B에 작용하는 중력 Mg이며 물체의 총 질량이 $(m+M)$이므로 가속도 $a=\frac{Mg}{m+M}$이다. 물체 A가 이 가속도로 운동하므로 $T=ma=\frac{Mmg}{M+m}$이다.

보충문제 만약 줄의 질량이 있다면 가속도는 어떻게 되나?

답 점점 증가

2-45 그림 p.2-45와 같이 물체 A와 B가 도르래를 거쳐 줄로 연결되어 있으며 A와 바닥 사이에 마찰은 없다. A의 질량은 m이며 B의 질량은 M이다. 줄의 장력 T와 B의 가속도 a를 각각 구하라. (단, 도르래 질량과 마찰은 무시한다.)

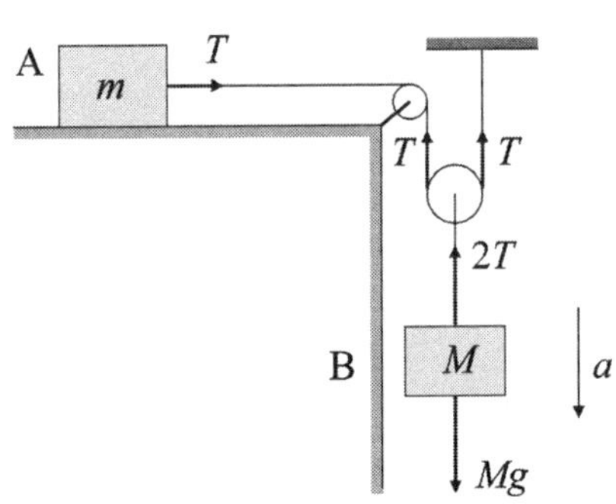

▸▸ 그림 p.2-45

풀이 각 물체에 작용하는 힘을 그림 p.2-45에 표시했다. B의 가속도가 a이면 A의 가속도는 $2a$가 된다. 따라서 각 물체의 운동방정식은

$$(\text{물체 A})\ \sum F_A = T = m(2a)$$

(물체 B) $\sum F_B = Mg - 2T = Ma$

두 식을 풀면 가속도와 장력은 각각 다음과 같다.

$$a = \frac{Mg}{M+4m},\quad T = \frac{2mMg}{M+4m}$$

보충문제 A의 가속도는 B의 가속도보다 2배가 됨을 보여라.

2-46 그림 p.2-46과 같이 마찰이 없는 수평면에 질량 M인 물체 B가 있고 그 양쪽으로 질량 m_1인 물체 A와 m_2인 물체 C가 줄로 연결되어 있다. $m_2 > m_1$일 때 가속도, A와 B 사이의 장력, B와 C 사이의 장력을 각각 구하라. (단, 줄의 질량과 도르래 마찰은 무시한다.)

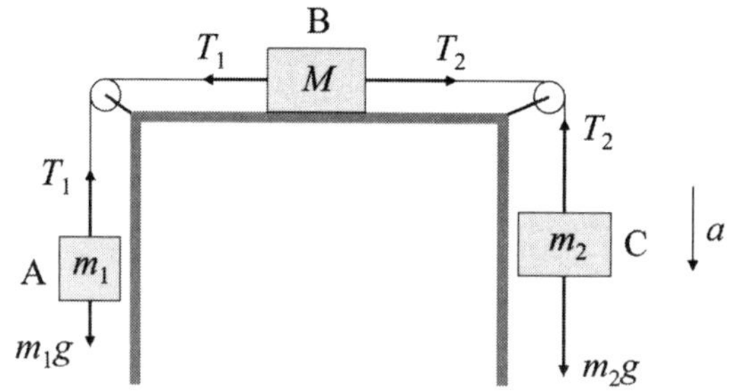

▸▸ 그림 p.2-46

풀이 물체에 작용하는 힘들을 그림 p.2-46에 표시했다. 가속도를 a, 장력을 T_1과 T_2라 하면 각 물체의 운동방정식은 다음과 같다.

(물체 A) $\sum F_A = T_1 - m_1 g = m_1 a$ ··········· ①

(물체 B) $\sum F_B = T_2 - T_1 = Ma$ ··········· ②

(물체 C) $\sum F_C = m_2 g - T_2 = m_2 a$ ··········· ③

세 개의 식을 모두 더해서 정리하면

$$a = \frac{(m_2 - m_1)g}{m_1 + M + m_2}$$ ··········· ④

①과 ④ 그리고 ③과 ④에서

$$T_1 = \frac{m_1(M+2m_2)g}{m_1+M+m_2}, \quad T_2 = \frac{m_2(M+2m_1)g}{m_1+M+m_2}$$

보충문제 또 다른 해법으로 위 문제를 풀어 보아라.

답 물체를 움직이는 힘은 $(m_2-m_1)g$이며 물체의 총 질량은 (m_1+M+m_2)이므로 가속도 $a=\frac{(m_2-m_1)g}{m_1+M+m_2}$이다. A와 C가 이 가속도로 움직이려면

(물체 A) $T_1-m_1g=m_1a$, $\therefore\ T_1=\frac{m_1(M+2m_2)g}{m_1+M+m_2}$

(물체 C) $m_2g-T_2=m_2a$, $\therefore\ T_2=\frac{m_2(M+2m_1)g}{m_1+M+m_2}$

보충문제 B와 수평면 사이에 운동마찰계수가 μ_k이면 가속도는 얼마인가?

답 $\frac{(m_2-m_1-\mu_k M)g}{m_1+M+m_2}$

보충문제 물체가 등속 운동한다면 B에 미치는 운동마찰력은 얼마인가?

답 $(m_2-m_1)g$

2-47 그림 p.2-47(a)처럼 마찰이 없는 경사면에 두 개의 물체가 놓여 있다. A의 질량은 10 kg, B의 질량은 6 kg일 때, 가속도와 장력을 각각 계산하라. (단, 중력가속도는 10 m/s^{2}이며, 도르래 마찰은 무시한다.)

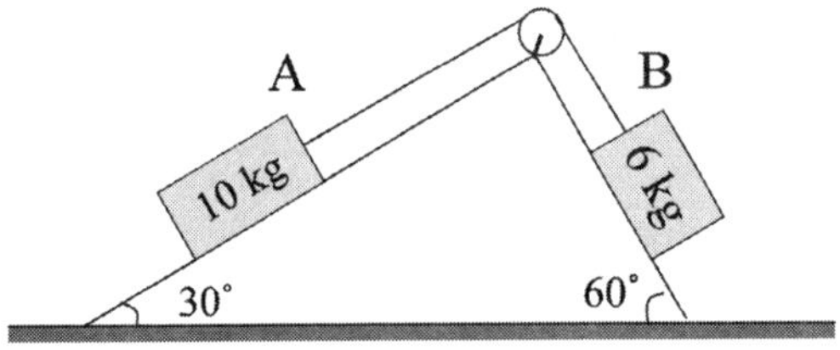

▸▸ 그림 p.2-47(a)

풀이 그림 p.2-47(b)의 자유물체도를 참조하라. 물체 A가 가속도 a로 미끄러져 내려간다고 가정하면 운동방정식은

(물체 A) $\sum F_A = F_A - T = 10a$ ··········· ①

(물체 B) $\sum F_B = T - F_B = 6a$

두 식을 더해서 정리하면 가속도는

$$a = \frac{(F_A - F_B)}{16} \quad \cdots\cdots ②$$

$F_A = w_A \sin 30° = 50$, $F_B = w_B \sin 60° \simeq 51.96$이므로 $a \simeq -0.12$ $\mathrm{m/s^2}$이다. 가속도가 음의 값이므로 처음 가정했던 것과는 반대로 B가 미끄러져 내려간다. 한편 ②를 ①에 대입하면 장력 $T \simeq 51.2$ N이다.

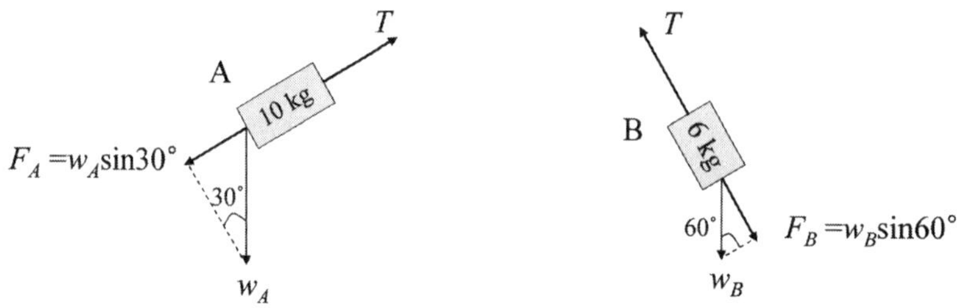

▸▸ 그림 p.2-47(b)

2-48 그림 p.2-48과 같이 마찰이 없는 면에 물체 A와 B가 있으며 무게는 w이다. 물체의 가속도와 줄의 장력을 각각 구하라. (단, 도르래 마찰은 무시한다.)

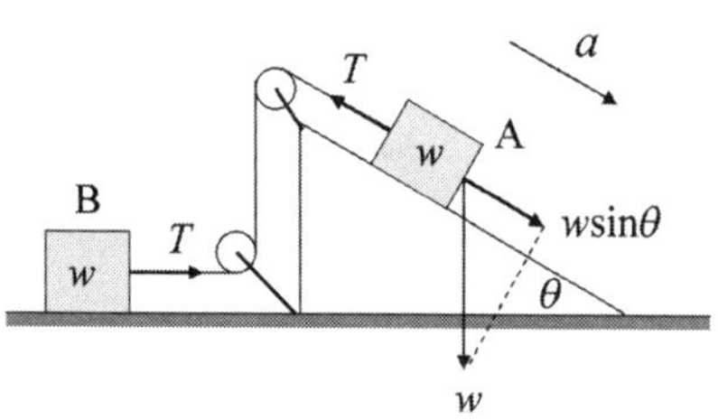

▸▸ 그림 p.2-48

풀이 그림 p.2-48에 표시한 힘을 참조하면, 각 물체의 운동방정식은

(물체 A) $\sum F_A = w\sin\theta - T = \left(\frac{w}{g}\right)a$

(물체 B) $\sum F_B = T = \left(\frac{w}{g}\right)a$

위 식으로부터 $a=\frac{1}{2}g\sin\theta$, $T=\frac{1}{2}w\sin\theta$

보충문제 또 다른 해법으로 위 문제를 풀어 보아라.

답 그림 p.2-48를 참조하면, 두 물체를 움직이는 힘은 $w\sin\theta$이며 총 질량은 $\frac{2w}{g}$이므로 가속도 $a=\frac{1}{2}g\sin\theta$이며, B가 이 가속도로 운동하므로 $T=\left(\frac{w}{g}\right)a=\frac{1}{2}w\sin\theta$이다.

보충문제 경사각 $\theta=90^\circ$이면 가속도 a와 장력 T는 얼마인가?

답 $a=\frac{1}{2}g$, $T=\frac{1}{2}w$

보충문제 물체 A가 정지 상태에서 x m 이동하는 시간을 구하라.

답 $\sqrt{\frac{4x}{g\sin\theta}}$

2-49 그림 p.2-49와 같이 수평면에 있는 질량 m인 물체 A가 도르래를 거쳐 질량 M인 물체 B와 줄로 연결되어 있다. A와 수평면 사이의 운동마찰계수는 μ_k이다. 물체의 가속도와 줄의 장력을 각각 구하라. (단, 도르래 마찰은 무시하라.)

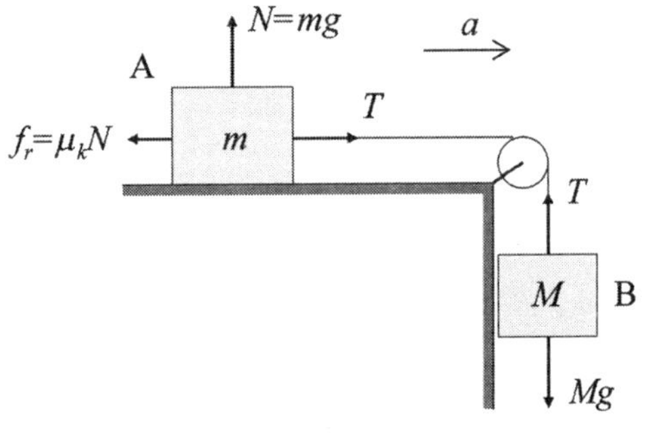

▸▸ 그림 p.2-49

풀이 물체에 작용하는 힘을 그림 p.2-49에 표시했다. 각 물체의 운동방정식은

(물체 A) $\sum F_A = T - f_r = ma$

(물체 B) $\sum F_B = Mg - T = Ma$

이며, 여기서 물체 A의 마찰력 $f_r = \mu_k N = \mu_k mg$이다. 연립방정식을 풀면 가속도 a와 장력 T는 각각 다음과 같다.

$$a = \frac{(M - \mu_k m)g}{M+m}, \quad T = \frac{(1+\mu_k)Mmg}{M+m}$$

보충문제 또 다른 해법으로 위 문제를 풀어 보아라.

답 총 질량 $(M+m)$을 움직이게 하는 힘은 $(Mg - \mu_k mg)$이므로 뉴턴 제2법칙에 의해 가속도 $a = \frac{(M-\mu_k m)g}{M+m}$이며, B가 이 가속도로 움직이므로 $Mg - T = Ma$이어야 한다. 따라서 장력 $T = \frac{(1+\mu_k)Mmg}{M+m}$이다.

보충문제 등속 운동한다면, A와 수평면 사이의 운동마찰계수 μ_k는 얼마인가?

답 $\mu_k = \frac{M}{m}$

2-50 그림 p.2-50과 같이 질량 m인 물체 A가 질량 M인 물체 B와 줄로 연결되어 있다. 경사각 θ, A와 경사면 사이의 운동마찰계수가 μ_k이면 물체의 가속도와 줄의 장력은 각각 얼마인가? (단, 도르래 마찰은 무시하며, 물체 B가 낙하한다고 가정하라.)

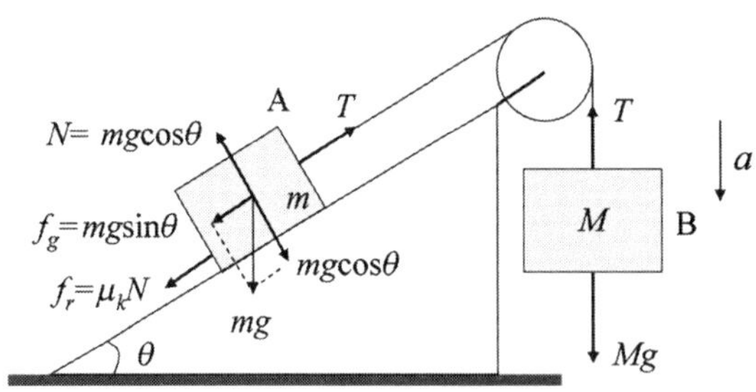

▸▸ 그림 p.2-50

풀이 경사면 방향으로 물체 A에 작용하는 중력 성분 $f_g = mg\sin\theta$, A의 수직항력 $N = mg\cos\theta$, A에 가해지는 마찰력 $f_r = \mu_k N = \mu_k mg\cos\theta$이다. B의 낙하 가속도를 a라 가정하면, 각 물체의 운동방정식은

(물체 A) $\sum F_A = T - f_g - f_r = ma$

(물체 B) $\sum F_B = Mg - T = Ma$

위 연립방정식을 풀면 가속도 a와 장력 T는 각각 다음과 같다.

$$a = \frac{(M - m\sin\theta - \mu_k m\cos\theta)g}{M+m}, \quad T = \frac{(1+\sin\theta + \mu_k\cos\theta)mMg}{M+m}$$

보충문제 물체 A가 미끄러져 내려간다면 가속도 a'과 장력 T'은 각각 얼마인가?

답 $a' = \frac{(m\sin\theta - M - \mu_k m\cos\theta)g}{M+m}, \quad T' = \frac{(1+\sin\theta - \mu_k\cos\theta)mMg}{M+m}$

보충문제 양 방향으로 등속 운동할 수 있는 우선 조건은 무엇인가?

답 운동마찰계수 $\mu_k = 0$

2-51 그림 p.2-51과 같이 물체 A, B, C를 실 p, q로 연결했다. B를 잡고 있다가 가만히 놓았다. A와 수평면 사이, B와 수평면 사이의 운동마찰계수는 각각 μ_k, $\frac{1}{2}\mu_k$이다. 실 p의 장력은 T_p, 실 q의 장력은 T_q, 물체의 가속도는 a이다. B에 작용하는 합력은 A에 작용하는 합력의 몇 배인가? 또한 운동마찰계수 μ_k와 장력 T_p, T_q를 각각 구하라.

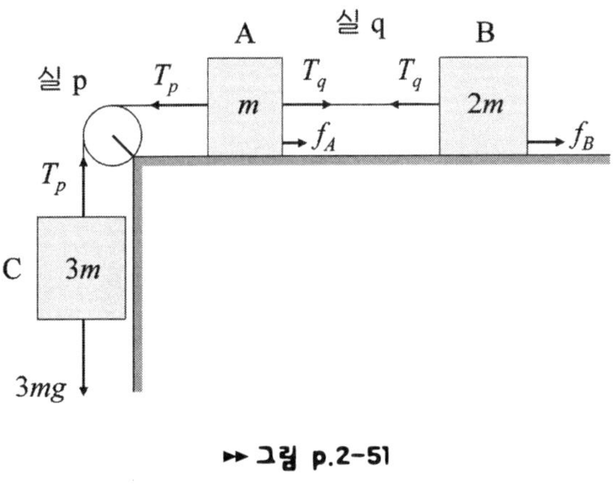

▸▸ 그림 p.2-51

풀이 각 물체에 작용하는 힘을 그림 p.2-51에 표시했다. 물체 A의 마찰력 $f_A = \mu_k mg$, 물체 B의 마찰력 $f_B = \mu_k mg$이다. 따라서 각 물체의 운동방정

식은

(물체 A) $\sum F_A = T_p - T_q - \mu_k mg = ma$ ······ ①

(물체 B) $\sum F_B = T_q - \mu_k mg = 2ma$ ······ ②

(물체 C) $\sum F_C = 3mg - T_p = 3ma$ ······ ③

①과 ②에서 B에 작용하는 합력과 A에 작용하는 합력의 비는

$$\frac{\sum F_B}{\sum F_A} = \frac{2ma}{ma} = 2$$

①+②+③이면 $3mg - 2\mu_k mg = 6ma$이므로

$$\mu_k = \frac{3}{2}\left(1 - \frac{2a}{g}\right)$$

①과 ②에서 $T_p = 2\mu_k mg + 3ma$, $T_q = \mu_k mg + 2ma$

보충문제 물체가 등속 운동한다면 운동마찰계수 μ_k는 얼마인가?

답 $\mu_k = \frac{3}{2}$

2-52 그림 p.2-52와 같이 질량이 m과 M인 물체 A와 B가 도르래를 거쳐 줄로 연결되어 있다. B가 높이 H에서 떨어져 바닥에 부딪힌 후, 물체 A는 조금 더 올라갔다. 또한 B도 바닥에 부딪히는 순간의 속력으로 다시 튀어 올랐다. A가 최고 높이에 도달했을 때, B의 높이와 속력은 각각 얼마인가?

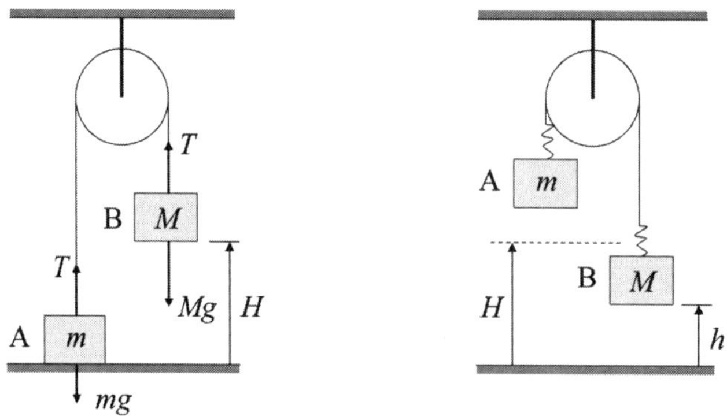

▸▸ 그림 p.2-52

풀이 B가 바닥에 닿기 전에는 줄로 연결되어 서로 구속된 상태지만 그 이후는 줄이 느슨해져서 각각 자유롭게 운동하는 상태가 된다. 먼저 낙하하는 B의 가속도 a_1을 구하자. 각 물체의 운동방정식은

$$(\text{물체 A})\ \sum F_A = T - mg = ma_1$$

$$(\text{물체 B})\ \sum F_B = Mg - T = Ma_1$$

두 식을 더하면 $a_1 = \dfrac{(M-m)g}{M+m}$ ……………… ①

A가 높이 H에 도달하는 순간의 속력은 $2ah = v_1^2 - v_0^2$에서 $a = a_1$, $h = H$, $v_0 = 0$이므로

$$v_1 = \sqrt{2a_1 H} = \sqrt{\frac{2(M-m)gH}{M+m}} \quad \cdots\cdots\cdots ②$$

이 속력을 초속도로 해서 A가 더 상승한 높이 h_1과 시간 t_1을 구하기로 한다. $2ah = v^2 - v_0^2$과 $v = v_0 + at$에서 $a = -g$, $v = 0$, $v_0 = v_1$이므로 $h = h_1$, $t = t_1$이라 놓으면

$$h_1 = \frac{a_1 H}{g} = \frac{(M-m)H}{M+m}, \quad t_1 = \frac{v_1}{g} = \sqrt{\frac{2(M-m)H}{(M+m)g}}$$

시간 t_1 동안 B가 올라간 높이와 속력을 구하기로 한다. B가 바닥에 부딪히는 순간의 속력은 ②의 v_1과 같다. 이 속력으로 바닥에서 튀어 t_1 동안 올라간 높이와 속력은 $h = v_0 t + (1/2)at^2$과 $v = v_0 + at$에서 $v_0 = v_1$, $a = -g$, $t = t_1$이므로 $h = h_2$, $v = v_2$라 놓으면

$$h_2 = \frac{v_1^2}{2g} = \frac{(M-m)H}{M+m}, \quad v_2 = 0$$

따라서 $h_2 = h_1$이며, 속력 $v_2 = 0$이므로 h_2는 최고 높이가 된다. B가 바닥과 부딪히고 나서 두 물체가 같은 속력으로 오르기 시작했으므로 A가 더 올라간 높이 h_1과 B가 튀어 오른 높이 h_2는 당연히 같다.

보충문제 $m = 2$ kg, $M = 6$ kg, $H = 8$ m, $g = 10$ m/s^{2}일 때 위에서 구한 값들을 각각 계산하라.

답 $a_1 = 5$ m/s^2, $v_1 = 4\sqrt{5} \simeq 8.9$ m/s, $t_1 = \dfrac{2}{\sqrt{5}} \simeq 0.9$ s, $h_1 = h_2 = 4$ m

2-53 그림 p.2-53과 같이 물체 A와 B가 줄로 연결되어 있다. A의 질량은 m_A, B의 질량은 m_B이다. 물체 A를 F의 힘으로 끌어올릴 때 가속도와 줄의 장력은 각각 얼마인가? (단, 중력가속도는 g이다.)

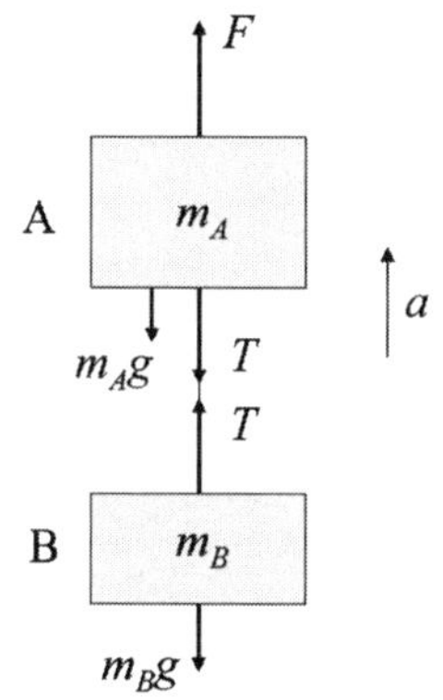

▸▸ 그림 p.2-53

풀이 물체에 작용하는 힘들을 그림 p.2-53에 표시했다. 가속도 a를 윗방향으로 설정하면, 각 물체의 운동방정식은 다음과 같다.

(물체 A) $\sum F_A = F - m_A g - T = m_A a$ ········· ①

(물체 B) $\sum F_B = T - m_B g = m_B a$ ········· ②

①과 ②를 풀면 가속도와 장력은 각각 다음과 같다.

$$a = \left(\frac{F}{m_A + m_B}\right) - g, \quad T = \left(\frac{m_B}{m_A + m_B}\right) F$$

보충문제 또 다른 해법으로 위 문제를 풀어 보아라.

답 힘 F로 전체 질량 $(m_A + m_B)$를 끌어올리면 가속도는

$$F - (m_A + m_B)g = (m_A + m_B)a \quad \therefore a = \frac{F}{m_A + m_B} - g$$

물체 B가 이 가속도로 올라가려면 장력은 다음과 같다.

$$T - m_B g = m_B a \quad \therefore T = \left(\frac{m_B}{m_A + m_B}\right) F$$

보충문제 $F = 200$ N, $m_A = 4$ kg, $m_B = 6$ kg, 중력가속도 $g = 10$ m/s^{2}일 때 가속도와 장력을 각각 계산하라.

답 $a = 10$ m/s^2, $T = 120$ N

보충문제 물체의 질량은 위와 같고, $F = 70\ \mathrm{N}$이면 가속도는 얼마인가?

답 $-3\ \mathrm{m/s^2}$

2-54 그림 2-54(a)와 같이 물체 A와 B가 굵은 줄로 연결되어 있다. A의 질량은 m_A, B의 질량은 m_B, 줄의 질량은 m_r이다. 물체 A를 F의 힘으로 끌어올렸을 때 가속도와 줄의 최상단, 중간, 최하단의 장력을 각각 구하라.

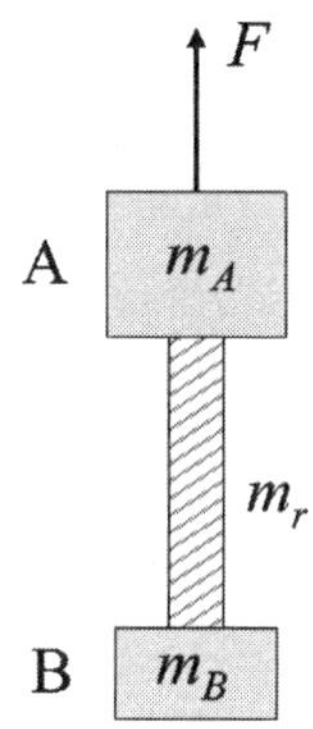

▸▸ 그림 p.2-54(a)

풀이 그림 2-54(b)의 자유물체도를 참조하라. 줄 중간의 장력을 구하기 위해서 줄을 반으로 잘라서 힘을 표시했다. 가속도 a를 윗방향으로 설정하면 각 물체의 운동방정식은 다음과 같다.

(물체 A) $\sum F_A = F - T_1 - m_A g = m_A a$ ······ ①

(줄 상단) $\sum F_1 = T_1 - 0.5m_r g - T_2 = 0.5m_r a$ ······ ②

(줄 하단) $\sum F_2 = T_2 - 0.5m_r g - T_3 = 0.5m_r a$ ······ ③

(물체 B) $\sum F_B = T_3 - m_B g = m_B a$ ······ ④

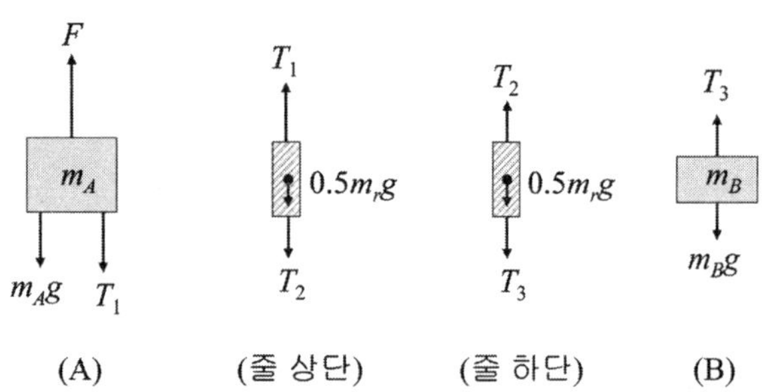

▸▸ 그림 p.2-54(b)

총 질량 $m_A + m_r + m_B = M$이라 하자.

①~④를 모두 더하면, $a = \left(\dfrac{F}{M}\right) - g$ ⋯⋯ ⑤

⑤를 ①에 대입하면, $T_1 = \left(\dfrac{m_r + m_B}{M}\right) F$ ⋯⋯ ⑥

⑥을 ②에 대입하면, $T_2 = \left(\dfrac{0.5m_r + m_B}{M}\right) F$ ⋯⋯ ⑦

⑦을 ③에 대입하면, $T_3 = \left(\dfrac{m_B}{M}\right) F$

보충문제 또 다른 해법으로 위 문제를 풀어 보아라.

답 힘 F로 전체 질량 $M = m_A + m_r + m_B$를 상방으로 당기면 가속도는

$$F - Mg = Ma \quad \therefore\ a = \left(\frac{F}{M}\right) - g$$

줄 최상단의 장력 T_1은 아래 쪽 질량 $(m_r + m_B)$를 a의 가속도로 끌고 올라가야 하므로 장력은

$$T_1 - (m_r + m_B)g = (m_r + m_B)a \quad \therefore\ T_1 = \left(\frac{m_r + m_B}{M}\right) F$$

마찬가지로 줄 중간의 장력 T_2는 아래 쪽 질량 $(0.5m_r + m_B)$를 끌고 올라가므로

$$T_2 - (0.5m_r + m_B)g = (0.5m_r + m_B)a \quad \therefore\ T_2 = \left(\frac{0.5m_r + m_B}{M}\right) F$$

마지막으로 물체 B에 작용하는 장력 T_3는 질량 m_B를 끌고 올라가므로

$$T_3 - m_B g = m_B a \quad \therefore\ T_3 = \left(\frac{m_B}{M}\right) F$$

보충문제 줄의 최상단에서 줄 길이의 $\dfrac{1}{4}$ 아래 지점의 장력은 얼마인가?

답 $\left(\dfrac{0.75m_r + m_B}{M}\right) F$

보충문제 $F = 300$ N, $m_A = 10$ kg, $m_r = 4$ kg, $m_B = 6$ kg, $g = 10$ m/s^{2}일 때 가속도와 장력을 각각 계산하라.

답 $a = 5$ m/s^2, $T_1 = 150$ N, $T_2 = 120$ N, $T_3 = 90$ N

보충문제 물체의 질량은 위와 같고, $F = 200$ N일 때 운동 상태를 설명하라.

답 가속도 $a = 0$이므로 초기 조건에 따라 정지, 등속 상방 운동, 등속 하방 운동 중 하나의 운동 상태가 된다.

2-55 질량 m, 길이 l인 부드러운 밧줄이 있다. 그림 p.2-55(a)와 같이 밧줄의 반이 책상 위에 걸쳐 있다가 미끄러지며 떨어졌다. (1) 책상 위에 밧줄이 $\frac{1}{4}l$ 남아 있는 순간에 밧줄의 속력과 (2) 책상 위에 있던 밧줄 끝이 책상 모서리를 떠나는 순간에 밧줄의 속력을 각각 구하라. (단, 책상 윗면은 마찰이 없다고 가정하라.)

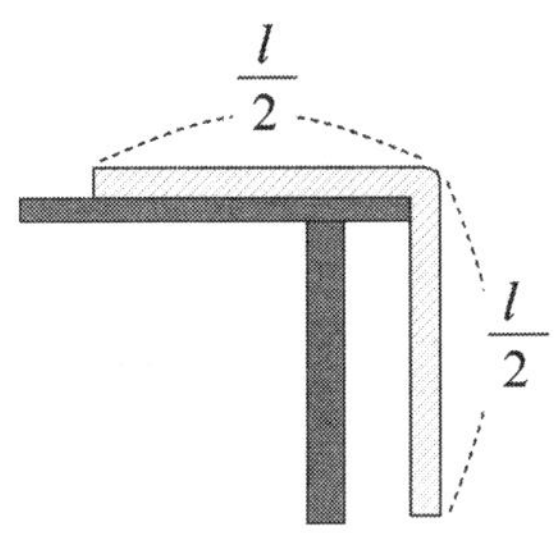

▸▸ **그림 p.2-55(a)**

풀이 밧줄이 떨어지는 어느 순간에 늘어져 있는 밧줄의 길이가 s이면, 중력이 밧줄을 당기는 힘 F와 순간 가속도 a는 각각

$$F = \frac{mg}{l}s, \quad a = \frac{g}{l}s$$

이다. 따라서 등가속도 운동이 아니다. 그러나 가속도 a가 s에 1차 비례하므로 평균 가속도로 문제를 풀 수 있다.

(1) 밧줄의 처음 상태에서 $s_1 = \frac{1}{2}l$이므로 $a_1 = \frac{1}{2}g$, 그림 p.2-55(b)와 같이 나중 상태에서 $s_2 = \frac{3}{4}l$이므로 $a_2 = \frac{3}{4}g$이다. 따라서 평균 가속도는

$$\bar{a} = \frac{a_1 + a_2}{2} = \frac{5}{8}g$$

$2\bar{a}h = v^2 - v_0^2$에서 낙하거리 $h = \frac{1}{4}l$, $v_0 = 0$이므로

$$v^2 = 2 \times \left(\frac{5}{8}g\right) \times \left(\frac{1}{4}l\right) \quad \therefore \ v = \frac{\sqrt{5gl}}{4}$$

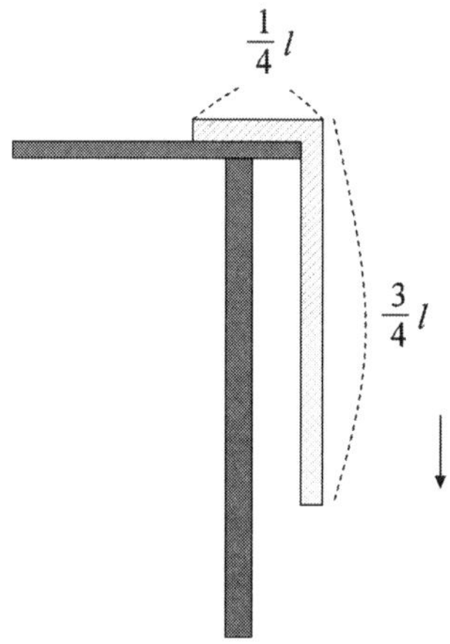

▸▸ 그림 p.2-55(b)

(2) 밧줄의 처음 상태에서 $s_1 = \frac{1}{2}l$이므로 $a_1 = \frac{1}{2}g$, 그림 p.2-55(c)와 같이 나중 상태에서 $s_2 = l$이므로 $a_2 = g$이다. 따라서 평균 가속도는

$$\bar{a} = \frac{a_1 + a_2}{2} = \frac{3}{4}g$$

$2\bar{a}h = v^2 - v_0^2$에서 낙하거리 $h = \frac{1}{2}l$, $v_0 = 0$이므로

$$v^2 = 2 \times \left(\frac{3}{4}g\right) \times \left(\frac{1}{2}l\right) \quad \therefore \; v = \frac{\sqrt{3gl}}{2}$$

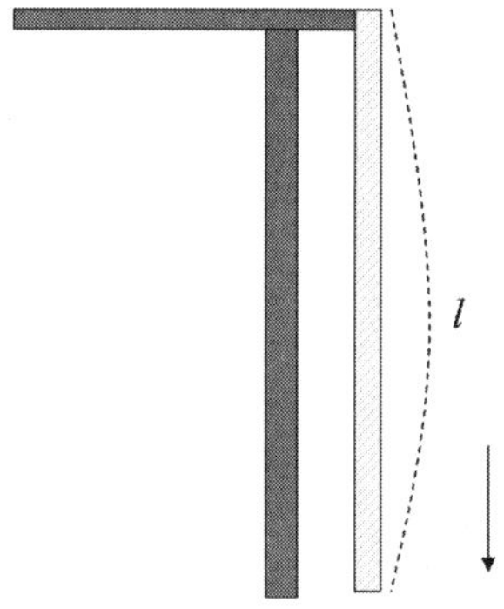

▸▸ 그림 p.2-55(c)

2-56 그림 p.2–56(a)에서 물체 A와 B의 질량은 각각 $3m$과 m이다. 정지한 상태에서 A를 가만히 놓았을 때, A는 마찰이 없는 수평면에서 거리 x를 운동하다가 마찰이 있는 면에 들어선 후 $2x$ 지점에서 정지했다. A와 수평면 사이의 운동 마찰력은 얼마인가?

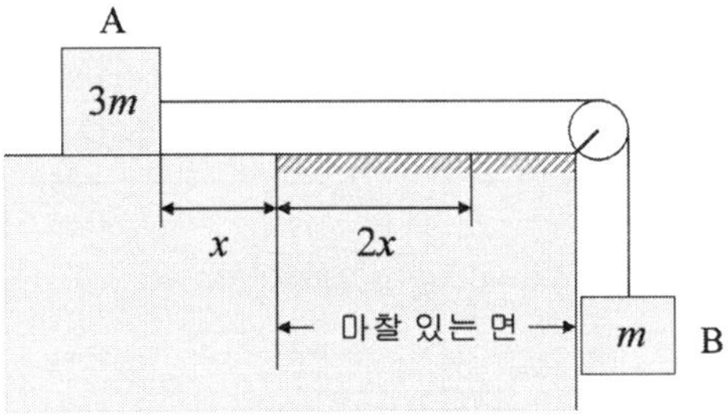

▸▸ **그림 p.2–56(a)**

풀이 먼저 마찰이 없는 수평면에서 물체의 가속도 a를 구하자. 그림 p.2–56(b)의 자유물체도를 참조하면 운동방정식은

(물체 A) $\sum F_A = T = 3ma$

(물체 B) $\sum F_B = mg - T = ma$

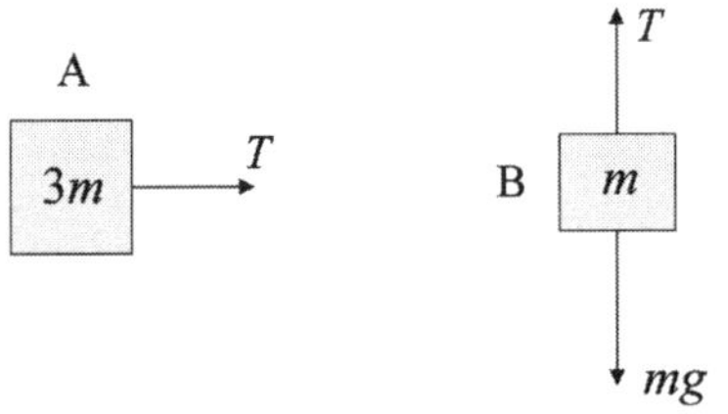

▸▸ **그림 p.2–56(b)**

위 식으로부터 $a = \frac{1}{4}g$가 된다. A가 이 가속도로 거리 x를 운동했을 때, 등가속도 운동방정식 $2as = v^2 - v_0^2$에서 $s = x$, $v_0 = 0$이므로

$$v^2 = \frac{1}{2}gx \quad \cdots\cdots \text{①}$$

이제 마찰이 있는 바닥에서 물체의 가속도 a'을 구하기로 한다. 운동마찰력을 f_r이라 하고, p.2–56(c)의 자유물체도를 참조하면

(물체 A) $\sum F_A = T' - f_r = 3ma'$

(물체 B) $\sum F_B = mg - T' = ma'$

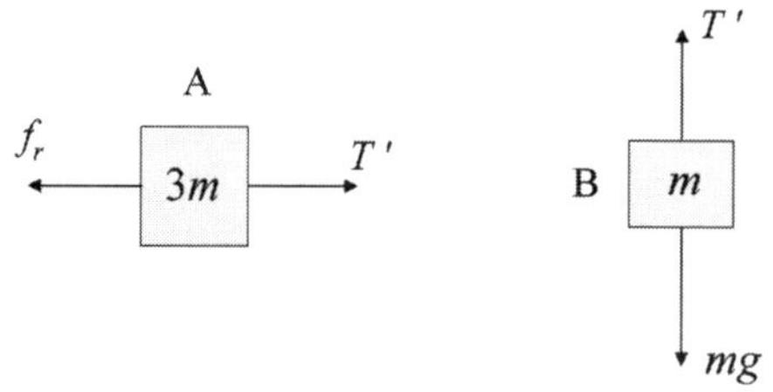

▸▸ 그림 p.2-56(c)

두 식을 더해서 정리하면 $a' = \frac{1}{4m}(mg - f_r)$이며, $2a's' = (v')^2 - (v_0')^2$에서 $v' = 0$, $(v_0')^2$은 ①의 v^2이므로 운동마찰력은

$$2 \times \left\{\frac{1}{4m}(mg - f_r)\right\} \times (2x) = -\frac{1}{2}gx \quad \therefore f_r = \frac{3}{2}mg$$

보충문제 또 다른 해법으로 위 문제를 풀어 보아라.

답 마찰이 없는 면에서, 총 질량 $4m$을 움직이게 하는 힘은 B에 작용하는 중력 mg이므로 $mg = (4m)a$로부터 가속도 $a = \frac{1}{4}g$이며, A가 이 가속도로 거리 x를 운동했다. 마찰이 있는 수평면에서 가속도 a'으로 거리 $2x$를 더 가서 정지했다면, 가속도 $a' = -\frac{1}{2}a = -\frac{1}{8}g$이다(아래 [보충문제]를 참조하라).

한편 마찰이 있는 면에서 물체를 움직이는 외력은 $(mg - f_r)$, 총 질량은 $4m$, 가속도 $a' = -\frac{1}{8}g$이므로 운동마찰력 f_r은

$$mg - f_r = (4m)a' = 4m \times \left(-\frac{1}{8}g\right) \quad \therefore f_r = \frac{3}{2}mg$$

보충문제 위 [보충문제]에서 $a' = -\frac{1}{2}a$가 성립함을 보여라.

답 정지해 있던 물체가 가속도 a로 운동하여 x에서 속력이 v라면 $2ax = v^2$이며, 속력 v로 출발해서 가속도 a'으로 $2x$를 운동하다가 멈추었다면 $2a'(2x) = -v^2$이다. 두 식으로부터 $2ax = -4a'x$이므로 $a' = -\frac{1}{2}a$이다.

보충문제 마찰이 있는 면에서 $4x$를 가서 정지했다면 운동마찰력은 얼마인가?

답 $\frac{5}{4}mg$

4. 용수철이 포함된 문제

2-57 (1) 훅(Hooke)의 법칙을 설명하고 용수철을 (2) 직렬 연결, (3) 병렬 연결했을 때 합성 용수철 상수를 각각 구하라.

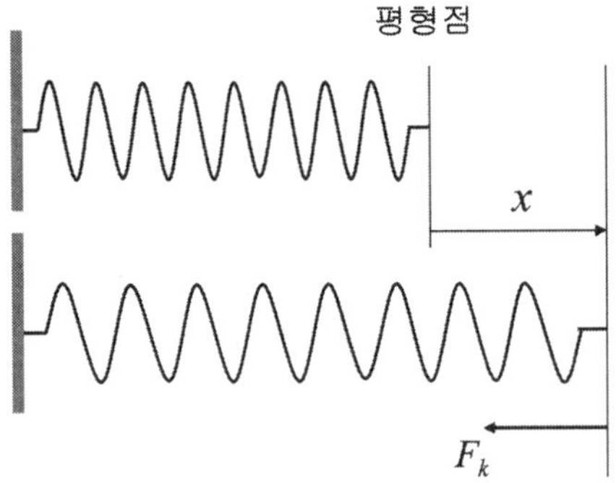

▸▸ 그림 p.2-57

풀이 (1) 그림 p.2-57을 보아라. 용수철을 당기거나 압축하면 탄성력 F_k가 용수철에서 발생한다. 이때 $F_k = -kx$이며, 이것을 훅의 법칙이라 한다. 여기서 k는 용수철 상수, x는 평형점으로부터 변형된 길이다. 부호 (-)는 탄성력이 x 방향과 반대인 것을 의미한다.

(2) 직렬 연결

용수철 상수가 k_1, k_2, k_3, · · · 인 용수철을 직렬로 연결한 후, 한쪽은 고정하고 반대쪽을 외력 F로 당기면 모든 용수철에 F의 힘이 고르게 전달된다. 따라서 용수철 전체가 늘어난 길이는

$$x = x_1 + x_2 + x_3 + \cdot \cdot \cdot \cdot = \frac{F}{k_1} + \frac{F}{k_2} + \frac{F}{k_3} + \cdot \cdot \cdot$$

이다. 합성 용수철 상수를 k라 하면 $x = \frac{F}{k}$이므로

$$\frac{1}{k} = \frac{1}{k_1} + \frac{1}{k_2} + \frac{1}{k_3} + \cdot \cdot \cdot$$

이다.

(3) 병렬 연결

용수철 상수가 k_1, k_2, k_3, · · · 인 용수철을 병렬로 연결하고, 외력

F로 잡아당기면 모든 용수철이 x만큼 동일한 길이로 늘어난다. 따라서

$$F = F_1 + F_2 + F_3 + \cdot\cdot\cdot = k_1 x + k_2 x + k_3 x + \cdot\cdot\cdot$$

가 된다. 합성 용수철 상수를 k라 하면 $F = kx$이므로

$$k = k_1 + k_2 + k_3 + \cdot\cdot\cdot$$

이다.

2-58 그림 p.2-58처럼 용수철 A와 B를 직렬로 연결해서 천장에 매달았더니 A와 B의 길이가 각각 L_A, L_B이었다. B의 끝에 추를 매달았더니 용수철 길이가 모두 L이 되었다. 합성 용수철 상수를 A의 용수철 상수로 나타내라. (단, 용수철 질량은 무시한다.)

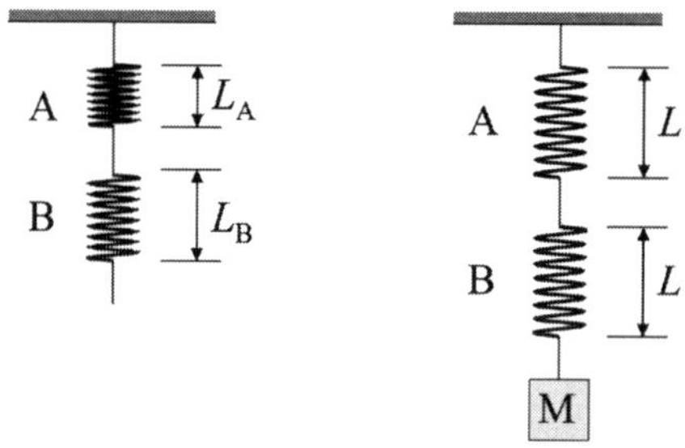

▸▸ 그림 p.2-58

풀이 용수철 A와 B의 용수철 상수를 각각 k_A와 k_B, 추의 질량을 M이라 하자. 용수철 질량이 없으므로, 추를 매달았을 때 각 용수철에 걸리는 힘은 같다. 따라서

$$Mg = k_A(L - L_A) = k_B(L - L_B) \Rightarrow \frac{k_A}{k_B} = \frac{L - L_B}{L - L_A}$$

직렬 연결이므로 합성 용수철 상수 k는 다음과 같다.

$$\frac{1}{k} = \frac{1}{k_A} + \frac{1}{k_B} \Rightarrow k = \frac{k_A k_B}{k_B + k_A} = \frac{k_A}{1 + (k_A/k_B)}$$

$$\therefore\ k = \left(\frac{L - L_A}{2L - L_A - L_B}\right) k_A$$

보충문제 $L_A = 5$ cm, $L_B = 7$ cm, $L = 9$ cm일 때 합성 용수철 상수 k를 계산하라.

답 $k = \frac{2}{3} k_A$

2-59 그림 p.2-59처럼 물체 A, B, C를 용수철로 연결하고 F의 힘으로 C를 당겼다. 두 용수철이 늘어난 길이가 같다면 용수철 상수의 비는 어떻게 되는가? (단, 수평면은 마찰이 없으며 용수철 질량은 무시한다.)

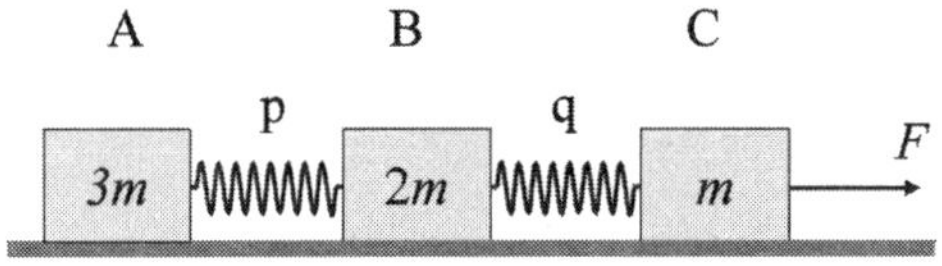

▸▸ 그림 p.2-59

풀이 용수철 p와 q에 걸리는 장력(또는 탄성력)이 T_p와 T_q라 하자. 가속도가 a이면 각 물체의 운동방정식은

(물체 A) $\sum F_A = T_p = 3ma$ ············ ①

(물체 B) $\sum F_B = T_q - T_p = 2ma$ ············ ②

(물체 C) $\sum F_C = F - T_q = ma$ ············ ③

①에서 $T_p = 3ma$이며, 위 식을 모두 더하면 $F = 6ma$이므로 ③에서 $T_q = 5ma$이다. 용수철 p, q의 용수철 상수를 각각 k_p, k_q라 하면, 늘어난 길이가 같으므로

$$\frac{T_p}{k_p} = \frac{T_q}{k_q} \Rightarrow \frac{3ma}{k_p} = \frac{5ma}{k_q} \quad \therefore \frac{k_q}{k_p} = \frac{5}{3}$$

보충문제 또 다른 해법으로 위 문제를 풀어 보아라.

답 용수철 p는 총 질량 $3m$을, 용수철 q는 총 질량 $5m$을 같은 가속도로 끌고 가야하므로 용수철에 걸리는 두 힘의 비는 $T_q/T_p = 5/3$이다. 두 용수철의 늘어난 길이가 같으므로 $T_q/T_p = k_q/k_p$가 성립하여, $k_q/k_p = 5/3$가 된다.

보충문제 힘 F가 물체 A를 당긴다면 k_q/k_p는 얼마인가?

답 $\frac{k_q}{k_p} = \frac{1}{3}$

보충문제 용수철 질량을 고려하면, 용수철 양끝의 장력은 같은가? 아니면 다른가?

답 다르다.

2-60 그림 p.2-60과 같이 용수철 한 끝에 질량 m인 물체를 연결하고, 연직 상방으로 F의 힘으로 끌어올렸다. 가속도와 용수철이 늘어난 길이를 각각 구하라. (단, 용수철 질량은 무시하며, 용수철 상수는 k이다.)

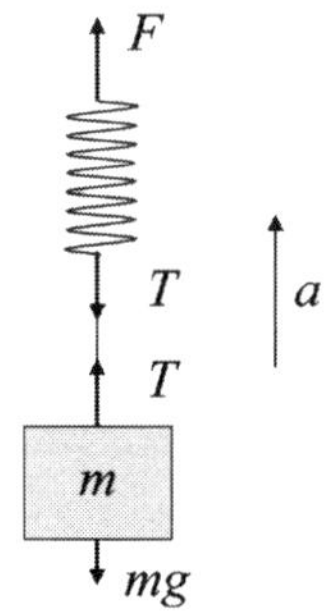

▸▸ 그림 p.2-60

풀이 용수철과 물체의 운동방정식은 다음과 같다.

$$(\text{용수철})\ \sum F_{\text{용수철}} = F - T = 0 \ (\because \text{용수철 질량} = 0)$$

$$(\text{물 체})\ \sum F_{\text{물체}} = T - mg = ma$$

위 식으로부터 가속도 a와 장력 T는 다음과 같다.

$$a = \frac{F - mg}{m},\quad T = F$$

여기서 용수철 양쪽의 힘 T와 F가 같다는 점에 주목하라(문제 2-61 참조). 훅의 법칙에 의해 늘어난 길이 $x = \dfrac{F}{k}$이다. (늘어난 길이가 물체의 질량 m과 무관함에 주목하라.)

보충문제 $F = 30$ N, $m = 2$ kg, $k = 1000$ N/m, $g = 10$ m/s^{2}일 때, 가속도 a와 용수철의 늘어난 길이 x를 계산하라.

답 $a = 5$ m/s^2, $x = 0.03$ m

보충문제 위 [보충문제]에서 $F=10$ N이면 a와 x는 얼마인가?

답 $a=-5\ \mathrm{m/s^2}$, $x=0.01$ m

보충문제 늘어난 길이 x가 물체의 질량 m과 무관한 점에 대해 고찰하라.

2-61 그림 p.2-61과 같이 질량 m_s인 용수철 한 끝에 질량 m인 물체를 연결하고, 연직 상방으로 F의 힘으로 끌어올렸다. 가속도와 용수철이 늘어난 길이를 각각 구하라. (단, 용수철 상수는 k이다.)

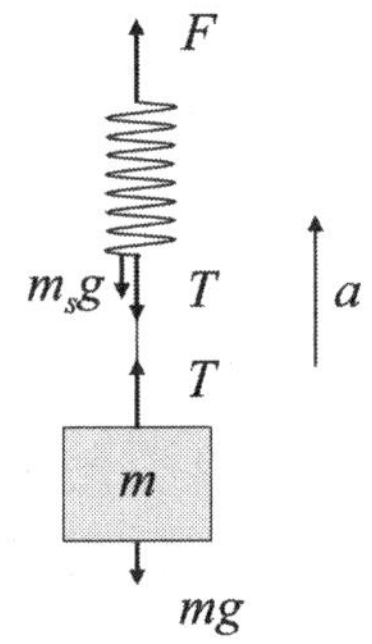

▸▸ 그림 p.2-61

풀이 가속도를 a라 하면, 용수철과 물체의 운동방정식은 다음과 같다.

$$(\text{용수철})\ \sum F_{\text{용수철}} = F - m_s g - T = m_s a$$

$$(\text{물 체})\ \sum F_{\text{물체}} = T - mg = ma$$

위 식으로부터 가속도 a와 장력 T는 다음과 같다.

$$a = \frac{F-(m_s+m)g}{m_s+m},\quad T = \frac{mF}{m_s+m}$$

용수철의 위쪽으로 F, 아래쪽으로 T의 힘이 작용하면 용수철을 늘리는 유효한 힘 F_k와 늘어난 길이 x는 다음과 같다.

$$F_k = \frac{1}{2}(F+T) = \frac{(m_s+2m)F}{2(m_s+m)}$$

$$x = \frac{F_k}{k} = \frac{(m_s+2m)F}{2k(m_s+m)}$$

보충문제 $F=30$ N, $m_s=0.5$ kg, $m=2$ kg, $k=1000$ N/m, $g=10$ m/s^{2}일 때 a, T, F_k, x를 각각 계산하라.

답 $a=2$ m/s^2, $T=24$ N, $F_k=27$ N, $x=0.027$ m

보충문제 위 [보충문제]에서 $F=10$ N이면 a, T, F_k, x는 각각 얼마인가?

답 $a=-6$ m/s^2, $T=8$ N, $F_k=9$ N, $x=0.009$ m

보충문제 $m=0$이면 늘어난 길이는 얼마인가?

답 $x=\dfrac{F}{2k}$

보충문제 용수철 한쪽에 힘 F_1, 반대쪽에 힘 F_2가 작용한다면 용수철을 늘리는 유효한 힘 $F_k=\dfrac{1}{2}(F_1+F_2)$가 됨을 증명하라.

2-62 그림 p.2-62와 같이 물체 A와 B 사이에 용수철 C를 연결했다. A의 질량은 m, B의 질량은 M, A와 수평면 사이의 운동마찰계수는 μ_k, 용수철 상수는 k일 때, 용수철이 늘어난 길이를 구하라. (단, 용수철 질량은 없으며, 수평면과 도르래 마찰은 무시한다.)

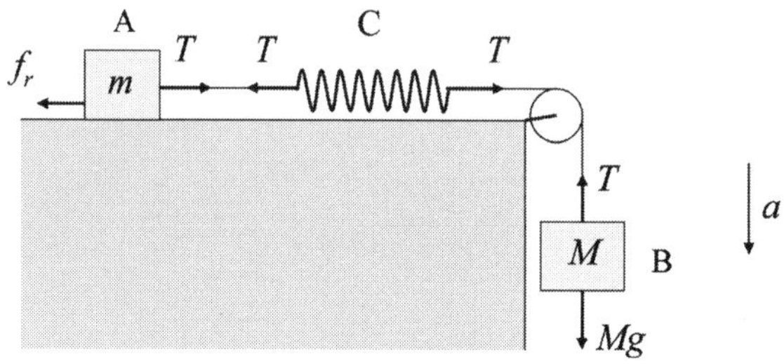

▸▸ 그림 p.2-62

풀이 용수철 질량이 없으므로 A와 B 사이의 어떤 위치에서도 장력은 모두 동일하다. 마찰력 $f_r=\mu_k mg$이므로 가속도가 a라면 물체의 운동방정식은

$$\text{(물체 A)}\ \sum F_A = T-\mu_k mg = ma$$

$$\text{(물체 B)}\ \sum F_B = Mg-T = Ma$$

두 식을 풀면 장력 T와 가속도 a는

$$T = \frac{(1+\mu_k)mMg}{m+M}, \quad a = \frac{(M-\mu_k m)g}{m+M}$$

$T = kx$이므로 늘어난 용수철 길이 x는 다음과 같다.

$$x = \frac{(1+\mu_k)mMg}{k(m+M)}$$

보충문제 용수철 질량이 없다면 용수철 양쪽에 걸리는 장력의 크기가 같음을 보여라.

답 용수철 양쪽의 장력을 각각 T_1, T_2라 하자. 용수철 질량이 m_s이면 운동방정식은 $T_2 - T_1 = m_s a$가 된다. 만약 $m_s = 0$이면 $T_2 - T_1 = 0$이므로 $T_2 = T_1$이다.

보충문제 $m = 2$ kg, $M = 5$ kg, $\mu_k = 0.3$, $k = 100$ N/m, $g = 10$ m/s^{2}일 때, a와 x를 계산하라.

답 $a \simeq 6.29$ m/s^2, $x \simeq 0.19$ m

보충문제 물체 A와 B를 바꾸었을 때 용수철의 늘어난 길이가 달라지나? (단, 운동마찰계수는 동일하다.)

답 변하지 않는다. [풀이]의 x에서 m과 M을 교환하고 비교해 보아라.

2-63 그림 p.2-63과 같이 물체 A와 C 사이에 용수철 B를 연결했다. A의 질량은 m, 용수철 B의 질량은 m_s, 용수철 상수는 k, C의 질량은 M일 때, 용수철이 늘어난 길이를 구하라. (단, 수평면과 도르래 마찰은 무시한다.)

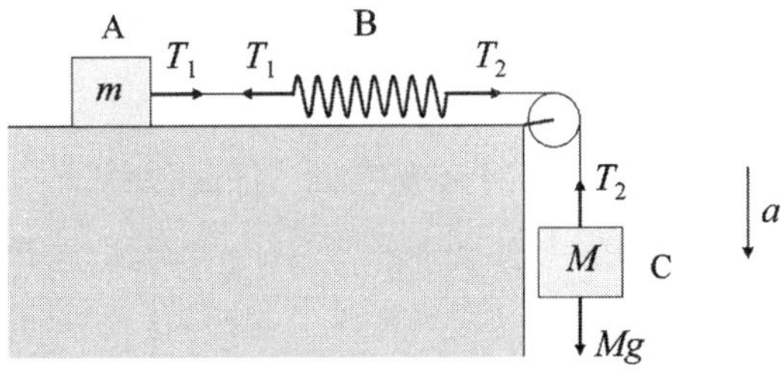

▸▸ 그림 p.2-63

풀이 그림 p.2-63을 참조하면 물체의 운동방정식은 다음과 같다.

(물체 A) $\sum F_A = T_1 = ma$

(용수철) $\sum F_B = T_2 - T_1 = m_s a$

(물체 C) $\sum F_C = Mg - T_2 = Ma$

위 식을 풀면 가속도와 장력은

$$a=\frac{Mg}{m+m_s+M},\quad T_1=\frac{mMg}{m+m_s+M},\quad T_2=\frac{(m+m_s)Mg}{m+m_s+M}$$

용수철을 늘리는 유효한 힘 F_k와 늘어난 길이 x는 다음과 같다.

$$F_k=\frac{1}{2}(T_1+T_2)=\frac{(2m+m_s)Mg}{2(m+m_s+M)}$$

$$x=\frac{F_k}{k}=\frac{(2m+m_s)Mg}{2k(m+m_s+M)}$$

보충문제 $m=3$ kg, $M=5$ kg, $m_s=2$ kg, $k=100$ N/m, $g=10$ m/s^{2}일 때 a, F_k, x를 각각 계산하라.

답 $a=5$ m/s^2, $F_k=20$ N, $x=0.2$ m

보충문제 물체 A와 C를 바꾸면 용수철의 늘어난 길이가 달라지나?

답 달라진다. [풀이]의 x에서 m과 M을 교환하고 비교해 보아라.

보충문제 물체 A와 수평면 사이의 운동마찰계수가 μ_k일 때 용수철이 늘어난 길이를 구하라.

답 $x=\dfrac{\mu_k(2M+m_s)mg+(2m+m_s)Mg}{2k(m+m_s+M)}$

5. 관성력

2-64 관성력이란 무엇인가?

해설 승객에게 아무런 외력이 작용하지 않은 상태에서, 정지해 있던 버스가 갑자기 출발하면 승객의 몸이 뒤로 쏠린다. 넘어질 뻔했던 승객은 뒤쪽에서 누군가가 자신을 잡아당겼다고 생각할 것이다. 승객은 지면에 대해 정지해 있었으나 버스가 앞으로 움직였기 때문에 느끼는 이 가짜 힘을 **관성력**이라 한다. 관성력의 특징은 다음과 같다.

① 관성력은 가속도계에 있는 물체에 가해지는 **가상의 힘**이다.

② 계의 가속도가 a이면 질량 m인 물체의 관성력은 $-ma$이다. 즉, 관성력은 계의 가속도와 반대 방향이다.

③ 관성력은 관성에 의한 **겉보기 현상**이므로 작용–반작용 법칙이 적용되지 않는다.

보충문제 아래 그림과 같이 무거운 물체를 실 A로 천장에 매단 후, 실 B를 천천히 세게 당겼다. 어느 쪽 실이 끊어질까? 다음에는 B를 순간적으로 세게 당겼다. 어느 쪽 실이 끊어질까? 그 이유를 설명하라.

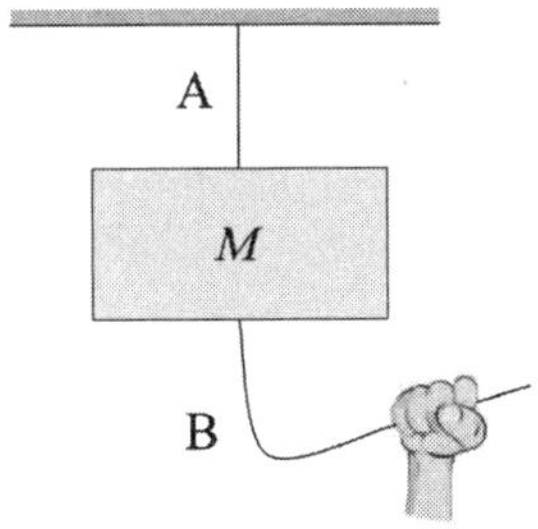

▸▸ 그림 p.2-64

2-65 겉보기 무게란 무엇인가?

해설 계가 가속도 운동을 함으로써 물체에 관성력이 작용하고 그로 인해 실제와 다르게 관측되는 물체의 무게를 **겉보기 무게**라 한다. 관성력은 계의 가속도와 반대 방향으로 작용한다. 우주정거장 내부가 무중력 상태인 것도 관성력 때문이다. 비록 우주정거장의 공전 궤도가 높다고 해도 지구 중력이 미치는 공간이다. 그러나 우주정거장이 고속으로 지구를 공전하기 때문에 관성력의 일종인 원심력이 발생하고, 이 원심력이 중력과 반대 방향으로 작용해서 우주인의 겉보기 무게는 0이 된다.

보충문제 우주 로켓이 이륙할 때 비행사들은 누운 자세를 취한다. 그 이유를 알아보자.

보충문제 우주비행사들은 무중력 적응 훈련이 필요하다. 훈련 시설에 대해 알아보자.

2-66 버스 천장에 질량 m인 물체를 줄로 매달았다. 버스가 a의 가속도로 달린다면 그림 p.2-66에서 줄의 장력 T와 각도 θ는 얼마인가?. $m = 2$ kg, $a = 5$ m/s^{2}일 때 장력과 각을 각각 계산하라. (단, 중력가속도는 10 m/s^{2}이다.)

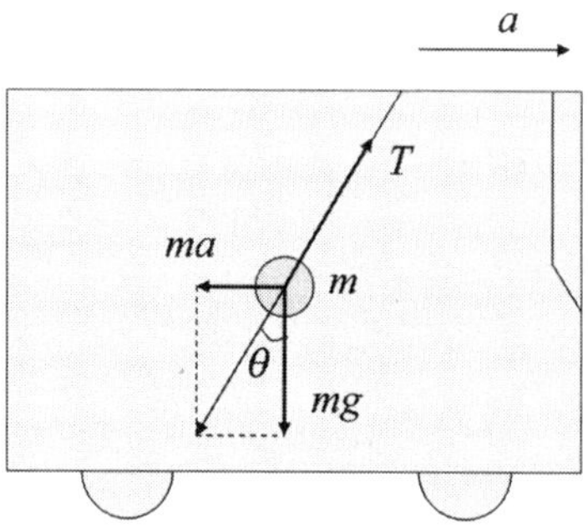

▸▸ 그림 p.2-66

풀이 물체에 작용하는 관성력의 방향은 버스의 가속도 방향과 반대다. 그림 p.2-66을 참조하면 장력 T의 크기와 각 θ는

$$T = \sqrt{(ma)^2 + (mg)^2} = m\sqrt{a^2 + g^2}$$

$$\tan\theta = \frac{ma}{mg} = \frac{a}{g}$$

만약 $m = 2$ kg, $a = 5$ m/s^{2}이면 계산 결과는 다음과 같다.

$$T = 2\sqrt{5^2 + 10^2} = 10\sqrt{5}\ (\mathrm{N})$$

$$\tan\theta = 0.5 \quad \therefore\ \theta \simeq 26.6^\circ$$

보충문제 버스가 갑자기 등속으로 움직이면 물체는 어떻게 되나?

2-67 엘리베이터 내부에 있는 체중계 위에 사람이 서 있다. 다음과 같은 경우에 체중계 바늘이 가리키는 무게는 각각 얼마인가? (단, 사람의 질량은 60 kg이며 중력가속도는 10 m/s^{2}이다.)

(1) 엘리베이터가 정지해 있을 때

(2) $a = 3$ m/s^{2}의 가속도로 상승

(3) $a = 3$ m/s^{2}의 가속도로 하강

(4) 20 m/s 의 등속으로 상승

(5) 20 m/s 의 등속으로 하강

(6) 밧줄이 끊어져 자유낙하

풀이 무게 방향은 지구 중심이다. 사람이 느끼는 관성력 방향은 엘리베이터 가속도 방향과 반대다. 관성력이 무게 방향이면 겉보기 무게는 증가하고 관성력이 무게와 반대 방향이면 겉보기 무게는 감소한다.

(1) $W = mg = 60 \times 10 = 600$ (N)

(2) $W = m(g+a) = 60 \times (10+3) = 780$ (N)

(3) $W = m(g-a) = 60 \times (10-3) = 420$ (N)

(4), (5) 가속도가 0이므로 (1)의 결과와 동일

(6) $W = m(g-a)$에서 $a = g$이므로 $W = 0$

보충문제 정지해 있는 엘리베이터 내부에 어떤 사람이 있다. (현실적으로 발생할 가능성은 없지만) 순간적으로 지구가 사라졌다. 사람은 무슨 생각을 할까?

답 엘리베이터 줄이 끊어졌다고 생각할 것이다. 일반 상대성이론에서 가속도 운동에 의한 효과와 중력에 의한 효과를 구분할 수 없다는 등가원리를 설명할 때, 이 상황을 예로 들기도 한다.

2-68 엘리베이터 내부에 있는 체중계 위에 사람이 서 있다. 엘리베이터는 상승하고 있으나 가속도는 아래 방향으로 2 m/s^2이다. 체중계가 가리키는 사람의 겉보기 무게는 얼마인가? (단, 사람의 질량은 60 kg이며 중력가속도는 10 m/s^2이다.)

풀이 엘리베이터의 가속도가 아래 방향이므로 관성력은 위쪽을 향한다. 따라서

$$W = m(g-a) = 60 \times (10-2) = 480 \text{ (N)}$$

이다. 엘리베이터는 위로 향하고 있지만 속력이 일정하게 감소하기 때문에 겉보기 무게는 실제보다 가벼워진다.

2-69 마찰이 없는 수평면에 질량 $M = 3$ kg인 물체가 놓여 있다. 그림 p.2-69와 같이 물체 앞면에 질량 $m = 2$ kg인 물체를 놓고 이 물체가 떨어지지 않도록 힘 F를 가하여 가속도 운동을 시켰다. 두 물체 사이의 정지마찰계수 $\mu_s = 0.2$일 때 가속도의 최솟값 $a_{\min}$과 그때의 힘 $F_{\min}$을 구하라. (단, 중력가속도는 10 m/s^2이다.)

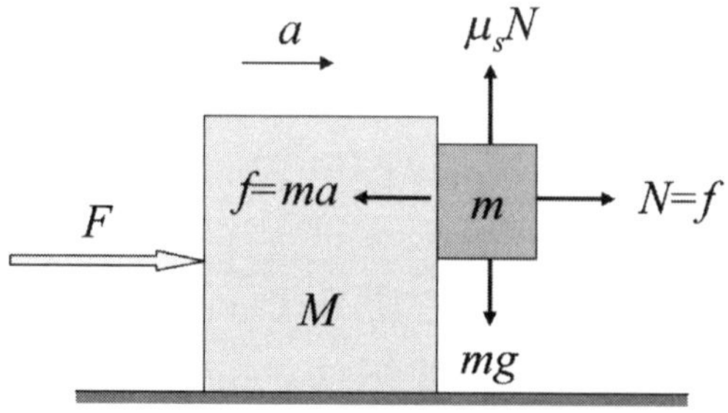

▶▶ 그림 p.2-69

풀이 가속도가 a이면, 질량 m인 물체가 질량 M인 물체에 작용하는 힘은 관성력 $f = ma$이다. 따라서 M이 m에 작용하는 수직항력 $N = f = ma$이므로 마찰력 $f_r = \mu_s N = \mu_s ma$이다. m이 떨어지지 않을 조건은 $\mu_s ma \geq mg$이므로

$$a_{\min} = \frac{g}{\mu_s}, \quad F_{\min} = (M+m)a_{\min}$$

$M = 3$ kg, $m = 2$ kg, $\mu_s = 0.2$, $g = 10$ m/s^{2}이면

$$a_{\min} = \frac{10}{0.2} = 50\ (\mathrm{m/s^2}), \quad F_{\min} = (3+2) \times 50 = 250\ (\mathrm{N})$$

보충문제 $a_{\min}$이 질량 m과 무관한 점에 대해 생각해 보아라.

보충문제 두 물체 사이의 운동마찰계수 $\mu_k = 0.1$일 때, m이 $0.4a$의 가속도로 떨어진다면 가속도 a는 얼마인가?

답 20 m/s^2

Ⅲ 일과 에너지

1. 기초사항

- 일

$$W = Fs\cos\theta \quad \begin{cases} F: \text{ 외력} \\ s: \text{ 변위} \\ \theta: F\text{와 } s \text{ 사이의 각} \end{cases}$$

- 보존력

힘에 의해 주어지는 위치에너지의 변화가 물체의 이동경로와 무관한 힘

- 운동에너지

$$KE = \frac{1}{2}mv^2$$

- 일-운동에너지 정리

$$W = \Delta KE$$

- 중력 위치에너지

$$PE = mgh$$

- 탄성 위치에너지

$$PE = \frac{1}{2}kx^2$$

- 역학적 에너지

$$E = \frac{1}{2}mv^2 + mgh + \frac{1}{2}kx^2$$

- 역학적 에너지 보존 법칙

외력이 작용하지 않으면 보존력장에서 물체의 역학적 에너지는 보존된다.

- 행성의 탈출속력

물체를 무한거리로 보내기 위한 행성 표면에서의 최소 투사 속력

- $(F-s)$ 그래프

변위에 따른 힘을 나타낸 그래프. 넓이는 F가 물체에 한 일과 같다.

- 일률

평균 일률 $\overline{\mathbb{P}} = \dfrac{W}{t}$

순간 일률 $\mathbb{P} = \dfrac{dW}{dt}$ 또는 $\mathbb{P} = Fv$

2. 일

3-1 일(work)이란 무엇인가?

풀이 일상생활에서 사람이 체력을 소모하며 하는 모든 활동을 일이라 한다. 그러나 물리학에서 정의한 일은 이와 다르다. F의 힘이 물체에 작용하는 동안 물체가 s만큼 이동했다면, F가 물체에 한 일 W는 다음과 같이 정의한다.

$$W = Fs\cos\theta$$

여기서 θ는 F와 s 사이의 각이다. W의 단위는 [J]이다.

간단한 예를 들어보자. 그림 p.3-1과 같이 물체가 수평면에서 직선거리 s를 움직였다면, 외력 f가 한 일은 $fs\cos\theta$, 중력이 한 일은 $F_g s\cos(-90°) = 0$, 수직항력이 한 일은 $Ns\cos 90° = 0$, 마찰력이 한 일은 $f_r s\cos 180° = -f_r s$이다.

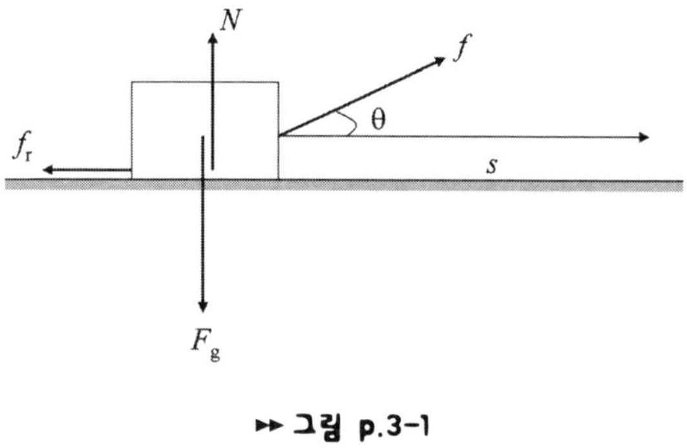

▸▸ 그림 p.3-1

물체에 한 일이 0보다 크면 물체의 에너지가 증가한다. 예를 들어, 마찰이 없는 수평면에서 F의 힘으로 물체를 당기면 뉴턴 제2법칙 $F = ma$에 의해서 물체의 속력이 점점 증가한다. 물체에 더 이상 외력을 가하지 않아도 물체는 일정한 속력으로 계속 움직인다. 즉, 물체가 운동에너지를 갖게 된 것이다. 이 운동에너지는 외력 F가 물체에 일을 함으로써 나타난 결과이다. 물체가 마찰이 있는 수평면에 도달하면 어떻게 될까? 물체의 속력이 점차 감소하여 마침내 멈출 것이다. 마찰력이 물체의 운동에너지를 빼앗기 때문이다. 따라서 마찰력이 한 일은 항상 음의 값이 된다.

3-2 그림 p.3-2와 같이 마찰이 없는 수평면에서 질량 5 kg인 물체를 $F = 30$ N의 힘으로 끌고 20 m를 갔다. 힘 F가 물체에 한 일과 20 m에 이르는 순간의 속력을 각각 구하라. (단, F와 수평면이 이루는 각은 60° 이며, 물체의 초속도는 0이다.)

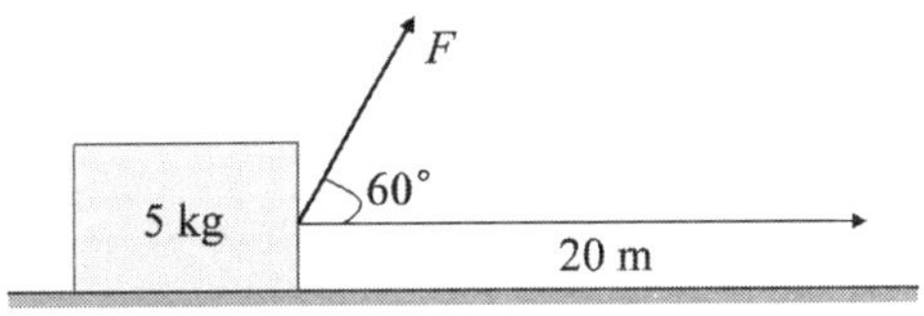

▸▸ 그림 p.3-2

풀이 F가 물체에 한 일 $W = Fs\cos\theta = 30 \times 20 \times \cos 60° = 300$ (J)이다. 등가속도 운동방정식 $2as = v^2 - v_0^2$에서 $a = 3\ \mathrm{m/s^2}$, $s = 20$ m, $v_0 = 0$이므로, $v = 2\sqrt{30}$ m/s

보충문제 20 m에 이르는 순간에 물체의 운동에너지는 얼마인가?

답 $\frac{1}{2}mv^2 = 300$ (J) ⇒ 힘 F가 한 일과 같다.

보충문제 물체가 수평면과 접촉한 상태에서 이동했는지 확인하라.

답 무게 $w = 50$ N, $F_y = 15\sqrt{3}$ N ∴ $w > F_y$이므로 접촉 상태 유지

3-3 수평면에서 질량 5 kg인 물체가 20 m 이동했다. 마찰력이 한 일과 20 m에 이르는 순간의 속력을 각각 구하라. (단, 물체의 초속도 $v_0 = 9$ m/s, 운동마찰계수 $\mu_k = 0.2$, 중력가속도는 10 m/s^{2}이다.)

풀이 운동마찰력 $f_r = \mu_k mg \equiv 10$ N이며, 물체의 이동방향과 반대 방향으로 작용하므로 $W = f_r s \cos 180^\circ = 10 \times 20 \times (-1) = -200$ (J)이다. 등가속도 운동방정식 $2as = v^2 - v_0^2$에서 $a = -2$ m/s^2, $s = 20$ m, $v_0 = 9$ m/s이므로, $v = 1$ m/s

보충문제 처음과 20 m 지점에서의 운동에너지 차이를 계산하라.

답 $\frac{1}{2}mv^2 - \frac{1}{2}mv_0^2 = -200$ J ⇒ 마찰력이 한 일과 같다.

보충문제 중력이 물체에 한 일 W_g는 얼마인가?

답 $W_g = 0$

3-4 그림 p.3-4와 바와 같이 마찰이 있는 경사면을 따라 물체가 미끄러지며 높이 H를 내려왔다. 중력과 마찰력이 물체에 한 일을 각각 구하라. (단, 경사각은 θ, 물체 질량은 m, 운동마찰계수는 μ_k이다.)

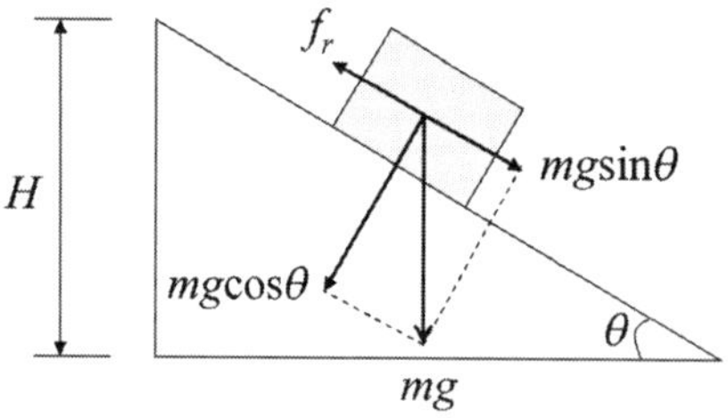

▸▸ **그림 p.3-4**

풀이 높이 H에 대응하는 경사면 길이 $s = \dfrac{H}{\sin\theta}$이며, 물체 이동방향의 중력 성분 $F_g = mg\sin\theta$이므로 중력이 한 일은

$$W_g = F_g\, s = (mg\sin\theta) \times \left(\frac{H}{\sin\theta}\right) = mgH$$

따라서 중력이 한 일은 경사각과 관계없이 수직 높이로 결정된다. 한편 마찰력 $f_r = \mu_k mg\cos\theta$이며 물체 이동방향에 대해 반대 방향으로 작용하므로 마찰력이 한 일은

$$W_r = f_r\, s\cos 180^\circ = (\mu_k mg\cos\theta) \times \left(\frac{H}{\sin\theta}\right) \times (-1) = -\frac{\mu_k mgH}{\tan\theta}$$

따라서 마찰력이 한 일은 경사각(또는 이동거리)에 따라 달라진다.

주 의 중력과 같은 보존력이 한 일은 경로에 의존하지 않으며, 마찰력과 같은 비보존력이 한 일은 경로에 따라 달라진다.

보충문제 보존력과 비보존력의 차이점을 정리하라.

3-5 어떤 사람이 질량 m인 물체를 등속으로 높이 h까지 끌어올렸다. 사람이 물체에 한 일 W는 얼마인가?

풀이 등속으로 상승했다면 물체에 작용한 합력이 0이므로 사람이 물체를 끌어올린 힘은 mg이다. 따라서 사람이 물체에 한 일 $W = mgh$

보충문제 이 과정에서 중력이 물체에 한 일 W_g는 얼마인가?

답 $W_g = -mgh$

보충문제 사람이 물체에 한 일은 어떤 종류의 에너지로 물체에 저장되었는가?

답 위치에너지

3. 일-운동에너지 정리

3-6 일-운동에너지 정리에 대해 설명하라.

해설 편의상 크기가 일정한 알짜힘 F가 물체에 작용했다고 가정하자. 질량 m인 물체를 거리 s만큼 끌고 갔다면, 이 알짜힘이 물체에 한 일은

$$W = Fs = (ma)s = m(as) \quad \cdots\cdots ①$$

가 된다. 끌려가는 동안 물체의 속력이 v_1에서 v_2로 변했다면 등가속도 운동 방정식 $2as = v_2^2 - v_1^2$에서

$$as = \frac{1}{2}(v_2^2 - v_1^2) \cdots\cdots ②$$

이다. ②를 ①에 대입하여 정리하면

$$W = \frac{1}{2}mv_2^2 - \frac{1}{2}mv_1^2 \cdots\cdots ③$$

가 된다. 우변의 $\frac{1}{2}mv^2$을 **운동에너지**라 부르며, 힘 F가 물체에 한 알짜일은 운동에너지 변화량과 같다. 이것을 **일-운동에너지 정리**라 한다. 만약

$$KE_2 = \frac{1}{2}mv_2^2,\ KE_1 = \frac{1}{2}mv_1^2$$

$$\Delta KE = KE_2 - KE_1$$

라 놓으면, 일-운동에너지 정리는 다음과 같이 간단하게 표기할 수 있다.

$$W = \Delta KE \cdots\cdots ④$$

보충문제 알짜힘의 크기가 일정하지 않아도 ④의 일-운동에너지 정리가 성립함을 보여라.

3-7 수평면에서 2 m/s의 속력으로 움직이던 물체에 같은 방향으로 3 N의 힘이 작용했다. 물체가 8 m 갔을 때 속력은 얼마인가? (단, 바닥과 물체 사이에 마찰은 없으며 물체의 질량은 4 kg이다.)

풀이 힘이 물체에 한 일 $W = Fs = 3 \times 8 = 24$ (J)이다. 일-운동에너지 정리에 의해 $m = 4$ kg, $v_0 = 2$ m/s이므로

$$W = \frac{1}{2}mv^2 - \frac{1}{2}mv_0^2 \Rightarrow 24 = \left(\frac{1}{2} \times 4 \times v^2\right) - \left(\frac{1}{2} \times 4 \times 2^2\right)$$

$$\therefore\ v = 4\ (\text{m/s})$$

보충문제 등가속도 운동방정식을 이용해서 속력 v를 구하라.

답 물체의 가속도 $a = \frac{F}{m} = \frac{3}{4}$이며, 운동방정식 $2as = v^2 - v_0^2$에서 $v_0 = 2$ m/s이므로

$$v^2 = \left(2 \times \frac{3}{4} \times 8\right) + 2^2 \quad \therefore\ v = 4\ (\text{m/s})$$

3-8 낭떠러지에서 공을 잡고 있다가 살짝 놓았다. $h=20$ m 떨어졌을 때 물체의 속력은 얼마인가? (단, 물체의 질량은 m이며 중력가속도 g는 10 m/s^{2}이다.)

풀이 공이 떨어지는 동안 중력이 한 일 $W=(mg)h$이며 초속도 $v_0=0$이므로 일-운동에너지 정리에 의해

$$mgh=\frac{1}{2}mv^2 \Rightarrow m\times10\times20=\frac{1}{2}\times m\times v^2 \quad \therefore v=20\ (\mathrm{m/s})$$

보충문제 등가속도 운동방정식을 이용해서 속력을 구하라.

답 $2gh=v^2-v_0^2$에서 $g=10\ \mathrm{m/s^2}$, $h=20$ m, $v_0=0$이므로

$v^2=2\times10\times20=400 \quad \therefore v=20\ (\mathrm{m/s})$

3-9 얼음판 위에서 질량 m인 공을 4 m/s의 속력으로 쳤다. 운동마찰계수 $\mu_k=0.01$일 때 공은 얼마나 멀리 가겠는가? (단, 중력가속도 $g=10$ m/s^{2}이다.)

풀이 공의 이동거리가 s이면, 마찰력이 공에 한 일 $W=-(\mu_k mg)s$이다. 일-운동에너지 정리에서 $v=0$, $v_0=4$ m/s이므로

$$-\mu_k mgs=-\frac{1}{2}mv_0^2 \Rightarrow s=\frac{v_0^2}{2\mu_k g}=\frac{4^2}{2\times0.01\times10}=80\ (\mathrm{m})$$

보충문제 등가속도 운동방정식을 이용해서 거리를 구하라.

3-10 그림 p.3-10처럼 물체 A가 도르래를 거쳐 물체 B와 줄로 연결되어 있다. A의 질량 $m=4$ kg, B의 질량 $M=2$ kg이다. 정지해 있던 물체 A가 3 m 갔을 때 속력은 얼마인가? (단, 수평면과 도르래의 마찰은 각각 없으며, 중력가속도 $g=10$ m/s^{2}이다.)

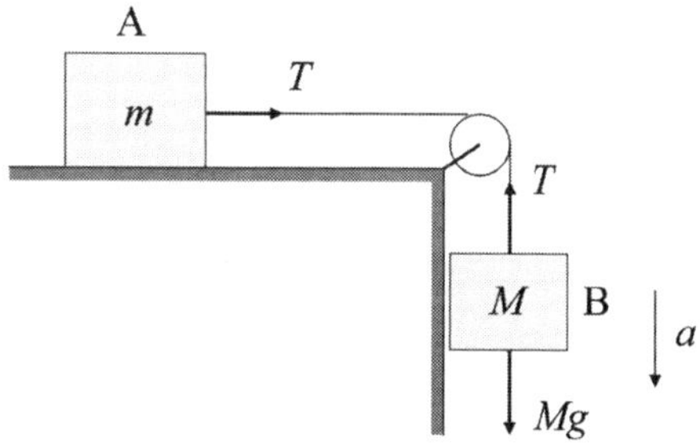

▸▸ 그림 p.3-10

풀이 먼저 장력 T를 구한다. 그림 p.3-10에 각 물체에 작용하는 힘을 표시했다. 가속도가 a라면 각 물체의 운동방정식은

$$(\text{물체 A})\quad \sum F_A = T = ma$$

$$(\text{물체 B})\quad \sum F_B = Mg - T = Ma$$

위 식을 풀면 장력 $T = \dfrac{Mmg}{M+m}$가 된다. 이동거리를 s라 하면 장력이 물체 A에 한 일 $W = Ts$이다. 일-운동에너지 정리에 의해 (단, 초속도 $v_0 = 0$)

$$\left(\frac{Mmg}{M+m}\right)s = \frac{1}{2}mv^2 \quad \therefore\ v = \sqrt{\frac{2Mgs}{M+m}}$$

만약 $m = 4$ kg, $M = 2$ kg, $g = 10\ \mathrm{m/s^2}$, $s = 3$ m이면, $v = 2\sqrt{5}$ m/s

보충문제 등가속도 운동방정식을 이용해서 속력을 구하라.

3-11 그림 p.3-11처럼 질량 m인 물체 A가 도르래를 거쳐 질량 M인 물체 B와 줄로 연결되어 있다. 물체 A와 수평면 사이의 운동마찰계수 $\mu_k = 0.2$이다. 장력과 마찰력이 물체 A에 2초 동안 한 일을 각각 계산하라. (단, 도르래 마찰은 무시하며, $m = 10$ kg, $M = 14$ kg, 중력가속도 $g = 10\ \mathrm{m/s^2}$, 물체의 초속도는 0이다.)

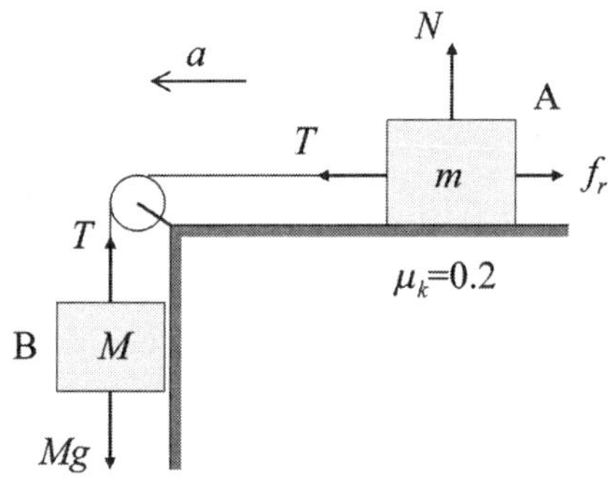

▸▸ 그림 p.3-11

풀이 물체에 작용하는 힘들을 그림 p.3-11에 표시했다. 물체 A의 수직항력 $N = mg$, 마찰력 $f_r = \mu_k N = \mu_k mg$이며 각 물체의 운동방정식은 다음과 같다.

$$(\text{물체 A})\ \sum F_A = T - f_r = ma$$

$$(\text{물체 B})\ \sum F_B = Mg - T = Ma$$

위 연립 방정식을 풀면 가속도 a와 장력 T는 각각 다음과 같다.

$$a = \frac{(M - \mu_k m)g}{M + m},\quad T = \frac{(1 + \mu_k)mMg}{m + M}$$

만약 $m = 10$ kg, $M = 14$ kg, $\mu_k = 0.2$, $g = 10\ \text{m/s}^2$이면 가속도 $a = 5\ \text{m/s}^2$, 장력 $T = 70$ N, 마찰력 $f_r = 20$ N이다. 먼저 2초 동안 물체가 간 거리를 계산하자. 등가속도 운동방정식 $s = v_0 t + \frac{1}{2}at^2$에서 $v_0 = 0$, $a = 5\ \text{m/s}^2$, $t = 2$ s이므로 $s = 10$ m이다. 따라서

$$(\text{장력이 한 일})\ W_T = Ts\cos 0^\circ = 70 \times 10 = 700\ (\text{J})$$

$$(\text{마찰력이 한 일})\ W_{f_r} = f_r s\cos 180^\circ = 20 \times 10 \times (-1) = -200\ (\text{J})$$

보충문제 시간 t초 동안 장력과 마찰력이 한 일의 크기가 같다면 물체 A와 수평면 사이의 운동마찰계수 μ_k'은 얼마인가? (단, 물체의 초속도 $v_0 > 0$이다.)

답 $\mu_k' = 1.4$

3-12 그림 p.3-12(a)와 같이 질량 m인 물체 A가 도르래를 거쳐 질량 M인 물체 B와 줄로 연결되어 있다. 물체 A가 마찰이 없는 수평면을 $0.6\ \text{m}$ 이동한 후, 마찰이 있는 바닥에서 $1\ \text{m}$를 가다가 정지했다. 물체 A와 수평면 사이의 운동마찰계수를 구하라. (단, 도르래 마찰은 무시하며, $m=4\ \text{kg}$, $M=1\ \text{kg}$, 중력가속도 $g=10\ \text{m/s}^2$이다.)

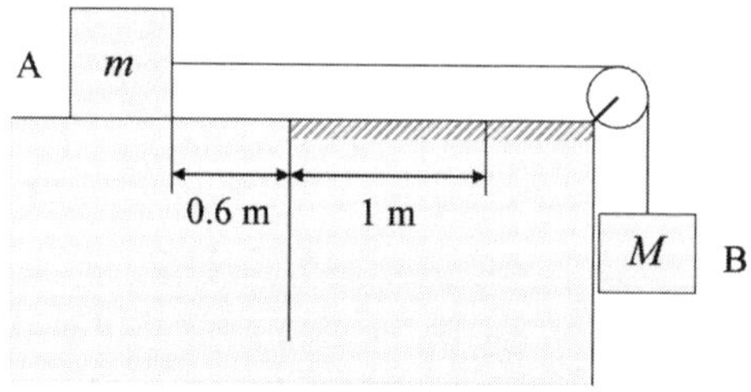

▸▸ 그림 p.3-12(a)

풀이 먼저 마찰이 없는 수평면에서 물체의 운동방정식을 세우고 장력을 구한다. 그림 p.3-12(b)에 각 물체에 작용하는 힘을 표시했다. 가속도를 a라 하면

(물체 A) $\sum F_A = T = ma$

(물체 B) $\sum F_B = Mg - T = Ma$

이므로 장력 $T = \dfrac{mMg}{m+M} = 8\ (\text{N})$이다. 장력이 물체에 한 일은

$$W = Ts = 8 \times 0.6 = 4.8\ (\text{J})$$

일-운동에너지 정리에 의해 최종 운동에너지는 다음과 같다. (단, $v_0 = 0$)

$$W = \frac{1}{2}mv^2 \Rightarrow \frac{1}{2}mv^2 = 4.8\ (\text{J}) \quad \cdots\cdots ①$$

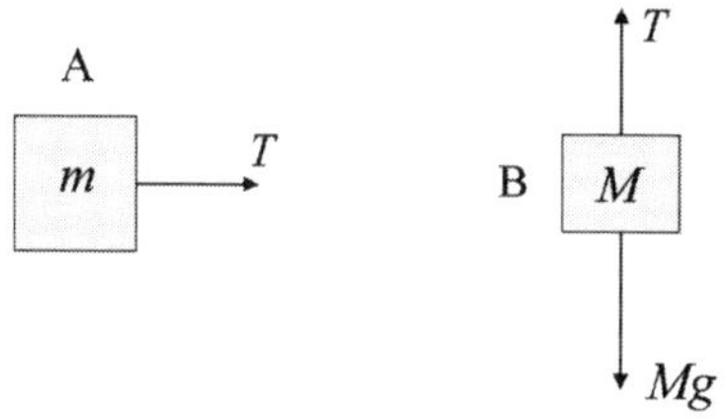

▸▸ 그림 p.3-12(b)

마찰이 있는 면에서 각 물체에 작용하는 힘을 그림 p.3-12(c)에 표시했다. 운동마찰계수를 μ_k, 장력을 T', 가속도를 a'이라 하면 마찰력 $f_r = \mu_k mg$ 이므로

$$(\text{물체 A})\ \sum F_A = T' - \mu_k mg = ma'$$

$$(\text{물체 B})\ \sum F_B = Mg - T' = Ma'$$

위 방정식을 풀면 $T' = \dfrac{(1+\mu_k)mMg}{m+M} = 8 + 8\mu_k$가 된다. 따라서 장력과 마찰력이 A에 한 일 W'은

$$W' = (T' - f_r)s' = (8 - 32\mu_k)\times 1 = 8 - 32\mu_k$$

일-운동에너지 정리 $W' = \dfrac{1}{2}m(v') - \dfrac{1}{2}m(v'_0)^2$에서 $v' = 0$이고 v'_0는 ① 의 v와 같으므로 운동마찰계수는 다음과 같다.

$$W' = -\frac{1}{2}mv^2 \Rightarrow 8 - 32\mu_k = -4.8 \quad \therefore\ \mu_k = 0.4$$

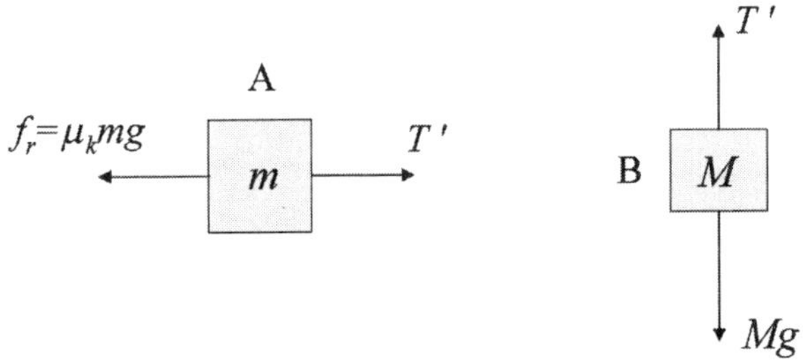

▸▸ 그림 p.3-12(c)

보충문제 등가속도 운동방정식을 사용해서 위 문제를 풀어 보아라.

답 가속도를 a라 했을 때 마찰이 없는 수평면에서 각 물체의 운동방정식은

$$(\text{물체 A})\ \sum F_A = T = 4a$$

$$(\text{물체 B})\ \sum F_B = 10 - T = a$$

두 식을 더하면 가속도 $a = 2\ \text{m/s}^2$이다. 마찰이 없는 수평면의 0.6 m 지점에서 A의 속력은 등가속도 운동방정식 $2as = v^2 - v_0^2$에서 $v_0 = 0$이므로

$$v^2 = 2as = 2\times 2\times 0.6 = 2.4 \quad \cdots\cdots ①$$

이제 마찰이 있는 바닥에서 가속도 a'을 구한다. 운동마찰계수를 μ_k라 하면 마찰력 $f_r = 40\mu_k$이므로

(물체 A) $\sum F_A = T' - 40\mu_k = 4a'$

(물체 B) $\sum F_B = 10 - T' = a'$

두 방정식을 풀면 $a' = 2 - 8\mu_k$이다. 등가속도 운동방정식 $2a's' = (v')^2 - (v'_0)^2$에서 $v' = 0$이고 $(v'_0)^2$은 ①의 v^2과 같고 $s' = 1$이므로

$2 \times (2 - 8\mu_k) \times 1 = -2.4 \quad \therefore \ \mu_k = 0.4$

보충문제 마찰이 있는 면에서 정지한 거리가 2 m이면 운동마찰계수는 얼마인가?

답 0.325

4. 역학적 에너지

3-13 중력 위치에너지에 대해 설명하라.

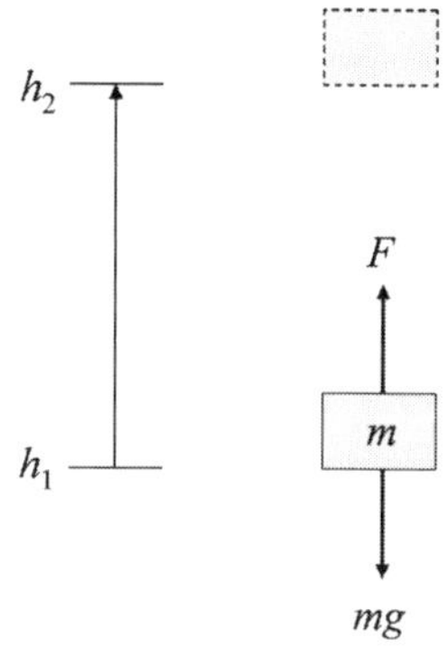

▸▸ **그림 p.3-13**

해설 그림 p.3-13과 같이 질량 m인 물체를 $F = mg$의 힘으로 높이 h_1에서 h_2까지 연직 상방으로 끌어올렸다고 하자. 물체에 작용한 알짜힘이 0이므로 물체는 등속으로 움직인다. 알짜힘이 한 일은 0이므로

$$W = (F - mg)(h_2 - h_1) = W_F - (mgh_2 - mgh_1) = 0$$

$$\therefore \ W_F = mgh_2 - mgh_1 \quad \cdots\cdots ①$$

이다. 우변의 mgh를 **중력 위치에너지** 또는 간단히 **위치에너지**라 부르며, 힘 F가 물체에 한 일은 위치에너지 변화량과 같다.

3-14 역학적 에너지와 역학적 에너지 보존 법칙에 대해 설명하라.

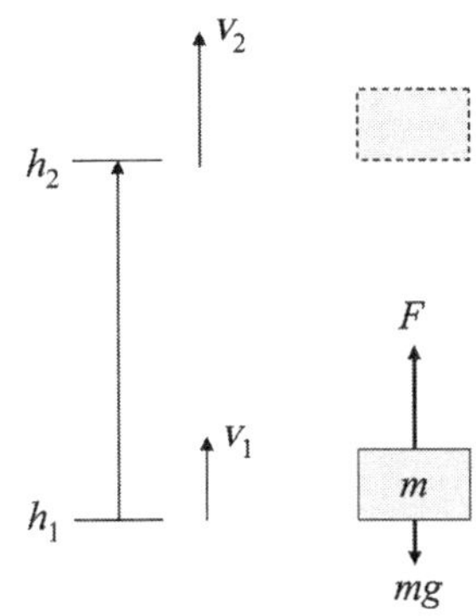

▸▸ 그림 p.3-14

해설 그림 p.3-14와 같이 질량 m인 물체에 $F > mg$인 힘이 연직 상방으로 작용한다고 하자. 그러면 합력이 물체에 한 일은

$$W = (F - mg)(h_2 - h_1) = W_F - (mgh_2 - mgh_1) \quad \cdots\cdots ①$$

이다. 그런데 일-운동에너지 정리에 의하면

$$W = \frac{1}{2}mv_2^2 - \frac{1}{2}mv_1^2 \quad \cdots\cdots ②$$

이므로 ①과 ②에서

$$W_F - (mgh_2 - mgh_1) = \frac{1}{2}mv_2^2 - \frac{1}{2}mv_1^2$$

$$\therefore \; W_F = \left(\frac{1}{2}mv_2^2 + mgh_2\right) - \left(\frac{1}{2}mv_1^2 + mgh_1\right) \quad \cdots\cdots ③$$

이다. 우변의 $\left(\frac{1}{2}mv^2 + mgh\right)$를 **역학적 에너지**라 부른다. 정리하면, 힘 F가 물체에 한 일은 마지막 위치와 처음 위치의 역학적 에너지 차이와 같다. 만약 $F = 0$이면 $W_F = 0$이므로

$$\frac{1}{2}mv_2^2 + mgh_2 = \frac{1}{2}mv_1^2 + mgh_1 = \text{일정}$$

가 성립하며, 이를 **역학적 에너지 보존 법칙**이라 한다. 즉, 외력이 작용하지 않으면 중력장에 있는 물체의 역학적 에너지가 보존된다.

3-15 지표면에 정지해 있던 질량 $m=2$ kg인 물체에 연직상방으로 $F=40$ N의 힘을 가했다. 높이 $h=5$ m에 도달하는 순간에 물체의 속력과 역학적 에너지는 얼마인가? (단, 중력가속도 $g=10$ m/s^{2}이다.)

풀이 알짜힘 $(F-mg)$가 물체에 한 일은 $W=(F-mg)h$이다. 초속도 $v_0=0$이므로 일-운동에너지 정리에 의해

$$(F-mg)h=\frac{1}{2}mv^2 \quad \therefore\ v=\sqrt{\frac{2(F-mg)h}{m}}$$

$F=40$ N, $m=2$ kg, $g=10$ m/s^{2}이면, $h=5$ m에서 속력 $v=10$ m/s이며 역학적 에너지는

$$E=\frac{1}{2}mv^2+mgh=\left(\frac{1}{2}\times 2\times 10^2\right)+(2\times 10\times 5)=200\ \text{(J)}$$

이다.

보충문제 등가속도 운동방정식을 이용해서 속력 v를 산출하라.

답 물체에 작용한 알짜힘은 $(F-mg)$이므로 가속도 $a=\frac{F-mg}{m}$이다. 등가속도 운동방정식 $2ah=v^2-v_0^2$에서 $v_0=0$이므로

$$v=\sqrt{2ah}=\sqrt{\frac{2(F-mg)h}{m}}=10\ \text{(m/s)}$$

3-16 높이 H에 정지해 있던 물체가 자유낙하를 했다. 물체가 높이 h_1과 h_2를 통과할 때, 각각의 역학적 에너지를 구하라.

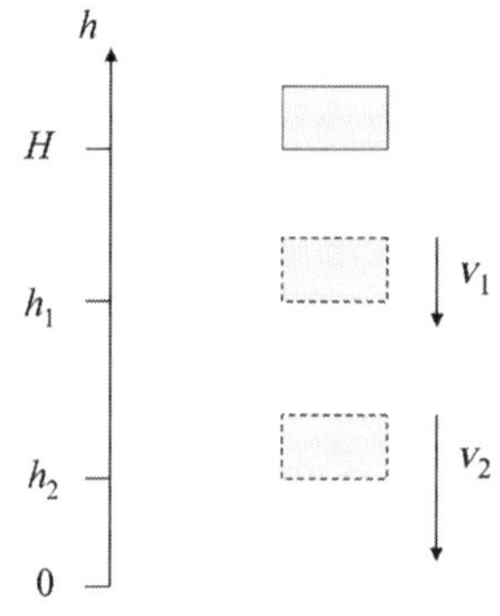

▸▸ 그림 p.3-16

풀이 그림 p.3-16과 같이 좌표축을 연직상방으로 설정하자. 등가속도 운동방정식 $2as = v^2 - v_0^2$에서 $a = -g$, $v_0 = 0$이며 높이 h_1과 h_2에 도달했을 때, 변위는 각각 $s_1 = h_1 - H$, $s_2 = h_2 - H$이므로

$$v_1^2 = 2 \times (-g) \times (h_1 - H) = 2g(H - h_1)$$

$$v_2^2 = 2 \times (-g) \times (h_2 - H) = 2g(H - h_2)$$

이며, 역학적 에너지는 각각

$$E_1 = \frac{1}{2}mv_1^2 + mgh_1 = mg(H - h_1) + mgh_1 = mgH$$

$$E_2 = \frac{1}{2}mv_2^2 + mgh_2 = mg(H - h_2) + mgh_2 = mgH$$

$$\therefore\ E_1 = E_2$$

결론적으로 자유낙하 물체의 역학적 에너지는 위치와 관계없이 일정하다.

3-17 지표면으로부터 높이 h에 정지해 있던 질량 m인 물체가 자유낙하를 했다. 지표면에 도달하는 순간에 물체의 속력 v는 얼마인가?

풀이 높이 h에서 운동에너지는 0이다. 지표면의 위치에너지를 0이라 하면 역학적 에너지 보존 법칙에 의해

$$0 + mgh = \frac{1}{2}mv^2 + 0 \quad \therefore\ v = \sqrt{2gh}$$

보충문제 등가속도 운동방정식을 이용해서 속력 v를 구하라.

답 좌표축을 연직 상방으로 설정하면, 등가속도 운동방정식 $2as = v^2 - v_0^2$에서 $a = -g$, $s = -h$, $v_0 = 0$이므로 $2(-g)(-h) = v^2 \quad \therefore\ v = \sqrt{2gh}$

3-18 지표면에서 상방으로 물체를 던졌다. 물체의 질량은 m, 초속도는 v_0이었다. 최고 상승 높이 h를 구하라.

풀이 가장 높이 올라갔을 때 물체의 속력은 0이다. 지표면의 위치에너지를 0이라 두면 역학적 에너지 보존 법칙에 의해

$$\frac{1}{2}mv_0^2 + 0 = 0 + mgh \quad \therefore\ h = \frac{v_0^2}{2g}$$

보충문제 등가속도 운동방정식을 이용해서 최고 상승 높이 h를 구하라.

Hint 등가속도 운동방정식 $2as = v^2 - v_0^2$을 이용

3-19 질량 m인 물체의 연직 상방 초속도가 10 m/s 이었다. 2 m 높이에서 이 물체의 속도를 구하라. (단, 중력가속도는 10 m/s^{2}이다.)

풀이 역학적 에너지 보존 법칙에 의해

$$\left(\frac{1}{2}m \times 10^2\right) + 0 = \left(\frac{1}{2}mv^2\right) + (m \times 10 \times 2) \Rightarrow v^2 = 60$$

$$\therefore\ v = \pm 2\sqrt{15}\ (\mathrm{m/s})$$

부호 (+)는 상승할 때, (−)는 하강할 때의 속도

보충문제 역학적 에너지 보존 법칙을 이용하여 물체의 최고 상승 높이를 구하라.

답 5 m

3-20 그림 p.3-20과 같이 마찰이 없는 경사면을 따라 물체가 미끄러지며 내려오고 있다. 바닥에 도달하는 순간에 물체의 속력은 얼마인가? (단, 경사각은 θ, 물체 질량은 m이다.)

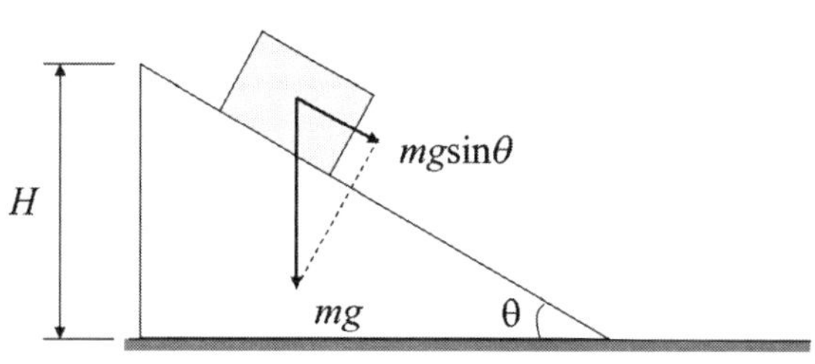

▸▸ 그림 p.3-20

풀이 위치에너지의 기준을 바닥에 두고 역학적 보존 법칙을 적용하면

$$0 + mgH = \frac{1}{2}mv^2 + 0$$

$$\therefore\ v = \sqrt{2gH}$$

보충문제 일-운동에너지 정리를 이용하여 위 문제를 풀어 보아라.

답 높이 H에 대응하는 경사면 길이 $s = \frac{H}{\sin\theta}$이며, 경사면 방향의 중력 성분 $F_g = mg\sin\theta$이므로 중력이 한 일 W_g는

$$W_g = F_g\, s = (mg\sin\theta) \times \left(\frac{H}{\sin\theta}\right) = mgH$$

초속도가 0이므로 일-운동에너지 정리 $W_g = \Delta KE$에서

$$W_g = mgH = \frac{1}{2}mv^2 \quad \therefore\ v = \sqrt{2gH}$$

보충문제 바닥까지 걸린 시간을 구하라.

답 $\sqrt{\dfrac{2H}{g\sin^2\theta}}$ ⇒ 하강 시간은 경사각에 따라 다르다.

5. 역학적 에너지 보존 법칙의 활용

3-21 그림 p.3-21(a)와 같이 도르래 시스템에 질량 m인 물체 A와 질량 M인 물체 B를 매달았다. 두 물체를 같은 높이에서 잡고 있다가 놓았다. 두 물체 사이의 높이차가 h 되는 순간에 A의 속력을 구하라. (단, $M > m$이며, 도르래 질량과 마찰은 무시한다.)

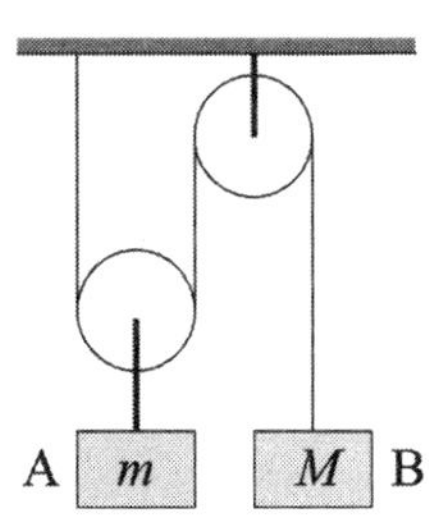

▸▸ 그림 p.3-21(a)

풀이 B는 A보다 2배의 거리를 움직이므로 A의 속력이 v이면 B의 속력은 $2v$이다.

또한 두 물체 사이의 거리가 h이면 A는 위로 $\frac{1}{3}h$, B는 아래로 $\frac{2}{3}h$에 위치한다. 처음 높이를 위치에너지 기준점으로 하고, 역학적 에너지 보존 법칙을 적용하면

$$0 = \frac{1}{2}mv^2 + mg\left(\frac{1}{3}h\right) + \frac{1}{2}M(2v)^2 + Mg\left(-\frac{2}{3}h\right)$$

$$\therefore\ v = \sqrt{\frac{2}{3}\left(\frac{2M-m}{4M+m}\right)gh}$$

보충문제 위치에너지 기준점을 어디에 두는가에 따라 계산 결과가 달라지나?

답 기준점과 관계없이 결과는 같다. 계산이 가장 수월한 지점을 위치에너지 기준점으로 설정한다.

보충문제 등가속도 운동방정식을 사용하여 위 문제를 풀어 보아라.

답 줄에 걸리는 장력과 물체에 작용하는 힘을 그림 p.3-21(b)에 표시했다. A의 가속도가 a이면 B의 가속도는 $2a$이다. 따라서 각 물체의 운동방정식은 다음과 같다.

(물체 A) $\sum F_A = 2T - mg = ma$

(물체 B) $\sum F_B = Mg - T = 2Ma$

위 식에서 $a = \frac{(2M-m)g}{4M+m}$이다. 등가속도 운동방정식 $2as = v^2 - v_0^2$에서 $s = \frac{1}{3}h$, $v_0 = 0$이므로 A의 속력은

$$v^2 = 2\times\left(\frac{(2M-m)g}{4M+m}\right)\times\left(\frac{1}{3}h\right) = \frac{2}{3}\left(\frac{2M-m}{4M+m}\right)gh$$

$$\therefore\ v = \sqrt{\frac{2}{3}\left(\frac{2M-m}{4M+m}\right)gh}$$

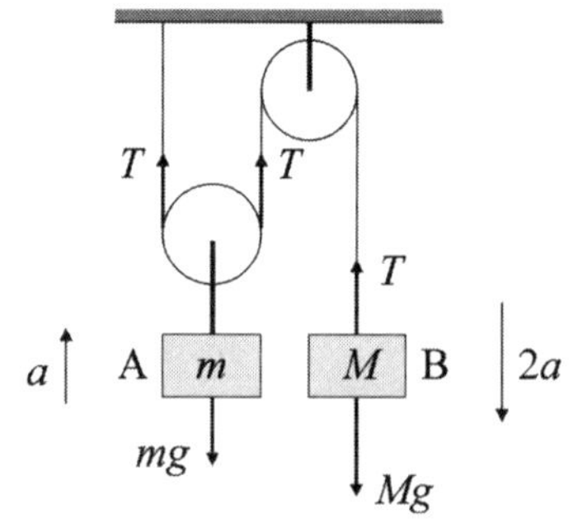

▸▸ 그림 p.3-21(b)

3-22 그림 p.3-22와 같이 도르래를 통해 질량 m인 물체 A와 질량 M인 물체 B가 줄로 연결되어 있다. B가 높이 h에 있다가 떨어졌다. (단, $m=2$ kg, $M=6$ kg, $h=4$ m, 중력가속도 $g=10$ m/s^{2}이다.)

(1) 두 물체가 같은 지점을 통과하는 순간 각각의 속력을 구하라.

(2) B가 바닥에 닿는 순간 각각의 속력을 구하라.

(3) B가 바닥에 닿은 후 A는 얼마나 더 올라가는가?

(4) A가 최고 높이에 도달하는 순간에 B의 역학적 에너지는 얼마인가? (단, 바닥과 B는 완전 탄성 충돌했다고 가정하라.)

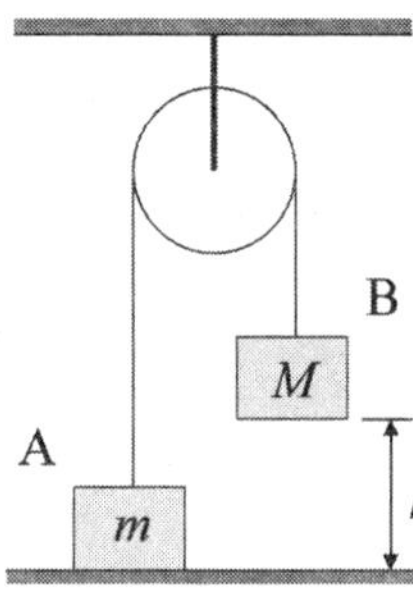

▸▸ 그림 p.3-22

풀이 (1) 지면을 위치에너지 기준으로 하면 최초의 총 역학적 에너지는 Mgh이다. 두 물체가 만나는 높이인 $\frac{1}{2}h$에서 두 물체의 속력을 v_1이라 하자. 그러면 역학적 에너지 보존 법칙에 의해

$$Mgh=\left(\frac{1}{2}mv_1^2+\frac{1}{2}mgh\right)+\left(\frac{1}{2}Mv_1^2+\frac{1}{2}Mgh\right)$$

$$(M+m)v_1^2-(M-m)gh=0 \quad \therefore\ v_1=\sqrt{\frac{(M-m)gh}{M+m}}$$

만약 $M=6$ kg, $m=2$ kg, $h=4$ m, $g=10$ m/s^{2}이면, $v_1=2\sqrt{5}$ m/s

(2) B가 바닥에 닿는 순간 A는 높이 h에 도달한다. 두 물체의 속력을 v_2라 하면

$$Mgh=\left(\frac{1}{2}mv_2^2+mgh\right)+\left(\frac{1}{2}Mv_2^2\right)$$

$$\frac{1}{2}(M+m)v_2^2-(M-m)gh=0 \quad \therefore\ v_2=\sqrt{\frac{2(M-m)gh}{M+m}}$$

따라서 $v_2 = 2\sqrt{10}$ m/s

(3) B가 바닥에 완전히 닿았을 때, A는 관성에 의해 계속 올라간다. 더 올라간 높이를 h_3라 하면 역학적 에너지 보존 법칙에 의해 (여기서는 높이 h를 위치에너지 기준으로 함)

$$mgh_3 = \frac{1}{2}mv_2^2 \quad \therefore \ h_3 = \frac{v_2^2}{2g}$$

(2)번에서 $v_2 = 2\sqrt{10}$ m/s 이므로, $h_3 = 2$ m

(4) B가 바닥에서 완전 탄성 충돌했으므로, 충돌 후 역학적 에너지가 보존된다. 즉,

$$Mgh = mg(h+h_3) + E_B \quad \therefore \ E_B = (M-m)gh - mgh_3$$

$M = 6$ kg, $m = 2$ kg, $h = 4$ m, $h_3 = 2$ m이면, $E_B = 120$ J

보충문제 바닥에서 튀어 올라간 B의 최고 높이 $h_{\max}$과 위치에너지 PE_B를 계산하라.

답 $h_{\max} = 2$ m, $PE_B = mgh_{\max} = 120$ J

3-23 그림 p.3-23과 같이 높이 h인 A 지점에 정지해 있던 물체가 마찰이 없는 경사면을 미끄러져 내려와 B 지점을 통과했다. 마찰이 있는 수평면에서 s만큼 더 가다가 C에서 정지했다. B에 이르는 순간의 물체 속력과 B~C 구간의 운동마찰계수 μ_k를 각각 구하라. (단, 물체의 질량은 m이다.)

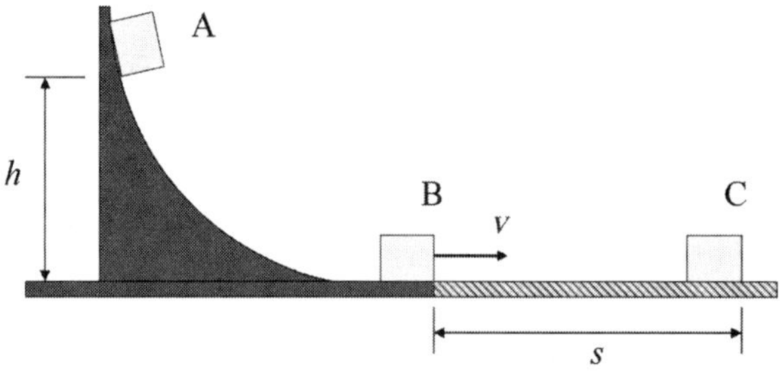

▸▸ 그림 p.3-23

풀이 수평면을 위치에너지 기준으로 한다. 역학적 에너지 보존 법칙에 의해 B 지점에서 물체의 속력은

$$mgh + 0 = 0 + \frac{1}{2}mv^2 \quad \therefore\ v = \sqrt{2gh}$$

B~C 구간에서는 마찰력 $\mu_k mg$에 의해서 B 지점의 운동에너지가 모두 소모된다. 일-운동에너지 정리를 이용하면 운동마찰계수 μ_k는

$$(\mu_k mg)s = \frac{1}{2}mv^2 \quad \therefore\ \mu_k = \frac{v^2}{2gs} = \frac{h}{s}$$

보충문제 위치 B로부터 거리 $\frac{1}{2}s$에 이르는 순간에 물체의 속력은 얼마인가?

답 $\sqrt{gh}$

3-24 그림 p.3-24(a)와 같이 수면으로부터 높이 h인 탑 위에서 다이빙 선수가 바로 떨어졌다. 입수한 후 수심 d에서 정지했다면, 질량 m인 선수에게 작용한 물의 평균 저항 f_r은 얼마인가? $m = 60$ kg, $h = 10$ m, $d = 5$ m일 때 f_r을 계산하라. (단, 중력가속도 g는 10 m/s^{2}이다.)

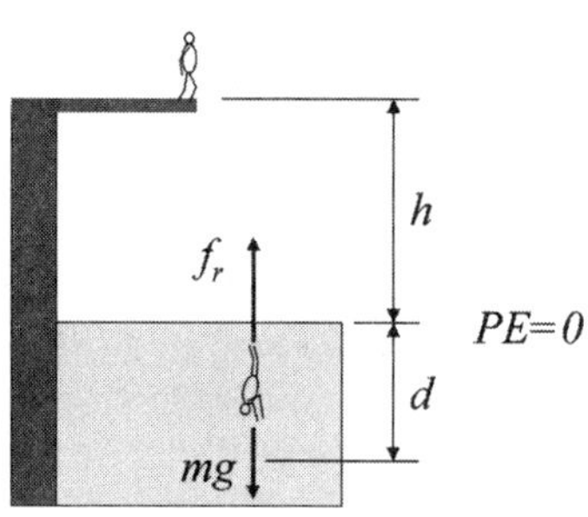

▸▸ 그림 p.3-24(a)

풀이 그림 p.3-24(a)에 표시한 바와 같이 위치에너지 기준을 수면에 두고, 수면에 도달하는 순간에 선수의 운동에너지를 KE_0라 하자. 입수한 선수가 수심 d에 이르는 동안 물의 저항력 f_r과 중력 mg가 동시에 작용한다. 따라서 일-운동에너지 정리에 의해

$$W = \Delta KE \Rightarrow (mg - f_r)d = KE_1 - KE_0$$

$KE_0 = mgh$, 수심 d에서 $KE_1 = 0$이므로

$$(mg-f_r)d=-mgh \quad \therefore \; f_r=\frac{mg(h+d)}{d}$$

만약 $m=60$ kg, $h=10$ m, $d=5$ m이면,

$$f_r=\frac{60\times 10\times(10+5)}{5}=1800\ (\mathrm{N})$$

보충문제 그림 p.3-24(b)에 표시한 것처럼 위치에너지 기준을 수심 d에 두고 위 문제를 풀어라.

답 탑 위에 있는 선수의 위치에너지는 물의 저항이 한 일과 같으므로

$$mg(h+d)=f_r d \quad \therefore \; f_r=\frac{mg(h+d)}{d}$$

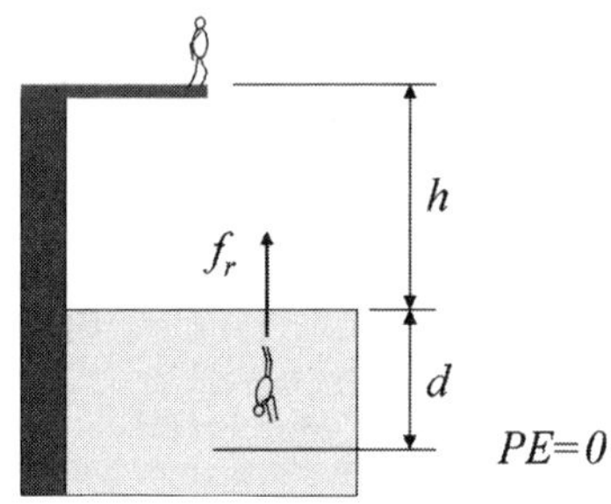

▸▸ 그림 p.3-24(b)

보충문제 등가속도 운동방정식을 이용하여 위 문제를 풀어라.

Hint 수면 도달 속력과 물속에서의 가속도를 먼저 구하라.

3-25 행성의 탈출속력에 대해 설명하라.

해설 행성 표면에서 물체를 위로 던졌을 때, 우주로 날아가 다시 돌아오지 못하는 최소 투사 속력을 **탈출속력**이라 한다. 만유인력상수 G, 행성 질량 M, 행성 중심과 물체 사이의 거리를 r이라 하면, 물체의 위치에너지는

$$PE=-\frac{GMm}{r}$$

이다. 행성 지표면에서 투사 속력이 v이면 물체의 역학적 에너지는

$$E = \frac{1}{2}mv^2 - \frac{GMm}{R} \quad \cdots\cdots ①$$

이며, 여기서 R은 행성의 반지름이다. 이 물체가 행성으로부터 무한거리에 도달하면 속력과 위치에너지가 각각 0이므로 $E=0$이다. 이 조건을 만족하는 투사 속력을 $v_{탈출}$이라 하면 ①에서

$$\frac{1}{2}mv_{탈출}^2 - \frac{GMm}{R} = 0 \quad \therefore \; v_{탈출} = \sqrt{\frac{2GM}{R}}$$

이 된다. 다음 표는 태양계 행성과 달의 탈출속력이다.

	수성	금성	지구	화성	목성	토성	달
$v_{탈출}$ (km/s)	4.3	10.3	11.2	5.0	60.0	36.0	2.3

보충문제 태양의 탈출속력을 계산하라.

[자료] $G=6.673\times10^{-11}\ \mathrm{N\cdot m^2/kg^2}$, $M=1.99\times10^{30}\ \mathrm{kg}$, $R=6.96\times10^{8}\ \mathrm{m}$

보충문제 위치에너지 $PE=-\frac{GMm}{r}$임을 보여라.

6. $(F-s)$ 그래프의 활용

3-26 그림 p.3-26의 $(F-s)$ 그래프에서 곡선이 s-축과 이루는 넓이는 일의 양과 같음을 보여라.

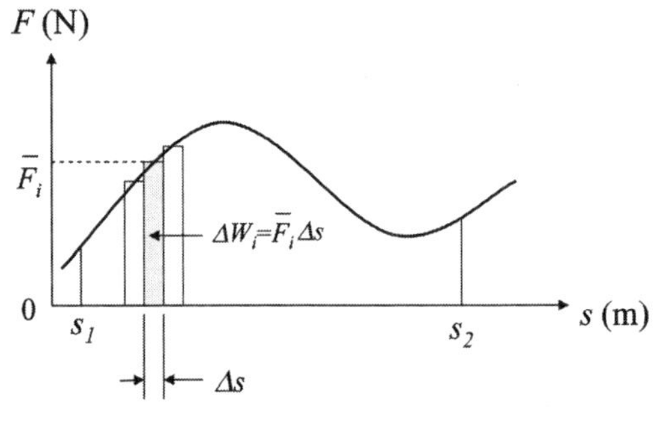

▸▸ 그림 p.3-26

해설 $(F-s)$ 그래프에서 s-축을 Δs로 나누고, Δs 구간에서 힘의 평균을 $\overline{F}_i$라 하면 곡선 아래 직사각형이 이루는 넓이는 $\overline{F}_i \Delta s$가 되며, 이것은 힘이 물체를 Δs만큼 끌고 가면서 한 일 ΔW_i가 된다. ΔW_i를 모두 더하면 s_1과 s_2 사이에서 힘이 물체에 한 일이 되는 데, $\Delta s \to 0$이면 정확한 계산 결과를 얻는다. 적분으로 표현하면 다음과 같다.

$$W = \int_{s_1}^{s_2} F\, ds$$

3-27 어떤 힘이 그림 p.3-27의 $(F-s)$ 그래프와 같이 물체에 작용했다. 각 구간별로 일을 계산하라.

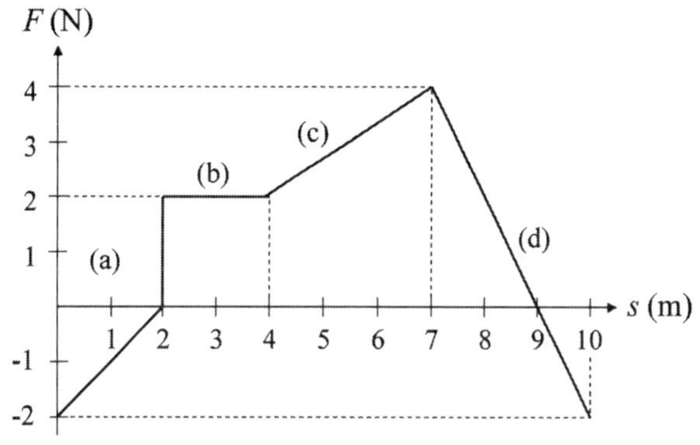

▸▸ 그림 p.3-27

풀이 구간별 일의 양은 다음과 같다.

구간 (a) $W = \dfrac{1}{2} \times (-2) \times 2 = -2$ (J)

구간 (b) $W = 2 \times 2 = 4$ (J)

구간 (c) $W = \dfrac{1}{2} \times (2+4) \times 3 = 9$ (J)

구간 (d) $W = \left\{\dfrac{1}{2} \times 4 \times 2\right\} + \left\{\dfrac{1}{2} \times (-2) \times 1\right\} = 3$ (J)

보충문제 구간 (a)에서 물체의 초속도 $v_0 = 3\ \mathrm{m/s}$ 이었다면 2초일 때 속력은 얼마인가? (단, 물체의 질량 $m = 2\ \mathrm{kg}$ 이다.)

답 일-운동에너지 정리에 의해 $W = \frac{1}{2}mv^2 - \frac{1}{2}mv_0^2$ 이므로

$$-2 = \left\{\frac{1}{2}\times 2\times v^2\right\} - \left\{\frac{1}{2}\times 2\times (3^2)\right\} \quad \therefore\ v = \sqrt{7}\ \mathrm{(m/s)}$$

3-28 그림 p.3-28의 ($F-s$) 그래프에 그린 곡선은 원의 일부이다. 12초 되는 순간에 물체의 속력은 얼마인가? (단, 물체의 질량은 4 kg이며 초속도는 0이다.)

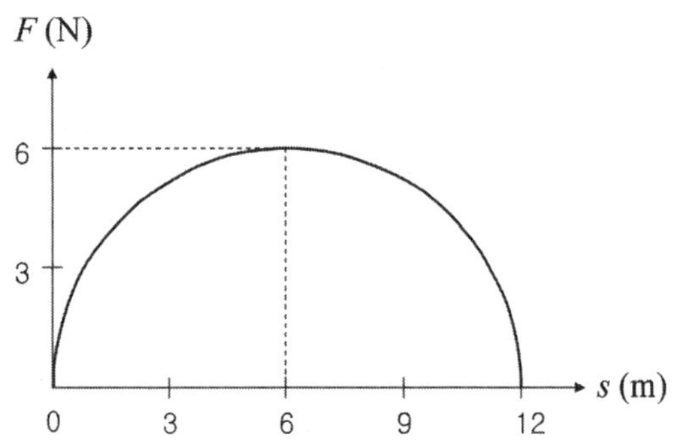

▸▸ **그림 p.3-28**

풀이 곡선이 이루는 면적이 물체에 한 일이다. 초속도가 0이므로 일-운동에너지 정리에 의해

$$W = \frac{1}{2}mv^2 \Rightarrow \frac{1}{2}\times\pi\times(6^2) = \frac{1}{2}\times 4\times(v^2)$$

$$\therefore\ v = 3\sqrt{\pi} \simeq 5.3\ \mathrm{(m/s)}$$

이다.

3-29 그림 p.3-29(a)와 같이 책상 모서리에 체인이 걸려 있다. 체인 길이는 l 이고 질량은 m 이다. 체인 끝 q 를 당겨 책상 위로 체인을 모두 올려놓기 위한 최소의 일은 얼마인가? (단, 책상의 마찰은 무시한다.)

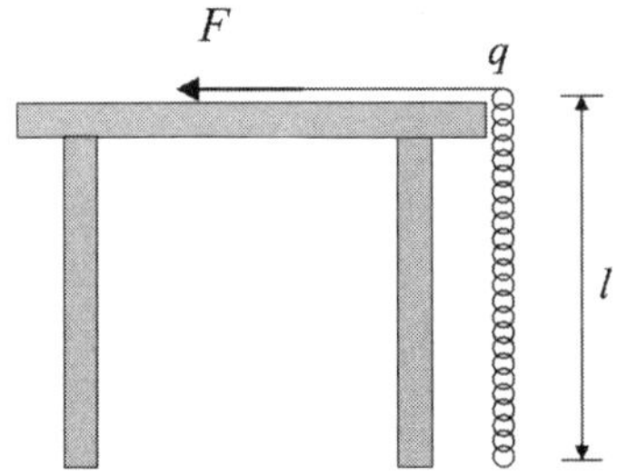

▸▸ 그림 p.3-29(a)

풀이 책상 위에 있는 체인 길이가 s 라고 가정하면, 책상 모서리에 늘어져 있는 체인의 질량은

$$m' = m - \frac{s}{l}m = \left(1 - \frac{s}{l}\right)m$$

이며, 체인을 등속으로 끌어올리면 가장 적은 일을 하게 된다. 이 경우 체인을 끌어당기는 힘은

$$F = m'g = \left(1 - \frac{s}{l}\right)mg$$

이다. 그림 p.3-29(b)는 위 식을 $(F-s)$ 그래프로 나타낸 것이다. 그래프의 넓이는 체인을 책상 위로 모두 끌어올릴 때 행한 일의 양이므로

$$W = \frac{1}{2}mgl$$

이다.

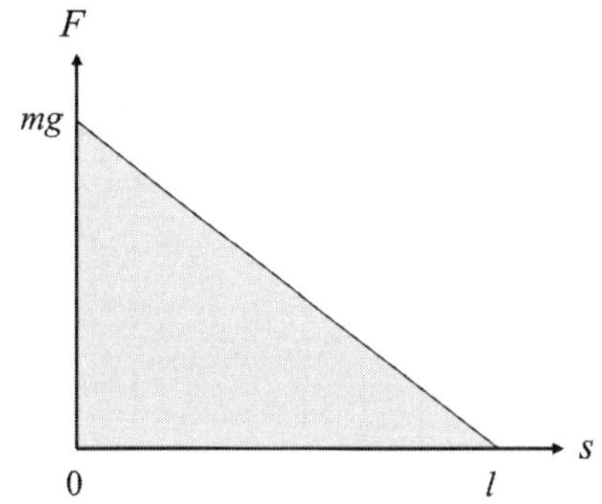

▸▸ 그림 p.3-29(b)

보충문제 질점 역학으로 위 문제를 풀어라.

답 길이나 면적 또는 부피가 있는 물체의 운동을 다룰 때 질량 중심에 질점이 있다고 가정해서 문제를 풀 수 있다. 질점은 물체의 질량이 총 집결한 것으로 간주하는 가상의 점이다.

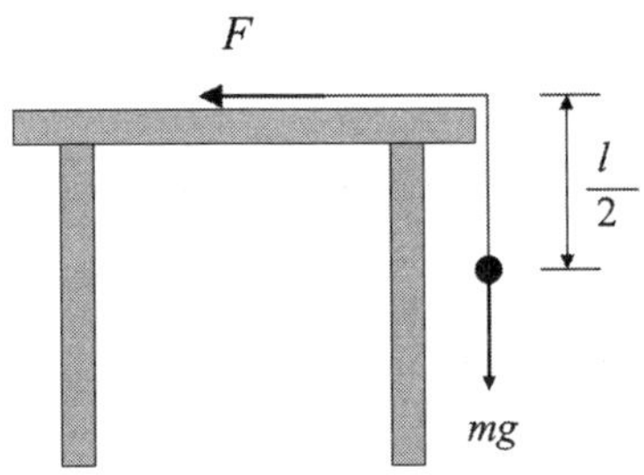

▶▶ 그림 p.3-29(c)

체인의 길이가 l이므로 그림 p.3-29(c)처럼 질점은 책상 아래 $h=\frac{1}{2}l$ 지점에 있다. 물체를 등속으로 끌어올리는 데 필요한 힘은 $F=mg$이므로

$$W=Fh=\frac{1}{2}mgl$$

이다.

보충문제 책상 위에 있는 체인을 살며시 놓아 다시 떨어지게 한다면, 처음 위치에 도달하는 순간에 체인의 속력 v는 얼마인가?

답 끌어올릴 때 한 일이 물체의 운동에너지로 전환된다. 따라서

$$\frac{1}{2}mgl=\frac{1}{2}mv^2 \quad \therefore\ v=\sqrt{gl}$$

3-30 그림 p.3-30(a)와 같이 균일하고 유연한 밧줄의 반이 책상 위에 놓여 있다. 밧줄을 책상 위로 모두 끌어 올리는 데 필요한 최소의 일은 얼마인가? (단, 밧줄의 길이는 l, 질량은 m, 밧줄과 책상 사이의 운동마찰계수는 μ_k이다.)

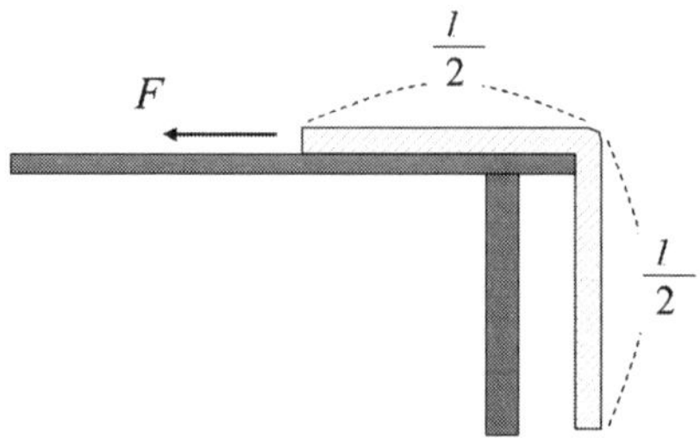

▸▸ 그림 p.3-30(a)

풀이 책상 위로 s만큼 올렸다면 책상 위에 있는 질량 m_1과 늘어져 있는 밧줄의 질량 m_2는 다음과 같다.

$$m_1 = \left(\frac{1}{2} + \frac{s}{l}\right)m,\ \ m_2 = \left(\frac{1}{2} - \frac{s}{l}\right)m$$

등속으로 밧줄을 당기기 위한 힘 F는 마찰력 f_r과 늘어져 있는 밧줄의 무게 f_w의 합이다. 즉,

$$F = f_r + f_w = \mu_k m_1 g + m_2 g = \left\{\frac{1}{2}(\mu_k + 1) + \frac{s}{l}(\mu_k - 1)\right\}mg$$

그림 p.3-30(b)는 위 식을 $(F - s)$ 그래프로 나타낸 것이다. 그래프의 넓이는 체인을 책상 위로 모두 끌어올리기 위한 일의 양과 같으므로

$$W = \frac{1}{2} \times \left\{\frac{1}{2}(\mu_k + 1)mg + \mu_k mg\right\} \times \frac{1}{2}l = \frac{1}{8}(3\mu_k + 1)mgl$$

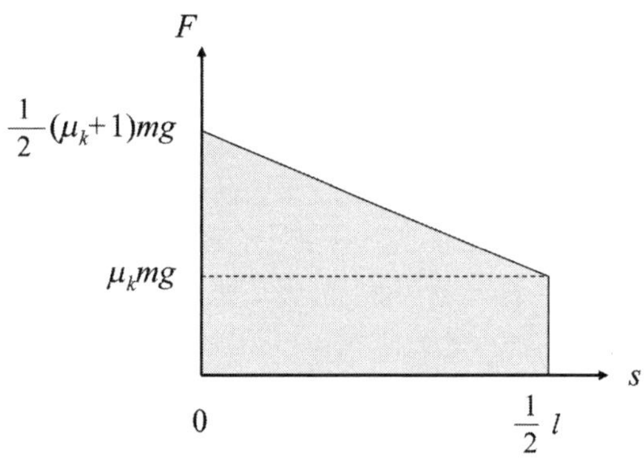

▸▸ 그림 p.3-30(b)

보충문제 질점 역학으로 위 문제를 풀어라.

답 책상 위 밧줄과 늘어져 있는 밧줄의 질량중심을 그림 p.3-30(c)의 (가)에 표시했다. 초기에 질점 A는 마찰력, 질점 B는 중력만 받는다. 질점 B가 책상 위에 도달하면 B는 더 이상 중력의 영향을 받지 않고 마찰력만 받는다. 그림 (나)의 위치에 오면 밧줄이 모두 책상 위로 올라 온 최종 상태가 된다.

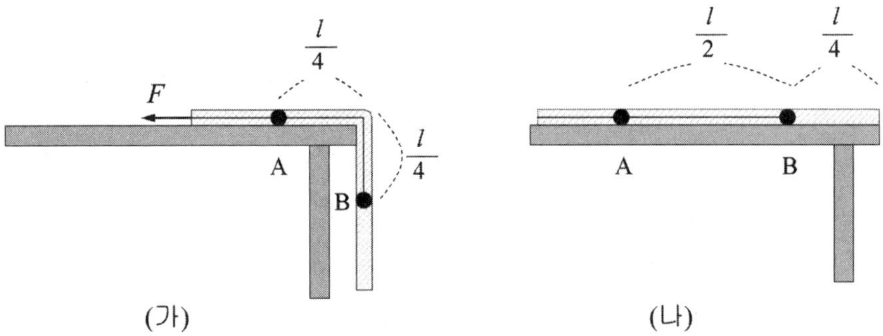

▸▸ **그림 p.3-30(c)**

질점 A와 B의 질량은 각각 $\frac{1}{2}m$이다. 이제 두 질점에 해준 일은 다음과 같다.

(질점 A) $W_A = \frac{1}{4}\mu_k mgl$

(질점 B) $W_B = \frac{1}{8}mgl + \frac{1}{8}\mu_k mgl$

따라서 밧줄에 해준 일은 다음과 같다.

$$W = W_A + W_B = \frac{1}{8}(3\mu_k + 1)mgl$$

보충문제 책상과 밧줄 사이에 마찰이 없다면, 밧줄이 다시 미끄러져 처음 위치에 도달하는 순간에 밧줄의 속력은 얼마인가?

답 $\frac{\sqrt{gl}}{2}$

3-31 마찰이 없는 책상 위에 놓인 밧줄을 살짝 밀었더니 미끄러지며 떨어지기 시작했다. 밧줄 끝이 책상 모서리를 떠나는 순간에 밧줄의 속력은 얼마인가? (단, 밧줄의 질량은 m, 길이는 l, 초속도는 0이다.)

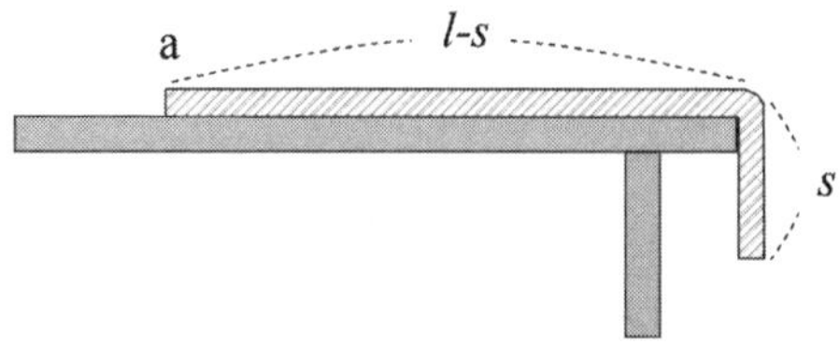

▸▸ 그림 p.3-31(a)

풀이 그림 p.3-31(a)와 같이 늘어져 있는 밧줄의 길이가 s이면, 밧줄을 아래로 당기는 중력 $F=\frac{s}{l}mg$이다. 그림 p.3-31(b)는 이를 표현한 $(F-s)$ 그래프이다. 중력이 밧줄에 한 일이 W라면, 일-운동에너지 정리에 의해 $W=\Delta KE$가 된다. 초속도는 0이고 밧줄 끝이 책상 모서리를 떠나는 순간 $s=l$이므로, $(F-s)$ 그래프를 참조하면

$$W=\frac{1}{2}mgl=\frac{1}{2}mv^2 \quad \therefore \; v=\sqrt{gl}$$

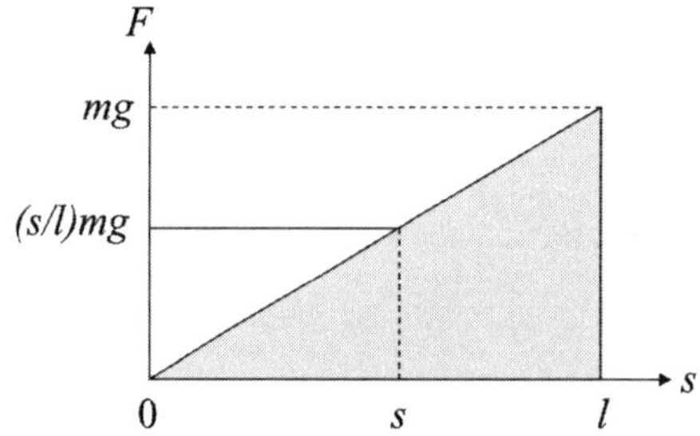

▸▸ 그림 p.3-31(b)

보충문제 질점의 역학적 에너지 보존 법칙을 이용하여 위 문제를 풀어라.

답 책상 위를 $PE=0$인 위치에너지 기준점으로 두면, 처음에 밧줄이 정지해 있었으므로 역학적 에너지는 0이다. 밧줄 끝이 책상 모서리를 떠나는 순간에, 그림 p.3-31(c)와 같이 질점은 책상 모서리에서 $\frac{1}{2}l$ 아래 지점에 있으므로 역학적 에너지 보존 법칙에 의해 밧줄의 속력은

$$0=\frac{1}{2}mv^2+mg\left(-\frac{1}{2}l\right) \quad \therefore \; v=\sqrt{gl}$$

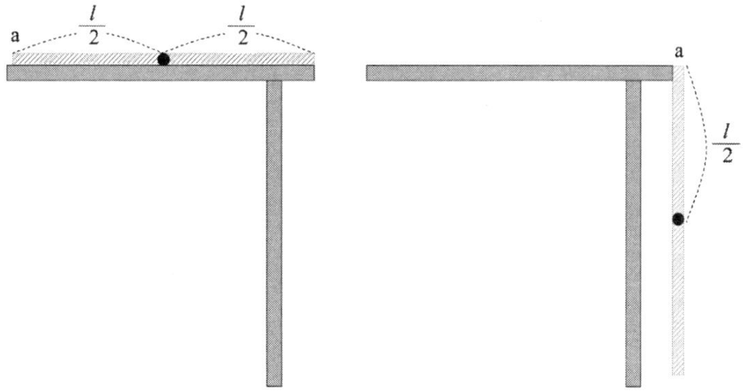

▸▸ 그림 p.3-31(c)

보충문제 처음에 늘어져 있는 길이가 y_0이었다면 밧줄 끝이 책상 모서리를 떠나는 순간에 밧줄의 속력은 얼마인가?

답 $\sqrt{\frac{(l^2-y_0^2)g}{l}}$

보충문제 밧줄 끝이 책상 밑으로 l만큼 더 내려왔을 때 밧줄의 속력은 얼마인가?

답 $\sqrt{3gl}$

3-32 마찰이 없는 책상 위에 밧줄의 반이 걸쳐 있다. 밧줄이 미끄러지며 떨어질 때 책상 위에 밧줄이 $\frac{1}{4}l$ 남아 있는 순간의 속력을 구하라. (단, 밧줄의 길이는 l, 질량은 m이다.)

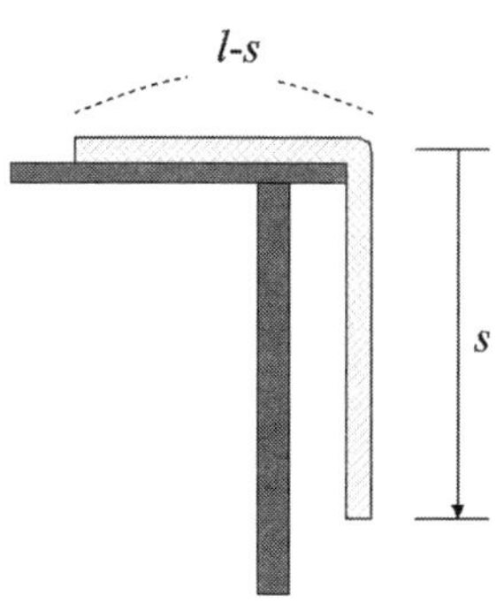

▸▸ 그림 p.3-32(a)

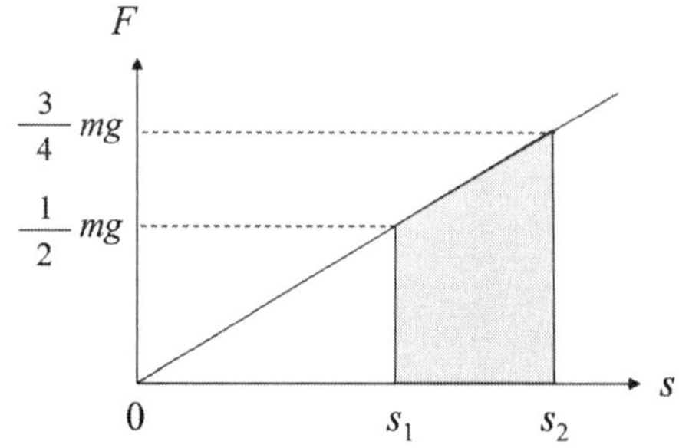

▸▸ 그림 p.3-32(b)

풀이 그림 p.3-32(a)와 같이 늘어져 있는 길이가 s이면 밧줄을 아래로 당기는 중력 $F=\frac{s}{l}mg$이다. 그림 p.3-32(b)는 이를 표현한 $(F-s)$ 그래프이다. 처음 상태에서 $s_1=\frac{1}{2}l$, 나중 상태에서 $s_2=\frac{3}{4}l$이다. $(F-s)$ 그래프에서 s_1과 s_2 사이의 면적은 중력이 밧줄에 한 일 W이다. $(s_2-s_1)=\frac{1}{4}l$이므로

$$W=\frac{1}{2}\times\left(\frac{1}{2}mg+\frac{3}{4}mg\right)\times\left(\frac{1}{4}l\right)=\frac{5}{32}mgl$$

일-운동에너지 정리에 의해 책상 위에 밧줄이 $\frac{1}{4}l$ 남아 있는 순간에 밧줄의 속력은 다음과 같다. (단, 밧줄의 초속도 $v_0=0$이다.)

$$W=\frac{5}{32}mgl=\frac{1}{2}mv^2 \quad \therefore\ v=\frac{\sqrt{5gl}}{4}$$

보충문제 역학적 에너지 보존 법칙을 이용하여 위 문제를 풀어라.

답 그림 p.3-32(c)는 밧줄의 처음 상태를 나타낸 것이다. 늘어져 있는 밧줄의 질점 A는 책상 모서리 아래 $\frac{1}{4}l$ 지점에 있으며, 질량은 $\frac{1}{2}m$이다. 책상 표면을 위치에너지 기준점으로 하면, 역학적 에너지 E_0는 다음과 같다.

$$E_0=\frac{1}{2}mg\left(-\frac{1}{4}l\right)$$

(A의 위치E)

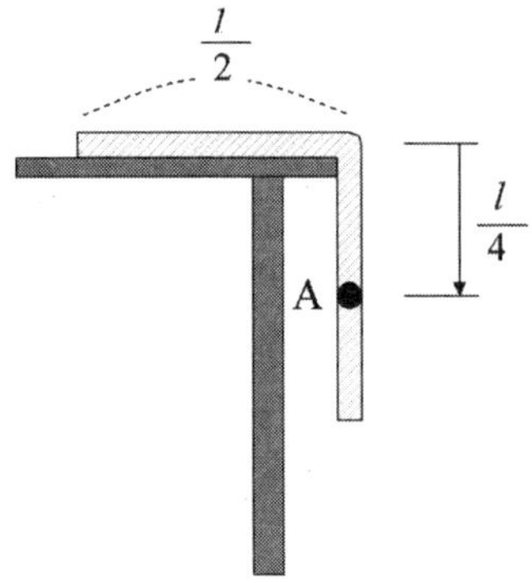

▸▸ **그림 p.3-32(c)**

한편 그림 p.3-32(d)는 책상 위에 밧줄이 $\frac{1}{4}l$ 남아있는 순간을 나타낸 것이다. 늘어져 있는 밧줄의 질점 B는 책상 모서리 아래 $\frac{3}{8}l$ 지점에 있으며, 질량은 $\frac{3}{4}m$ 이다. 역학적 에너지 E_1은 밧줄의 운동에너지와 질점 B의 위치에너지의 합이므로

$$E_1 = \frac{1}{2}mv^2 + \left(\frac{3}{4}mg\right)\left(-\frac{3}{8}l\right)$$

(밧줄의 운동E) (B의 위치E)

역학적 에너지 보존 법칙에 의해 $E_0 = E_1$ 이므로, $v = \frac{\sqrt{5gl}}{4}$

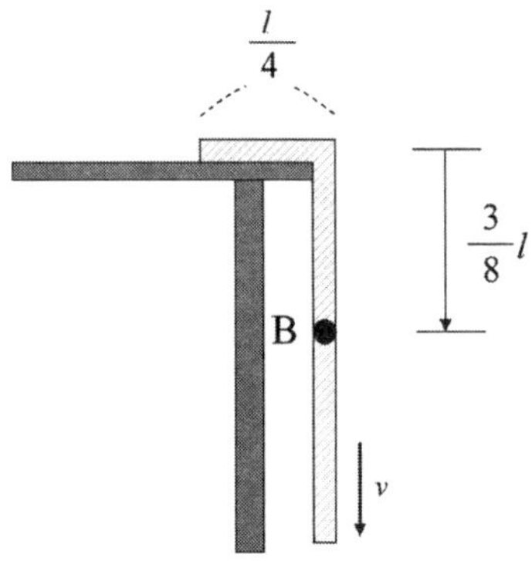

▸▸ **그림 p.3-32(d)**

보충문제 밧줄 끝이 책상 아래로 l만큼 내려왔을 때 밧줄의 속력은 얼마인가?

답 $\frac{\sqrt{11gl}}{2}$

7. 탄성 위치에너지

3-33 그림 p.3-33(a)와 같이 평형점으로부터 x만큼 늘렸을 때 용수철의 탄성 위치에너지를 구하라

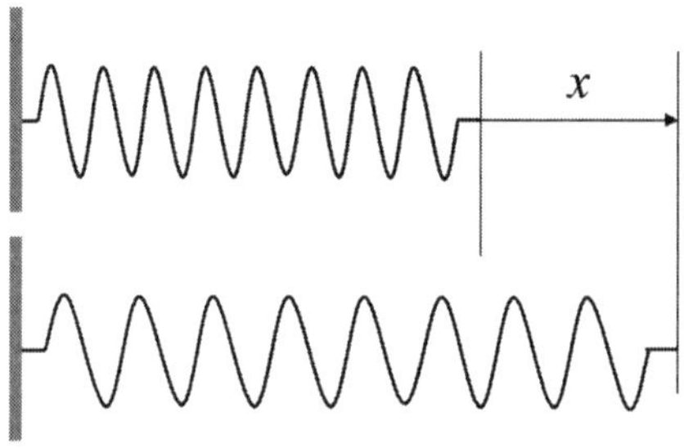

▸▸ **그림 p.3-33(a)**

풀이 훅(Hook)의 법칙은 $F_k = -kx$이다. 여기서 F_k는 탄성력, k는 용수철 상수, x는 변형된 길이다. 부호 (-)는 탄성력이 x 방향과 반대인 것을 의미한다. 따라서 용수철을 x 만큼 늘리려면 $F = kx$인 외력으로 용수철을 당겨야 한다.

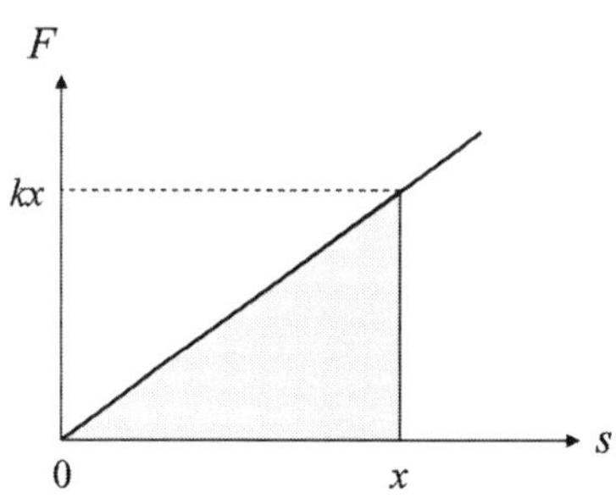

▸▸ **그림 p.3-33(b)**

그림 p.3-33(b)의 $(F-s)$ 그래프에서 직선과 s 축이 이루는 면적은 외력이 용수철에 한 일 W와 같다.

$$W = \frac{1}{2} \times (kx) \times x = \frac{1}{2} kx^2$$

외력이 용수철에 일을 함으로써 증가한 용수철의 내부 에너지를 탄성 위치에너지라 한다. 탄성력은 보존력이므로 탄성 위치에너지는 역학적 에너지에 포

함된다. 이제 탄성 위치에너지를 포함한 역학적 에너지 E는 다음과 같다.

$$E = \frac{1}{2}mv^2 + mgh + \frac{1}{2}kx^2$$

보충문제 탄성력이 보존력임을 확인하라.

3-34 그림 p.3-34처럼 용수철 상수가 k인 용수철에 질량이 m인 물체가 v의 속력으로 다가와 정면으로 충돌했다. 용수철이 변형된 최대 길이는 얼마인가?

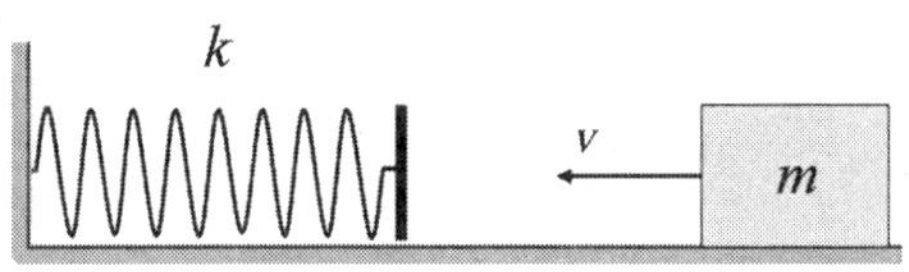

▸▸ 그림 p.3-34

풀이 충돌 전 물체의 운동에너지가 충돌 후 용수철의 탄성 위치에너지로 전부 전환되면 용수철이 최대로 압축된 상태이다. 역학적 에너지 보존 법칙에 의해

$$\frac{1}{2}mv^2 = \frac{1}{2}kx_{\max}^2 \quad \therefore \; x_{\max} = \sqrt{\frac{mv^2}{k}}$$

보충문제 용수철 상수 $k = 100$ N/m, 물체 질량 $m = 1$ kg, 속력 $v = 2$ m/s일 때 용수철이 최대로 압축된 길이를 계산하라.

답 0.2 m

3-35 그림 p.3-35와 같이 질량이 0.5 kg인 물체가 마찰이 없는 수평면에서 용수철 끝에 놓여 있다. 물체를 밀어 용수철을 10 cm 압축했다가 물체를 살짝 놓았다. 물체가 올라간 경사면의 최대 수직 높이 h를 구하라. (단, 물체의 마찰과 회전운동은 없으며, 용수철 상수는 1000 N/m, 중력가속도는 10 m/s^{2}이다.)

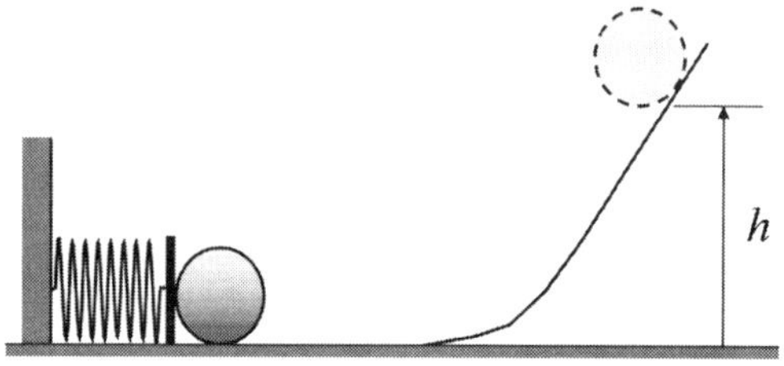

▸▸ 그림 p.3-35

풀이 역학적 에너지 보존 법칙을 적용하면

$$\frac{1}{2}kx^2 = mgh \quad \therefore \ h = \frac{kx^2}{2mg} = \frac{1000 \times (0.1)^2}{2 \times 0.5 \times 10} = 1\ (\mathrm{m})$$

보충문제 용수철에서 떨어지는 순간에 물체의 최대 속력은 얼마인가?

답 $2\sqrt{5}$ m/s

3-36 그림 p.3-36과 같이 물체 A를 밀어 용수철을 0.2 m 압축했다가 A를 살짝 놓았다. A는 구르지 않고 오직 미끄러지며 빗면을 내려와서 2 m 아래 바닥에 도달했다. A의 속력은 얼마인가? (단, 물체의 마찰은 없으며, A의 질량 $m = 2$ kg, 용수철 상수 $k = 1000$ N/m, 중력가속도 $g = 10$ m/s^{2}이다.)

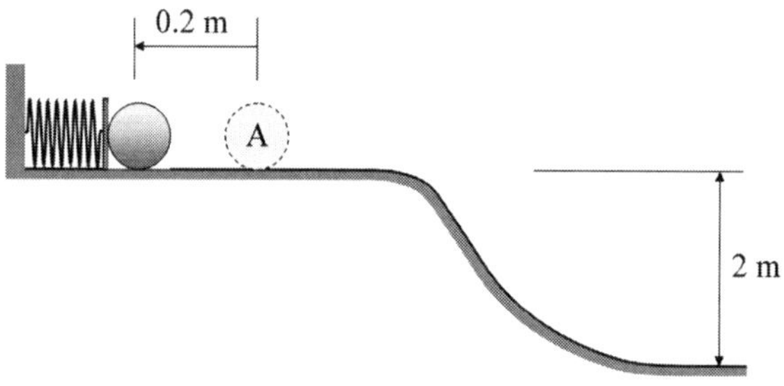

▸▸ 그림 p.3-36

풀이 아래쪽 바닥을 중력 위치에너지의 기준으로 하여 역학적 에너지 보존 법칙을 적용하면 속력은 다음과 같다.

$$\frac{1}{2}kx^2 + mgh = \frac{1}{2}mv^2$$

$$\left\{\frac{1}{2}\times 1000\times(0.2)^2\right\}+(2\times 10\times 2)=\frac{1}{2}\times 2\times v^2$$

$$\therefore\ v=2\sqrt{15}\ (\mathrm{m/s})$$

보충문제 바닥 오른쪽에 마찰이 없는 경사면이 있다면 A가 올라가는 최고 높이는 얼마인가?

답 3 m

3-37 그림 p.3-37과 같이 고정된 관의 위쪽 끝에 용수철이 매달려 있다. 용수철의 아래쪽 끝으로부터 1 m 아래 지점에 있는 질량이 0.5 kg인 물체를 연직 상방으로 5 m/s의 속력으로 던졌다. 물체가 용수철을 최대로 압축하는 순간에 압축된 용수철 길이 x를 구하라. (단, 용수철 상수는 150 N/m, 중력가속도는 10 $\mathrm{m/s^2}$이다.)

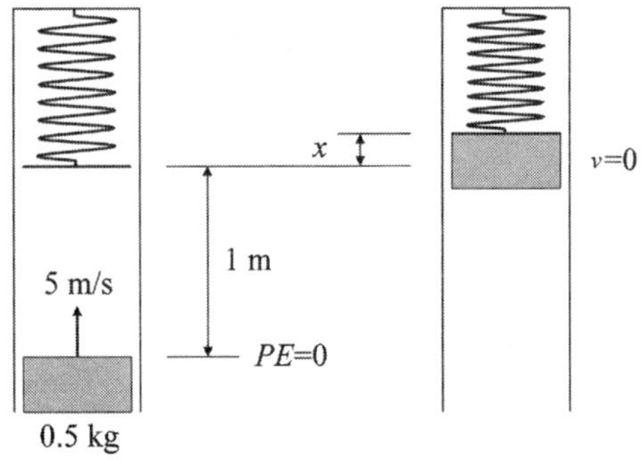

▸▸ 그림 p.3-37

풀이 중력 위치에너지 $PE=0$인 지점을 그림에 표시했다. 압축된 용수철 길이를 x라 하고, 역학적 에너지 보존 법칙을 적용하면

$$\frac{1}{2}mv^2=mg(1+x)+\frac{1}{2}kx^2$$

$m=0.5$ kg, $v=5$ m/s, $k=150$ N/m, $g=10$ $\mathrm{m/s^2}$을 위 식에 대입하면

$$60x^2+4x-1=0 \Rightarrow (10x-1)(6x+1)=0$$

$x>0$이므로, 압축된 길이 $x=0.1$ m

보충문제 최대로 압축되는 순간의 탄성 위치에너지를 계산하라.

답 0.75 J

3-38 그림 p.3-38과 같이 고정된 관의 아래 끝에 용수철이 고정되어 있다. 높이 $h = 3\ \mathrm{m}$ 위에 정지해 있던 질량 $3\ \mathrm{kg}$인 물체가 자유낙하를 했다. 용수철이 최대로 압축된 길이 x를 구하라. (단, 용수철 상수는 $120\ \mathrm{N/m}$, 중력가속도는 $10\ \mathrm{m/s^2}$이다.)

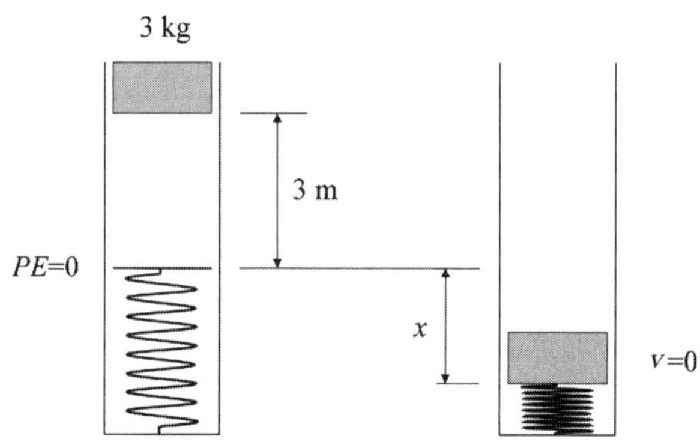

▸▸ 그림 p.3-38

풀이 중력 위치에너지 $PE = 0$인 지점을 그림에 표시했다. 역학적 에너지 보존 법칙에 의해

$$mgh = \frac{1}{2}kx^2 - mgx \Rightarrow 3 \times 10 \times 3$$

$$= \frac{1}{2} \times 120 \times (x^2) - 3 \times 10 \times x$$

$$(2x-3)(x+1) = 0 \quad \therefore\ x > 0 \text{이므로 } x = 1.5\ (\mathrm{m})$$

보충문제 물체를 용수철 위에 올려놓으면 압축된 길이는 얼마인가?

답 0.25 m

8. 일 률

3-39 평균 일률과 마력에 대해 설명하라.

해설 단위시간에 행한 일의 양을 **일률**이라 하며, 단위는 와트(W)이다. t초 동안 W의 일을 했다면 **평균 일률**은

$$\overline{\mathbb{P}} = \frac{W}{t} \quad (\mathrm{W})$$

이다. 1 W는 1초 동안 1 J의 일을 할 때의 일률이다. 단위 [W]는 증기기관을 발명한 J. Watt의 이름을 딴 단위인데, 당시에 Watt가 채택한 일률 단위는 마력이었다.

마력에는 단위가 HP(horse power)인 **영국마력**과 PS(pferde stärke, 독일어)인 **미터마력**(또는 프랑스마력)의 두 가지가 있다. 단위의 차이 때문에 두 마력의 값은 약간 다르다. 영국마력은 영국 단위계인 야드파운드법에 따라 1 HP = 550 lbf · ft/s 이다(lbf는 무게를 의미함). 1 HP는 이것이 설정된 1765년 당시 영국산 말 한 마리가 할 수 있는 일률이다. 1 HP를 W 단위로 환산하면, 1 lb= 0.45359 kg, 영국의 표준 중력가속도는 9.8119 $\mathrm{m/s^2}$, 1 ft = 0.3048 m이므로

$$1\ \mathrm{HP} = 550 \times 0.45359 \times 9.8119 \times 0.3048 \simeq 746\ (\mathrm{W})$$

이다. 미터마력 1 PS= 75 kgf · m/s이며(kgf는 무게를 의미함), 표준 중력가속도인 9.80665 $\mathrm{m/s^2}$을 적용하면

$$1\ \mathrm{PS} = 75 \times 9.80665 \simeq 735.5\ (\mathrm{W})$$

가 된다.

보충문제 우리나라에서 표준으로 인정하는 마력의 단위는 무엇인지 조사하라.

3-40 말 한 마리가 350 N의 힘으로 물체를 끌며 5초 동안 10 m를 끌고 갔다. 말의 평균 일률은 얼마인가?

풀이 말이 한 일 $W = Fs = 350 \times 10 = 3500$ (J)이다. 따라서 5초 동안의 평균 일률은

$$\overline{\mathbb{P}} = \frac{W}{t} = \frac{3500}{5} = 700\ (\mathrm{W})$$

보충문제 물체가 등속으로 끌려갔다고 가정하고, 물체에 작용한 힘과 속력의 곱을 계산하고, 위 평균 일률과 비교하라.

답 $Fv = 350 \times 2 = 700 \Leftarrow \overline{\mathbb{P}}$와 크기가 같다. (문제 3-44를 보아라.)

3-41 마찰이 없는 수평면에서 질량이 5 kg인 물체를 10 N의 힘으로 밀었다. 4초 동안의 평균 일률은 얼마인가? (단, 물체의 초속도는 0이다.)

풀이 먼저 4초 동안 진행한 거리를 구한다. $F=ma$에서 가속도 $a=\frac{10}{5}=2\ (\mathrm{m/s^2})$ 이며, 등가속도 운동방정식 $s=v_0t+\frac{1}{2}at^2$에서 $v_0=0$이므로

$$s=\frac{1}{2}at^2=\frac{1}{2}\times 2\times(4^2)=16\ (\mathrm{m})$$

따라서 물체에 한 일과 일률은 다음과 같다.

$$W=Fs=10\times 16=160\ (\mathrm{J})$$

$$\overline{\mathbb{P}}=\frac{W}{t}=\frac{160}{4}=40\ (\mathrm{W})$$

보충문제 4초가 되는 순간에 물체의 운동에너지는 얼마인가?

답 160 J ⇐ W와 크기가 같다.

3-42 운동마찰계수 $\mu_k=0.1$인 수평면에서 질량 $m=5$ kg인 물체를 $F=10$ N의 힘으로 끌어당기고 있다. 4초 동안 힘 F가 행한 평균 일률은 얼마인가? (단, 물체의 초속도는 0이며 중력가속도는 10 $\mathrm{m/s^2}$이다.)

풀이 4초 동안 이동한 거리를 구하기 위해 물체에 작용한 합력과 가속도를 계산하자. 마찰력 $f_r=\mu_k mg$이므로 물체의 운동방정식은 $F-\mu_k mg=ma$이다 따라서

$$a=\frac{F-\mu_k mg}{m}=\frac{10-(0.1\times 5\times 10)}{5}=1\ (\mathrm{m/s^2})$$

등가속도 운동방정식 $s=v_0t+\frac{1}{2}at^2$에서 $v_0=0$이므로 4초 동안 이동한 거리는

$$s=\frac{1}{2}at^2=\frac{1}{2}\times 1\times(4^2)=8\ (\mathrm{m})$$

따라서 힘 F가 물체에 한 일과 평균 일률은 다음과 같다.

$$W=Fs=10\times 8=80\ (\mathrm{J})$$

$$\overline{\mathbb{P}} = \frac{W}{t} = \frac{80}{4} = 20 \text{ (W)}$$

보충문제 6초 동안 힘 F가 물체에 행한 평균 일률은 얼마인가?

답 $\overline{\mathbb{P}} = 30 \text{ W}$

보충문제 마찰력이 4초 동안 물체에 한 일 W_{fr}과 평균 일률 $\overline{\mathbb{P}}_{fr}$ 계산하라.

답 $W_{fr} = -40 \text{ J}$, $\overline{\mathbb{P}}_{fr} = 10 \text{ W}$ (관례상, 일률은 양수로 표기함.)

3-43 A형 자동차는 정지 상태에서 속력 v로 가속하는 데 t초 걸린다. 같은 질량의 B형 자동차는 같은 t초 동안 βv까지 가속할 수 있다. 엔진이 행한 일이 모두 자동차의 운동에너지로 전환된다고 가정하고 두 자동차의 일률을 비교하라.

풀이 자동차 질량을 m이라 하자. 초속도 $v_0 = 0$이므로 일-운동에너지 정리에서 엔진이 자동차에 한 일은 각각

$$W_A = \frac{1}{2}mv^2, \quad W_B = \frac{1}{2}m(\beta v)^2$$

t초 동안의 자동차 일률을 비교하면

$$\frac{\overline{\mathbb{P}}_B}{\overline{\mathbb{P}}_A} = \frac{(W_B/t)}{(W_A/t)} = \frac{W_B}{W_A} = \beta^2$$

보충문제 t초 동안 자동차가 간 거리를 비교하라.

답 $\frac{s_B}{s_A} = \beta$

3-44 마찰이 없는 수평면에서 질량 m인 물체에 일정한 힘 F를 가했다. 이 힘이 물체에 행한 평균 일률과 순간 일률을 구하라.

풀이 물체가 Δt 동안 Δs를 이동했다면 힘이 물체에 한 일 $W = F\Delta s$이므로 평균 일률은

$$\overline{\mathbb{P}} = F\frac{\Delta s}{\Delta t} = F\overline{v}$$

이며, $\bar{v}$는 Δt 동안의 평균 속력이다. 만약 $\Delta t \to 0$이면 순간 일률 $\mathbb{P}$는

$$\mathbb{P} = F\left(\lim_{\Delta t \to 0} \frac{\Delta s}{\Delta t}\right) = F\frac{ds}{dt} = Fv$$

가 되며, v는 순간 속력이다.

보충문제 초속도가 0이고 외력 F가 일정할 때, 시간에 따른 순간 일률의 변화를 그래프로 나타내라.

답 $v = at$, $\mathbb{P} = Fv = Fat = \dfrac{F^2}{m}t$

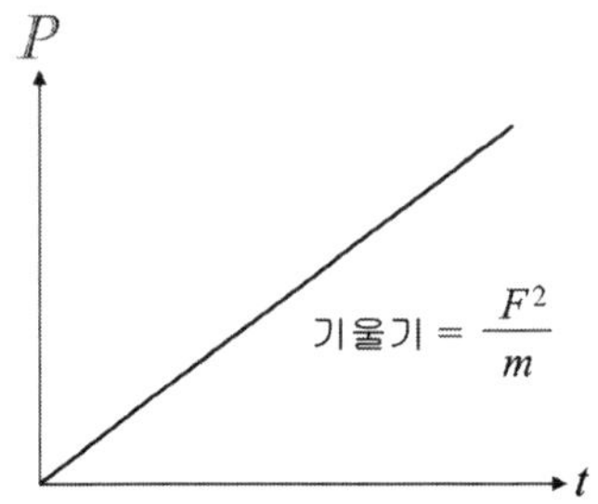

▸▸ 그림 p.3-44

3-45 그림 p.3-45의 (가)는 전동기가 질량 5 kg인 물체를 끌어올리는 장면이며, (나)는 상승하는 동안 물체의 속력 변화를 나타낸 $(v-t)$ 그래프이다. (1) 1초일 때 순간 일률, (2) 0~2초 사이의 평균 일률, (3) 3초일 때 순간 일률을 구하라. (단, 중력가속도는 10 $\mathrm{m/s^2}$이다.)

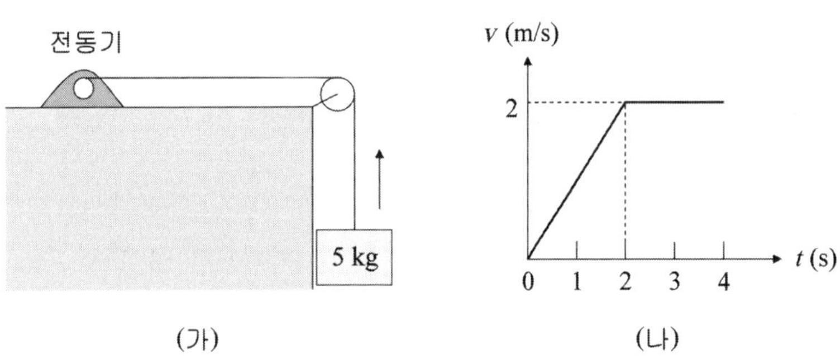

▸▸ 그림 p.3-45

풀이 먼저 줄의 장력부터 구해야 한다. $(v-t)$ 그래프를 참조하면 0~2초 사이에서 가속도 $a=1\ \text{m/s}^2$이므로

$$\sum F = T_1 - mg = ma \Rightarrow T_1 - 50 = 5 \quad \therefore\ T_1 = 55\ (\text{N})$$

2~4초 사이에는 등속 운동을 하므로

$$\sum F = T_2 - mg = 0 \Rightarrow T_2 = mg \quad \therefore\ T_2 = 50\ (\text{N})$$

(1) 1초일 때 장력 $T_1 = 55$ N, 속력 $v = 1$ m/s이므로

$$\mathbb{P} = T_1 v = 55 \times 1 = 55\ (\text{W})$$

(2) 0~2초 사이에서 $T_1 = 55$ N, 평균 속력 $\bar{v} = 1$ m/s이므로

$$\overline{\mathbb{P}} = T_1 \bar{v} = 55 \times 1 = 55\ (\text{W})$$

(3) 3초일 때 $T_2 = 50$ N, $v = 2$ m/s이므로

$$\mathbb{P} = T_2 v = 50 \times 2 = 100\ (\text{W})$$

보충문제 0~3초 사이에서 전동기가 물체에 행한 평균 일률을 구하라.

답 그림 p.3-45 (나)의 $(v-t)$ 그래프를 참조하면 0~2초 사이에 간 거리 $s_1 = 2$ m, 2~3초 사이에 간 거리 $s_2 = 2$ m이므로 $W = T_1 s_1 + T_2 s_2 = 210$ (J)이다. 따라서 평균 일률 $\overline{\mathbb{P}} = \frac{210}{3} = 70$ (W)

3-46 마찰이 없는 수평면에서 질량 $m = 10$ kg인 물체를 $F = 20$ N의 힘으로 밀었다. 0~5초 사이의 평균 일률과 $t = 5$초일 때 순간 일률을 구하라. (단, 물체의 초속도는 0이다.)

풀이 초속도 $v_0 = 0$이므로 0~5초 사이의 가속도는 $F = ma$에서 $a = 2\ \text{m/s}^2$이고 $t = 5$초일 때 속력 $v = at = 2 \times 5 = 10$ m/s이다. 평균 속력은

$$\bar{v} = \frac{v + v_0}{2} = \frac{10 + 0}{2} = 5\ (\text{m/s})$$

이므로

$$(\text{평균 일률})\ \overline{\mathbb{P}} = F\bar{v} = 20 \times 5 = 100\ (\text{W})$$

$$(t = 5\ \text{s 일 때 순간 일률})\ \mathbb{P} = Fv = 20 \times 10 = 200\ (\text{W})$$

보충문제 질량 m과 힘 F 값을 사용해서 $t=5$초일 때 순간 일률을 계산하라.

답 $\mathbb{P} = \frac{F^2}{m} t = 200$ (W)

3-47 엘리베이터에 일정한 마찰력이 작용하여 등속으로 상승하고 있다. 탑승자를 포함한 엘리베이터의 질량 $M = 2\times10^3$ kg이며 마찰력 $f_r = 5\times10^3$ N이다. 엘리베이터 상승 속력이 2 m/s일 때 전동기가 엘리베이터에 전달하는 일률은 얼마인가? (단, 중력가속도는 10 m/s^{2}이다.)

풀이 등속으로 상승하므로 엘리베이터에 작용하는 알짜힘은 0이다. 엘리베이터 케이블의 장력을 T라 하면

$$\sum F = T - Mg - f_r = 0 \Rightarrow T = Mg + f_r = 25000\ (\text{N})$$

전동기 일률 $\mathbb{P}$는

$$\mathbb{P} = Tv = 25000\times2 = 5\times10^4\ (\text{W}) = 50\ (\text{kW})$$

보충문제 총 무게가 5×10^3 N인 탑승자들이 중간에 내렸다. 전동기 일률을 그대로 유지한 상태에서 운전했다면 엘리베이터 속력은 얼마인가?

답 2.5 m/s

3-48 그림 p.3-48은 전동기가 물체 A를 당길 때 A가 전동기 방향으로 2 m/s의 일정한 속력으로 운동하는 것을 나타낸 것이다. A와 바닥 사이의 운동마찰계수 $\mu_k = 0.25$이다. 전동기 일률은 얼마인가? (단, 중력가속도는 10 m/s^{2}이다.)

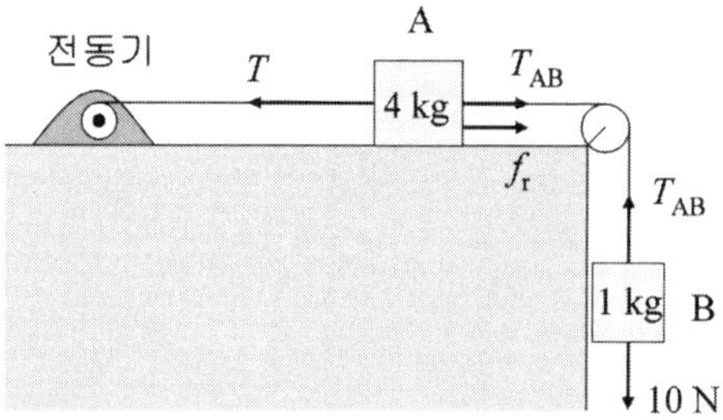

▸▸ 그림 p.3-48

풀이 물체가 등속 운동을 하므로 A와 B 사이의 장력 $T_{AB} = 10\ (\text{N})$

A의 수직항력 $N_A = 4\times10 = 40\ (\text{N})$, 마찰력 $f_r = \mu_k N_A = 0.25\times40 = 10\ (\text{N})$

A에 작용하는 합력이 0이므로 $T = T_{AB} + f_r = 20\ (\text{N})$이다. 따라서 일률은

$$\mathbb{P} = Tv = 20 \times 2 = 40 \text{ (W)}$$

이다.

보충문제 A와 바닥 사이의 운동마찰계수 μ_k가 0.5로 2배 증가했다면 A의 속력을 그대로 유지하기 위한 전동기 일률은 얼마인가?

답 60 W

3-49 네 명의 일꾼이 건물 꼭대기에 설치된 도르래를 이용하여 무게 $mg = 3$ kN인 피아노를 길거리에서 30 m 위의 아파트로 일정한 속력으로 끌어올리고 있다. 일꾼 한 명이 200 W의 일률로 일할 수 있고 도르래 효율은 80 %라 한다. (20 %는 도르래 마찰 등으로 소실된다.) 피아노를 길에서 아파트까지 끌어올리는 데 걸리는 시간은 얼마인가? (단, 도르래 질량과 마찰은 무시한다.)

풀이 피아노를 30 m 위로 끌어올리는 데 필요한 에너지는

$$W = mgh = (3 \times 10^3) \times 30 = 9 \times 10^4 \text{ (J)}$$

도르래 효율 80 %를 고려한 일꾼 네 명의 총 평균 일률은

$$\overline{\mathbb{P}} = 4 \times 200 \times 0.8 = 640 \text{ (W)}$$

따라서 피아노를 끌어올리는 데 걸리는 시간 t는 다음과 같다.

$$t = \frac{W}{\overline{\mathbb{P}}} = \frac{9 \times 10^4}{640} \simeq 141 \text{ (s)}$$

3-50 그림 p.3–50과 같이 전동기 축바퀴를 회전시켜서 물체를 끌어올리고 있다. 반지름 a인 축바퀴를 1초에 f번 일정하게 회전시켜 물체를 끌어올리는 일률과 반지름 $2a$인 축바퀴를 1초 동안 $4f$번 일정하게 회전시켜 물체를 끌어올릴 때의 일률을 비교하라.

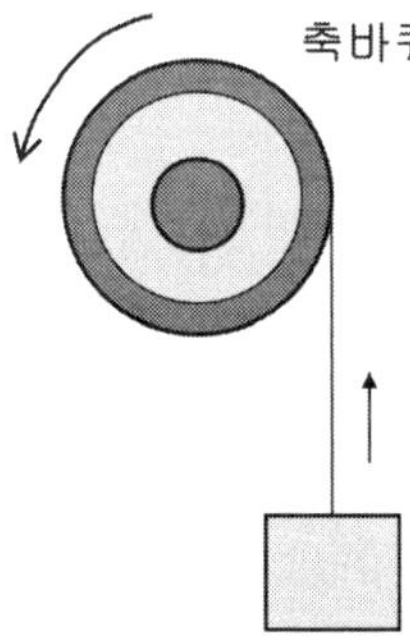

▸▸ 그림 p.3-50

풀이 축바퀴 회전 속력이 일정하면 물체가 등속 상승하므로 줄에 걸리는 장력 T는 물체의 무게와 같다. 첫 번째 축바퀴에 대해 물체의 상승 속력을 v_1이라 하면 일률은

$$\mathbb{P}_1 = Tv_1$$

축바퀴 반지름을 2배, 회전수를 4배 증가시켰지만 물체가 등속 상승하므로 장력 T는 변하지 않는다. 속력 $v_2 = 8v_1$이므로 일률은

$$\mathbb{P}_2 = Tv_2 = 8Tv_1 = 8\mathbb{P}_1$$

따라서 일률이 8배 증가한다.

3-51 그림 p.3-51과 같이 속력 2 m/s로 움직이는 컨베이어 벨트 위로 매 초당 2개의 제품이 실린다. 제품 질량이 3 kg일 때 벨트의 움직임을 유지하기 위한 일률은 얼마인가? (단, 시스템의 모든 마찰은 무시한다.)

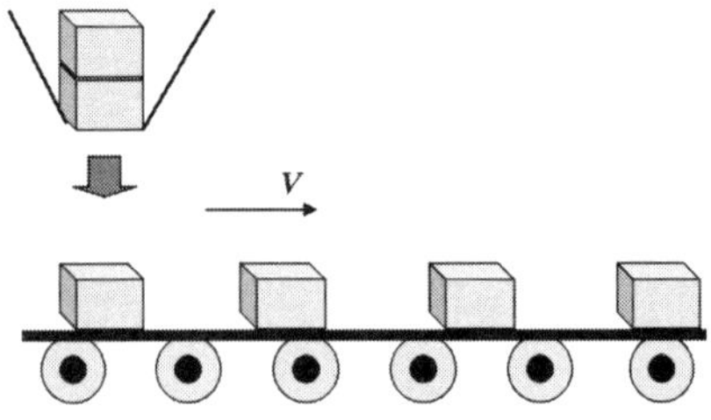

▸▸ 그림 p.3-51

풀이 제품의 낙하 간격은 0.5초다. 수평 방향 속력이 0인 상태에서 제품이 낙하하여 0.5초 동안 컨베이어 속력인 2 m/s에 도달해야 하므로, 제품의 수평 방향 가속도 $a = \frac{2-0}{0.5} = 4\ (\mathrm{m/s^2})$이다. 이 가속도는 컨베이어 구동력에 의해 제공되므로, 컨베이어 구동장치는

$$F = ma = 3 \times 4 = 12\ (\mathrm{N})$$

의 힘을 계속 유지해야 한다. 컨베이어 속력 $v = 2\ \mathrm{m/s}$이므로 컨베이어 구동장치의 일률은

$$\mathbb{P} = Fv = 12 \times 2 = 24\ (\mathrm{W})$$

이다.

Ⅳ 운동량과 충격량

1. 기초사항

- 운동량 p의 정의

  $p = mv$

- 운동량 보존 법칙

  물체에 외력이 작용하지 않으면 그 물체의 운동량은 보존된다.

- 총 운동량 보존 법칙

  물체계에 외력이 작용하지 않으면 그 물체계의 총 운동량은 보존된다.

- 충격력

  두 물체가 충돌하는 과정에서 상대 물체로부터 짧은 시간동안 강하게 가해지는 힘

- 충격량 I의 정의

  충격력 F가 일정할 때 : $I = F\Delta t$

  충격력 F가 일정하지 않을 때 : $I = \int_{t_1}^{t_2} F(t)\,dt$

  충격량은 벡터양이며, 방향은 충격력 방향이다.

- $(F-t)$ 그래프

  곡선과 시간축이 만드는 넓이는 충격량 I 또는 운동량 변화량 Δp

- 충격량과 운동량의 관계

  충격력 이외에 다른 외력이 작용하지 않으면 $I = \Delta p$

- 충돌

  상대적으로 운동하는 두 물체 또는 입자가 근접하거나 접촉해서 짧은 시간동안 강하게 상호 작용하는 경우를 일컫는다.

- 반발계수 e

$$e = -\frac{\text{충돌 후 상대속도}}{\text{충돌 전 상대속도}}$$

- 완전 탄성 충돌($e=1$)

  충돌 전후에 총 운동량과 총 운동에너지가 보존된다.

- 비탄성 충돌($0<e<1$)

  충돌 전후에 총 운동량은 보존되지만 총 운동에너지는 보존되지 않는다.

- 완전 비탄성 충돌($e=0$)

  충돌 후 두 물체가 합쳐지는 경우이며 총 운동량은 보존되지만 총 운동에너지는 보존되지 않는다.

2. 운동량

4-1 운동량이란 무엇인가?

해설 **운동량** $p=mv$이다. 여기서 m은 물체의 질량, v는 속도이며, 단위는 [kg · m/s]이다. 운동량은 방향과 크기를 갖는 벡터양이며, 운동학에서 빈번하게 다루는 중요한 물리량이다. 운동량 변화는 외력과 밀접한 관계에 있으며 자세한 내용은 이후에 다루기로 한다.

4-2 (1) 질량 m이 10 kg인 물체가 5 m/s의 속력으로 오른쪽으로 가고 있으며, (2) 같은 질량의 또 다른 물체는 7 m/s의 속력으로 왼쪽으로 가고 있다. 각각 운동량을 구하라.

풀이 좌표축 방향을 오른쪽으로 정하자. 그러면

(1) $p=mv=10\times(+5)=50$ (kg · m/s)

(2) $p=mv=10\times(-7)=-70$ (kg · m/s)

4-3 그림 p.4–3처럼 질량 m인 물체가 오른쪽으로 속력 v로 가다가 벽에 충돌한 후 정반대로 $0.5v$의 속력으로 움직였다. 운동량 변화를 구하라.

풀이 좌표축 방향을 오른쪽으로 정하자. 그러면 처음 운동량 $p_0 = mv$, 나중 운동량 $p = -0.5mv$이다. 따라서 운동량 변화는 $\Delta p = p - p_0 = -1.5mv$이다.

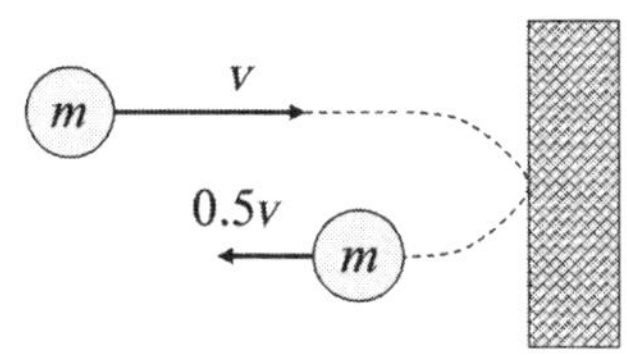

▶▶ 그림 p.4-3

보충문제 오른쪽으로 10 m/s로 가던 질량 5 kg인 물체의 속력이 5 m/s로 감소했다. 운동량 변화는 얼마인가?

답 −25 kg · m/s

4-4 그림 p.4–4처럼 지표면에서 질량이 5 kg인 물체를 30 m/s의 속력으로 위로 던졌다. (1) 1초일 때 운동량, (2) 4초일 때 운동량, (3) 1초와 4초 사이의 운동량 변화를 계산하라. (단, 중력가속도는 10 m/s^{2}이다.)

풀이 좌표축 방향을 연직 상방으로 설정하면 중력가속도 $g = -10$ m/s^{2}이다. 따라서 속도와 운동량은 각각

$$v(t) = v_0 + gt = 30 - 10t,\ \ p(t) = mv(t) = (30 - 10t)m$$

이다.

(1) $p(1) = (30 - 10 \times 1) \times 5 = 100$ (kg · m/s)

(2) $p(4) = (30 - 10 \times 4) \times 5 = -50$ (kg · m/s)

(3) $\Delta p = p(4) - p(1) = (-50) - (+100) = -150$ (kg · m/s)

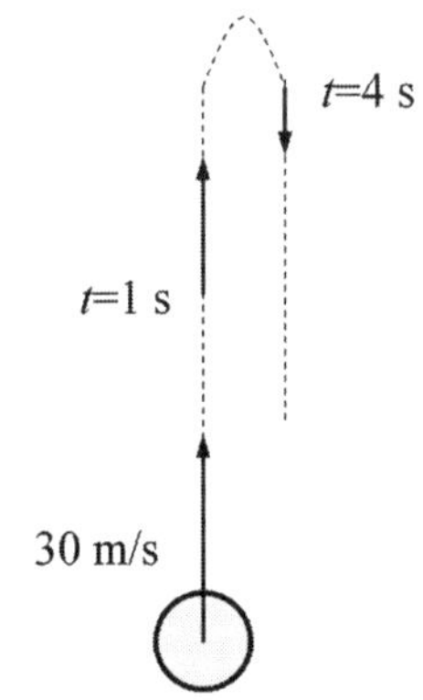

▸▸ 그림 p.4-4

4-5 마찰이 없는 수평면에 놓인 물체에 10 N의 외력이 오른쪽으로 작용했다. 물체의 질량은 5 kg이며, 처음에는 정지해 있었다. 1초와 4초 사이의 운동량 변화 Δp와 외력과 시간차의 곱 $F\Delta t$를 계산하고 두 개의 값을 비교하라.

풀이 가속도 $a=\dfrac{F}{m}=2\ (\mathrm{m/s^2})$이며 초속도는 0이므로 $v=at=2t$이다. 따라서

$$p(t)=mv(t)=10t$$

1초와 4초 사이의 운동량 변화는

$$\Delta p=p(4)-p(1)=40-10=30\ (\mathrm{kg\cdot m/s})$$

이며, 외력과 시간차의 곱은

$$F\Delta t=10\times(4-1)=30\ (\mathrm{N\cdot s})=30\ (\mathrm{kg\cdot m/s})$$

이므로, $\Delta p=F\Delta t$

3. 충격량과 운동량 변화량, ($F-t$) 그래프

4-6 충격력이란 무엇인가?

해설 두 물체가 충돌하는 과정에서 상대 물체로부터 짧은 시간 동안 강하게 가해지는 힘을 **충격력**이라 부른다. 물체 A와 B가 충돌하는 순간에 A가 B에 작용하는 충격력을 F_{AB}, B가 A에 작용하는 충격력을 F_{BA}라 하면 뉴턴 제3법칙

에 의해서

$$F_{AB} = -F_{BA}$$

가 된다. 즉 크기는 같고 방향은 반대이다. 그림 p.4-6에 표시한 것처럼 F_{AB}의 작용점은 B에 있고 F_{BA}의 작용점은 A에 있다.

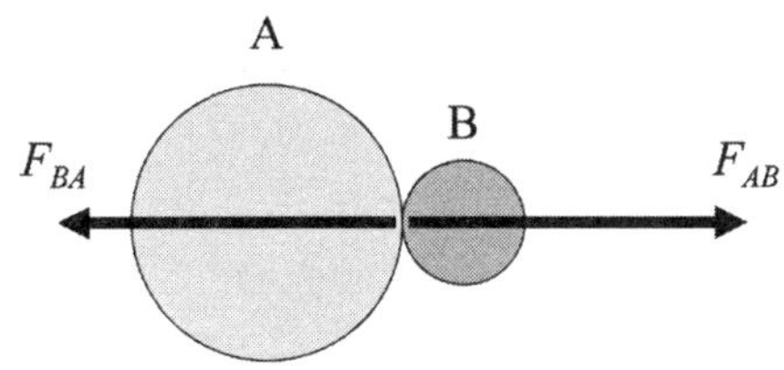

▸▸ 그림 p.4-6

4-7 충격량과 운동량 변화 사이의 관계를 설명하라. (단, 물체의 질량은 m이다.)

해설 힘 F가 Δt 동안 물체에 작용했을 때 **충격량** $I = F\Delta t$로 정의한다. 뉴턴 제 2법칙에서 $F = ma$이므로

$$I = F\Delta t = (ma)\Delta t = m(a\Delta t) \quad \cdots\cdots ①$$

가 된다. (힘 F가 일정하면) 등가속도 운동방정식 $v = v_0 + a\Delta t$에서

$$a\Delta t = v - v_0 \quad \cdots\cdots ②$$

이며, ②를 ①에 대입하면

$$I = mv - mv_0 = \Delta p \quad \therefore\ I = \Delta p \quad \cdots\cdots ③$$

즉, **충격량과 운동량 변화량은 같으며**, 운동량이 벡터양이므로 충격량 I도 벡터양이다.

4-8 충격력 F가 시간에 따라 변화해도, $I = \Delta p$가 성립함을 보여라.

풀이 그림 p.4-8과 같이 힘 F가 시간에 따라 변화할 때 t_0와 t 사이에서 곡선이 이루는 넓이를 I라 했을 때 적분을 써서 표현하면

$$I = \int_{t_0}^{t} F\,dt$$

이다. 뉴턴 제2법칙에 의해 $F = ma = m\dfrac{dv}{dt}$이므로

$$I = m\int_{t_0}^{t} \frac{dv}{dt}\,dt = m\int_{v_0}^{v} dv = mv - mv_0 = \Delta p$$

이다. 따라서 시간에 따라 변하는 힘 F가 물체에 작용할 때 $I = \Delta p$의 관계가 성립한다.

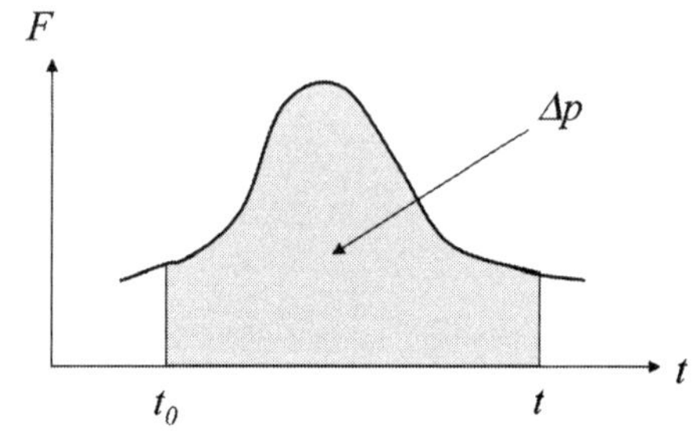

▸▸ 그림 p.4-8

4-9 그림 p.4-9와 같이 8초 동안 물체에 힘이 작용했다. 8초가 되었을 때 물체의 속도를 산출하라. (단, 물체의 질량 $m = 2$ kg이며 초속도는 0이다.)

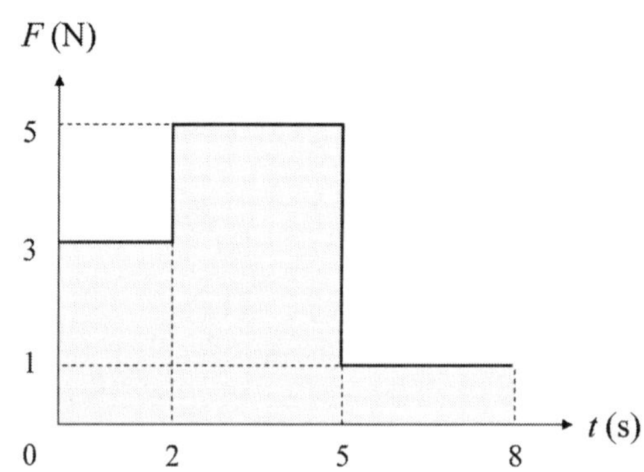

▸▸ 그림 p.4-9

풀이 8초 동안 물체에 가해진 충격량은 $(F-t)$ 그래프의 면적이므로

$$I=(3\times 2)+(5\times 3)+(1\times 3)=24\ (\mathrm{N\cdot s})$$

$\Delta p=I$에서 초기 운동량 $p_0=0$이므로 8초일 때 운동량 $p=24\ \mathrm{kg\cdot m/s}$이다. 따라서

$$v=\frac{p}{m}=\frac{24}{2}=12\ (\mathrm{m/s})$$

보충문제 등가속도 운동방정식을 이용해서 8초일 때 속력을 구하라.

답 0~2초일 때 $F_1=3\ \mathrm{N}$, $a_1=1.5\ \mathrm{m/s^2}$, $t_1=2\ \mathrm{s}$, 초속도는 0이므로

$$v_1=a_1t_1=1.5\times 2=3\ (\mathrm{m/s})$$

2~5초일 때 $F_2=5\ \mathrm{N}$, $a_2=2.5\ \mathrm{m/s^2}$, $t_2=3\ \mathrm{s}$, 초속도는 v_1이므로

$$v_2=v_1+a_2t_2=3+(2.5\times 3)=10.5\ (\mathrm{m/s})$$

5~8초일 때 $F_3=1\ \mathrm{N}$, $a_3=0.5\ \mathrm{m/s^2}$, $t_3=3\ \mathrm{s}$, 초속도는 v_2이므로

$t=8\ \mathrm{s}$일 때 속도 $v=v_2+a_3t_3=10.5+(0.5\times 3)=12\ (\mathrm{m/s})$

4-10 그림 p.4-10의 $(F-t)$ 그래프를 보고 물체의 운동 상태를 간략히 설명하라.

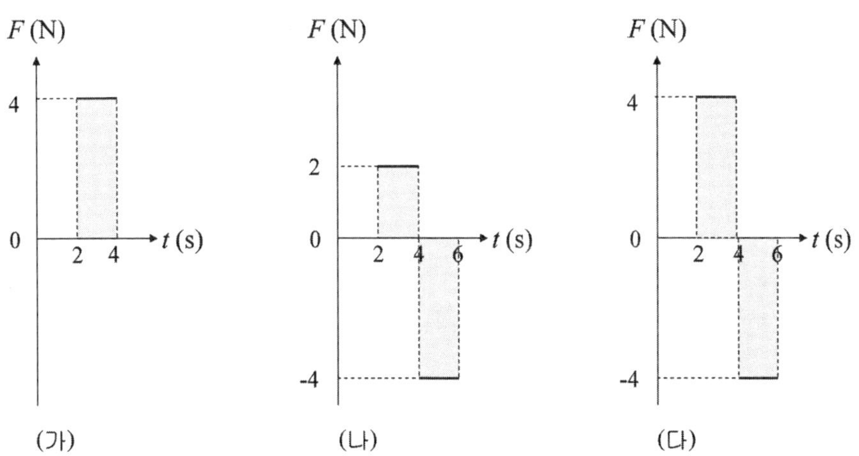

▸▸ 그림 p.4-10

풀이 $(F-t)$ 그래프 면적은 충격량(또는 운동량 변화)과 같다.

그래프 (가)에서 충격량은 $+8\ \mathrm{N\cdot s}$이며 이 힘을 받은 물체는 운동량이 증

가한다. 운동량 증가량은 물체의 종류나 질량과 관계없이 모두 8 kg · m/s 이다.

그래프 (나)에서는 충격량이 -4 N · s 이므로 이 힘을 받은 물체의 운동량은 감소한다. 초기 속력에 따라 운동 방향이 바뀌거나, 방향은 그대로 유지되지만 속력이 감소하는 운동도 가능하다.

그래프 (다)에서는 충격량이 0이므로 6초 후에 물체의 운동량은 변하지 않는다. 힘을 받기 시작한 처음 2초 동안은 운동량이 증가했으나, 반대의 힘이 작용한 2초 동안 운동량이 감소하여 처음 운동 상태로 되돌아간다.

4-11 그림 p.4-11과 같이 질량이 5 kg인 물체가 10 m/s 의 속력으로 벽에 부딪혔다. 벽과 물체가 충돌하는 시간은 4초이며, 물체에 작용하는 충격력의 크기는 20 N으로 일정하다고 가정하자. (1) 충격량과 (2) 물체가 되돌아갈 때의 속도 v를 구하라.

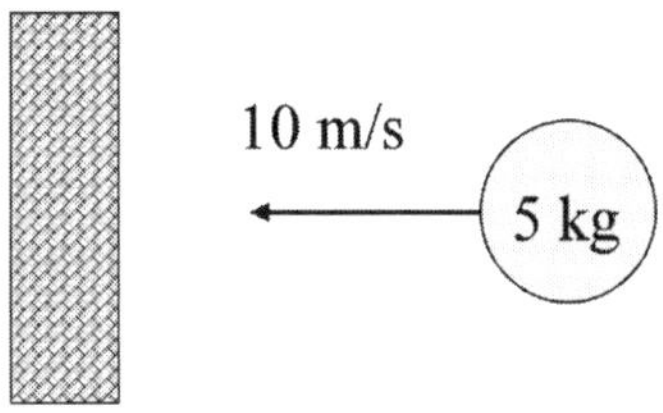

▸▸ **그림 p.4-11**

풀이 좌표축을 오른쪽 방향으로 설정하자.

(1) 작용–반작용 법칙에 의해 벽이 물체에 작용하는 충격력은 오른쪽 방향이다. 따라서 $I = F\Delta t = (+20) \times 4 = 80$ (N · s)

(2) $\Delta p = I$에서 $\Delta p = 5v - 5 \times (-10) = 80 \quad \therefore v = \dfrac{80-50}{5} = 6$ (m/s)

4-12 그림 p.4-12와 같이 질량이 5 kg인 물체가 10 m/s의 속력으로 벽에 부딪혔다. 벽과 물체가 충돌하는 시간은 4초이며, 물체에 작용하는 충격력의 크기는 20 N으로 일정하다고 가정하자. (1) 충격량과 (2) 되돌아갈 때의 속도 v를 구하라.

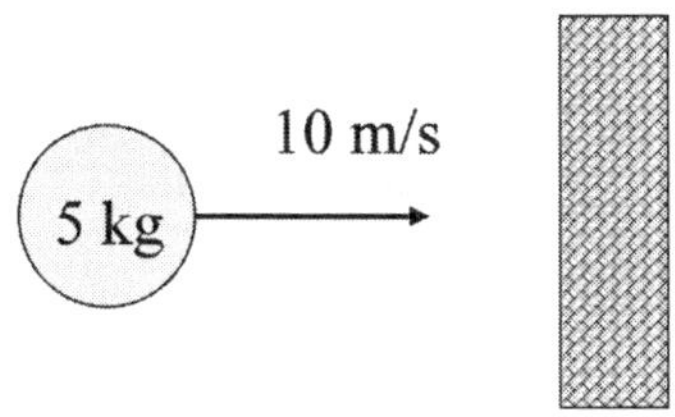

▸▸ 그림 p.4-12

풀이 좌표축을 오른쪽 방향으로 설정하자.

(1) 작용-반작용 법칙에 의해 벽이 물체에 작용하는 충격력은 왼쪽 방향이다. 따라서 $I = F\Delta t = (-20)\times 4 = -80$ (N · s)

(2) $\Delta p = I$에서 $\Delta p = 5v - 5\times 10 = -80$ $\therefore v = \dfrac{(-80)+50}{5} = -6$ (m/s)

4-13 야구 선수가 속력 v로 날아오는 공을 (a) 손을 앞으로 내밀며 받았을 때와 (b) 손을 뒤로 빼며 받았을 때, 손에 전달되는 충격량과 최대 충격력을 비교하라.

풀이 두 경우 모두 최종적으로 공이 정지했으므로 $\Delta p = -v$로 같으며, $I = \Delta p$이므로 충격량도 서로 같다. 이를 그림 p.4-13의 ($F-t$) 그래프에 대략적으로 표현했다. 충격량이 같으므로 곡선 (a)와 (b)가 이루는 넓이는 같다. 충돌 시간은 (a)가 (b)보다 짧으므로 (a)의 최대 충격력이 (b)의 최대 충격력보다 크다.

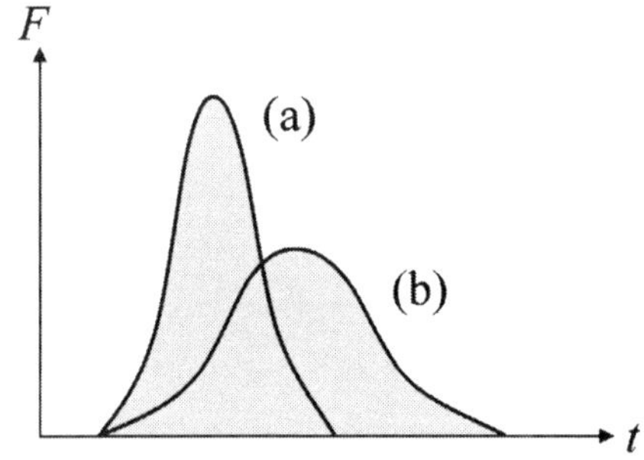

▸▸ 그림 p.4-13

> **4-14** 그림 p.4-14와 같이 총신 길이 $L = 50\ \text{cm}$인 총에서 총알이 $v = 800\ \text{m/s}$의 속력으로 발사되었다. 총알이 총신을 지나가는 동안에 속력이 일정하게 증가했다고 가정하고 사람이 느끼는 충격량과 평균 충격력 크기를 계산하라. (단, 총알의 질량 $m = 10\ g$이다.)

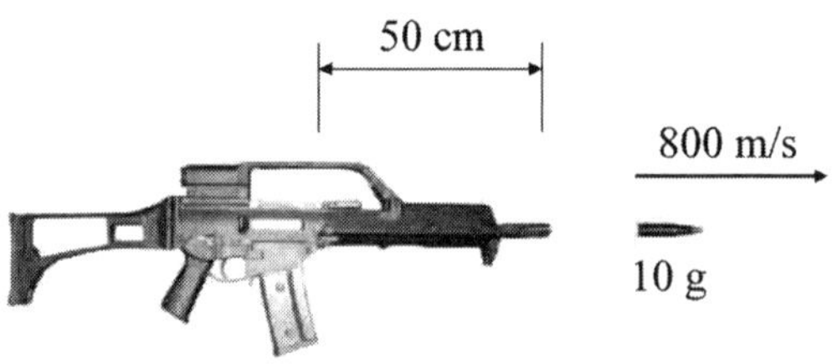

▸▸ 그림 p.4-14

풀이 등가속도 운동방정식 $2as = v^2 - v_0^2$에서 $s = L$, $v_0 = 0$이므로 가속도 $a = \dfrac{v^2}{2L}$이다. 총알이 총신을 통과한 시간은 $v = v_0 + at$에서 $v_0 = 0$이므로

$$t = \frac{v}{a} = \frac{2L}{v} = \frac{2 \times 0.5}{800} = \frac{1}{800}\ (\text{s})$$

$I = Ft = \Delta p$에서 $m = 10\ \text{g}$, $mv_0 = 0$이므로

$$(\text{충격량})\ I = mv = 0.01 \times 800 = 8\ (\text{N}\cdot\text{s})$$

$$(\text{평균 충격력})\ \overline{F} = \frac{I}{t} = \frac{8}{(1/800)} = 6400\ (\text{N})$$

보충문제 위 충격력은 질량이 60 kg인 사람 몇 명의 무게에 해당하나?

답 중력가속도가 9.8 m/s^2이면, 약 11명

보충문제 총의 질량이 2 kg이면 발사되는 순간 총이 밀리는 속력은 얼마인가?

답 4 m/s

4-15 그림 p.4–15와 같이 질량 5 kg인 쇠공이 높이 $h_1 = 3.2$ m에서 자유낙하를 했다. 바닥과 수직으로 충돌한 후 $h_2 = 1.8$ m까지 튀어 올랐다. 쇠공의 충격량은 얼마인가? (단, 중력가속도는 10 m/s^2이다.)

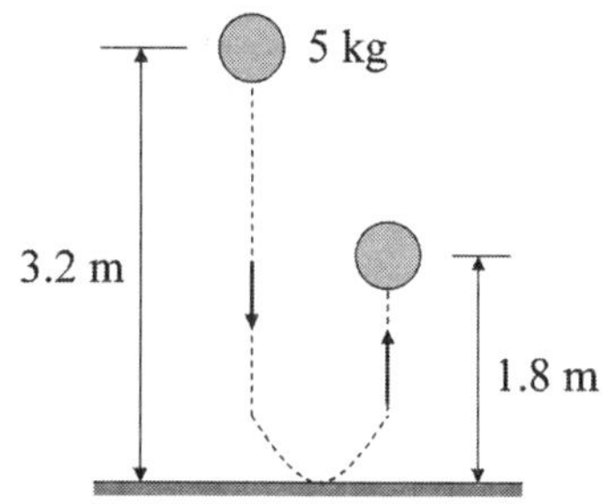

▸▸ 그림 p.4–15

풀이 좌표축을 연직 상방으로 설정하자. 쇠공이 바닥에 내려왔을 때, 자유낙하 운동방정식 $2gh_1 = v^2 - v_0^2$에서 $h_1 = 3.2$ m, $v_0 = 0$이며 $v = v_1$이라 하면

$$v_1 = \sqrt{2gh_1} = \sqrt{2 \times 10 \times 3.2} = \pm 8 \text{ (m/s)}$$

그런데 쇠공의 운동 방향이 아래쪽이므로 $v_1 = -8$ m/s이다. 바닥에서 튀어 오를 때의 속력을 v_2라 하면, $h_2 = 1.8$ m/s이므로

$$v_2 = \sqrt{2gh_2} = \sqrt{2 \times 10 \times 1.8} = \pm 6 \text{ (m/s)}$$

운동 방향이 위쪽이므로 $v_2 = 6$ m/s이다. 따라서 충격량 I는

$$I = \Delta p = mv_2 - mv_1 = (5 \times 6) - \{5 \times (-8)\} = 70 \text{ (N} \cdot \text{s)}$$

보충문제 바닥에서 튀어 처음 높이까지 올라갔다면 충격량은 얼마인가?

답 80 N · s

4-16 그림 p.4-16과 같이 일정한 속력 v로 움직이는 모래 운반용 벨트가 있다. 이 벨트의 질량은 M이며, 이 벨트 위로 $\Delta m/\Delta t$의 시간율로 모래가 쏟아지고 있다. 벨트의 속력을 유지하기 위한 최소한의 힘은 얼마인가? 매 초당 2 kg의 모래가 쏟아지고 벨트의 속력이 1.5 m/s일 때 힘의 크기를 계산하라. (단, 장치의 모든 마찰은 무시한다.)

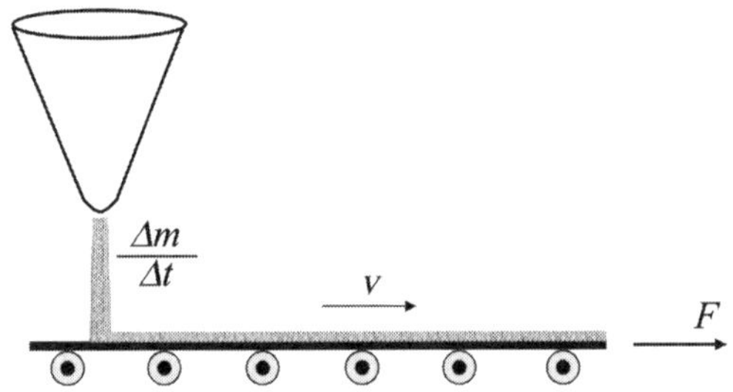

▸▸ 그림 p.4-16

풀이 벨트 위에 있는 모래 질량은 m, 벨트 질량은 M이라면 이 시스템의 운동량과 그 변화량은

$$p=(m+M)v,\ \ \Delta p=(m+M)\Delta v+v\Delta m+v\Delta M$$

따라서 벨트에 가해지는 충격력은

$$F=\frac{\Delta p}{\Delta t}=(m+M)\frac{\Delta v}{\Delta t}+v\frac{\Delta m}{\Delta t}+v\frac{\Delta M}{\Delta t}$$

벨트의 속력과 질량이 일정하므로 $\frac{\Delta v}{\Delta t}=0$, $\frac{\Delta M}{\Delta t}=0$이다. 따라서

$$F=\left(\frac{\Delta m}{\Delta t}\right)v$$

매 초당 2 kg의 모래가 쏟아지고 벨트의 속력이 1.5 m/s라면 벨트의 속력을 유지하기 위해

$$F=2\times 1.5=3\ (\mathrm{N})$$

의 힘이 요구된다.

4-17 그림 p.4-17과 같이 수평으로 2 m/s의 등속으로 움직이는 컨베이어 벨트 위로 1초에 2개의 제품이 떨어진다. 제품의 질량이 3 kg일 때 벨트의 움직임을 유지하기 위한 최소한의 힘은 얼마인가? (단, 장치의 모든 마찰은 무시한다.)

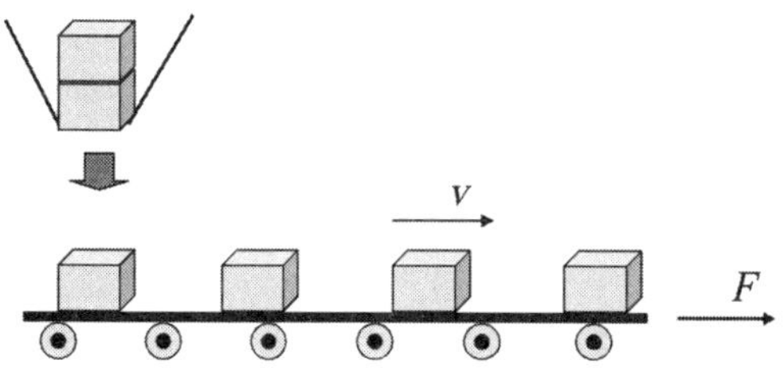

▸▸ 그림 p.4-17

풀이 제품이 벨트에 떨어지는 순간 수평 방향 속력은 0이다. 그러나 제품이 컨베이어 벨트에 떨어지고 나서 제품의 수평 방향 속력은 컨베이어 속력과 같게 된다. 제품 사이의 낙하 시간 간격을 Δt, 제품의 질량을 m, 컨베이어 벨트 속도를 v라 하자. 떨어지고 있는 제품의 수평 방향 초속도 $v_0 = 0$이므로 수평 방향의 운동량 변화는 $\Delta p = mv - mv_0 = mv$이다. $\Delta t = 0.5$초 동안 컨베이어 벨트가 제품에 작용하는 힘을 F라면 $F\Delta t = \Delta p = mv$이므로

$$F = \frac{mv}{\Delta t} = \frac{3\times 2}{0.5} = 12\ (\text{N})$$

보충문제 마찰이 없는 긴 통로가 있다. 제품이 떨어질 때마다 사람이 통로를 향해 손으로 제품을 밀어 이송하고 있다. 제품 질량과 속력 그리고 떨어지는 빈도는 위 문제에서 제시한 값과 동일하다. 제품들을 원활하게 이송하기 위해서 사람이 제품에 가해야 할 힘을 구하라.

답 0.5초 이내에 제품을 밀어 2 m/s의 속력에 이르게 해야 하므로 제품의 가속도는 $a = \frac{2}{0.5} = 4\ \text{m/s}^2$이 된다. 제품 질량이 3 kg이므로, 이 가속도를 유발시키기 위해서 $F = ma = 12$ N의 힘을 제품 1개당 0.5초 동안 가해야 한다.

4. 운동량 보존 법칙

4-18 (운동량 보존 법칙) 외력 F가 작용하지 않으면, 물체의 운동량이 보존됨을 보여라.

풀이 일정한 외력 F가 Δt 동안 작용하면 $\Delta p = F\Delta t$이다. 만약 $F = 0$이면

$$\Delta p = p - p_0 = 0 \quad \therefore\ p = p_0$$

즉, 외력이 0이면 물체의 운동량은 보존된다.

보충문제 뉴턴 제2법칙으로 위 문제를 풀어라.

답 외력 F가 물체에 작용한다면 뉴턴 제2법칙에서

$$F = ma = m\frac{\Delta v}{\Delta t} = \frac{\Delta(mv)}{\Delta t} = \frac{\Delta p}{\Delta t}$$

가 된다. 위 식에서 $F=0$이면

$$\Delta p = p - p_0 = 0 \quad \therefore\ p = p_0$$

즉, 외력이 0이면 물체의 운동량은 보존된다.

보충문제 두 개의 물체 A와 B가 있는 물체계가 있다. 외력이 작용하지 않는 상태에서 A와 B가 서로 충돌하여 각 물체의 속도가 변하더라도 물체계의 총 운동량은 보존됨을 보여라.

답 충돌할 때 서로 작용하는 힘은 (작용–반작용 법칙에 의해) 크기는 같고 방향은 반대다. 접촉 시간이 같으므로 상대 물체에 가하는 충격량의 크기는 같고 방향은 반대다. 따라서 각 물체의 운동량 변화 Δp의 크기는 같고 방향은 반대이므로 $\Delta p_A + \Delta p_B = 0$이 된다. 즉, 충돌 후에 각 물체의 운동량은 변하지만, 총 운동량은 변하지 않는다.

4-19 그림 p.4-19와 같이 사람이 20 m/s의 속력으로 달려와 정지해 있는 배에 뛰어올라 탔다. 배는 얼마의 속력으로 움직이겠는가? (단, 사람의 질량은 50 kg, 배의 질량은 150 kg이며, 배에 대한 물의 저항은 무시한다.)

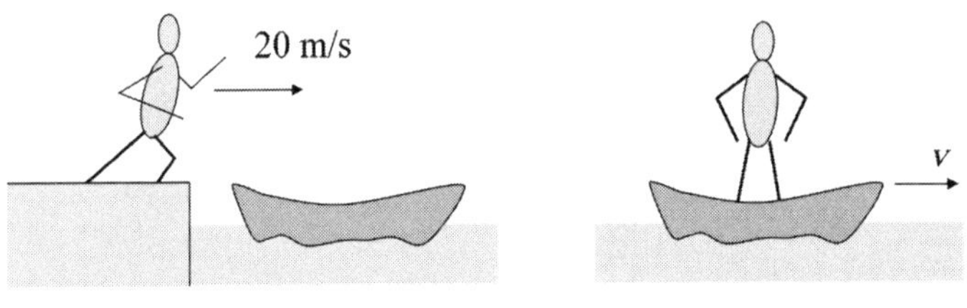

▸▸ **그림 p.4-19**

풀이 어떤 외력도 수평 방향으로 작용하지 않았으므로, 사람이 배에 올라타기 전과 후의 운동량 p_A와 p_B가 서로 같다. 즉

$$p_A = p_B \Rightarrow 50 \times 20 = (50 + 150) \times v \quad \therefore\ v = 5\ \text{m/s}$$

이다.

4-20 빙판 위에 긴 막대가 있다. 그림 p.4-20과 같이 막대 위에서 사람이 오른쪽으로 걷고 있다. 지상에서 관측한 사람의 속력 $v' = 5\ \mathrm{m/s}$ 이었다. 사람의 질량 $m = 50\ \mathrm{kg}$, 막대의 질량 $M = 25\ \mathrm{kg}$일 때 지상에서 본 막대의 속도 v를 구하라. (단, 막대와 빙판 사이에 마찰은 없으며 최초에 사람과 막대는 각각 정지해 있었다.)

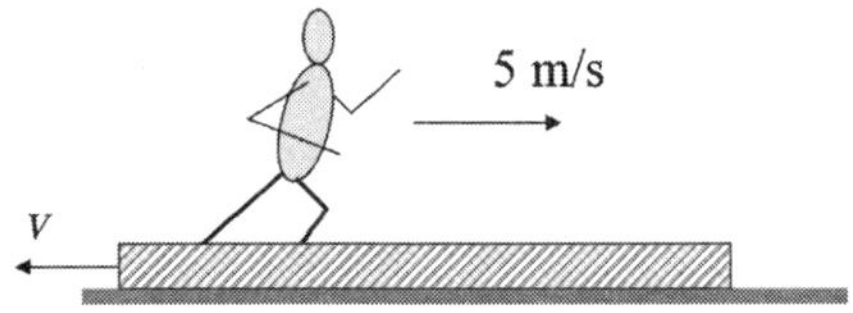

▸▸ 그림 p.4-20

풀이 사람이 막대 위를 걷는 동안 사람의 운동량을 $p_{사람}$, 막대의 운동량을 $p_{막대}$라 하면 최초의 총 운동량은 0이므로

$$p_{사람} + p_{막대} = mv' + Mv = 0 \Rightarrow 50 \times 5 + 25 \times v = 0$$

$$\therefore\ v = -10\ (\mathrm{m/s})$$

보충문제 막대에서 관측한 사람의 상대속도 $v_{막대,사람}$는 얼마인가?

답 $v_{막대,사람} = 15\ \mathrm{m/s}$

4-21 그림 p.4-21과 같이 빙판 위에 긴 막대가 있다. 이 막대 위에서 사람이 오른쪽으로 걷고 있는 데, 사람이 관측한 막대의 속력 $v_0 = 7\ \mathrm{m/s}$ 이었다. 사람의 질량 $m = 50\ \mathrm{kg}$, 막대의 질량 $M = 20\ \mathrm{kg}$일 때 지상에서 본 사람과 막대의 속도를 각각 구하라. (단, 막대와 빙판 사이에 마찰은 없으며 최초에 사람과 막대는 각각 정지해 있었다.)

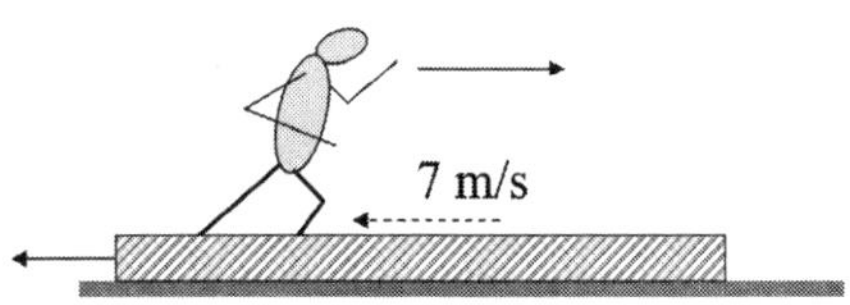

▸▸ 그림 p.4-21

풀이 먼저 지면에서 본 막대의 속도를 구한다. 상대 속도

$$v_{\text{막대}} = v_{\text{사람}} + v_{\text{사람, 막대}}$$

에서 사람이 관측한 막대의 속력은 v_0이며 방향은 사람과 반대이므로

$$v_{\text{막대}} = v_{\text{사람}} + (-v_0) \quad \cdots\cdots ①$$

총 운동량 보존 법칙에 의해 (처음 총 운동량은 0)

$$0 = p_{\text{사람}} + p_{\text{막대}} = mv_{\text{사람}} + M(v_{\text{사람}} - v_0)$$

$$= (m+M)v_{\text{사람}} - Mv_0 \quad \therefore\ v_{\text{사람}} = \frac{Mv_0}{m+M} \quad \cdots\cdots ②$$

②를 ①에 대입하면

$$v_{\text{막대}} = -\frac{mv_0}{m+M} \quad \cdots\cdots ③$$

$v_0 = 7\ \text{m/s}$, $m = 50\ \text{kg}$, $M = 20\ \text{kg}$을 ②와 ③에 대입하면

$$v_{\text{사람}} = \frac{20\times 7}{50+20} = 2\ (\text{m/s}),\ v_{\text{막대}} = -\frac{50\times 7}{50+20} = -5\ (\text{m/s})$$

보충문제 사람이 탄 막대가 처음에 오른쪽으로 2 m/s의 속력으로 움직이고 있었다면, 사람과 막대의 속도는 각각 얼마인가? (단, 처음 상태를 제외한 나머지 조건은 위 문제와 동일하다.)

답 $v_{\text{사람}} = 4\ \text{m/s}$, $v_{\text{막대}} = -3\ \text{m/s}$

4-22 그림 p.4-22와 같이 빙판 위에 질량 M, 길이 L인 긴 막대가 놓여 있다. 질량 m인 사람이 막대 위에서 일정한 속력으로 뛰어갔다. 막대 한쪽에서 반대쪽에 도달하는 데 t초 걸렸다. $m = 60\ \text{kg}$, $M = 20\ \text{kg}$, $L = 50\ \text{m}$, $t = 10$초일 때 사람과 막대의 속도를 구하라. (단, 막대와 빙판 사이에 마찰은 없으며 사람은 처음에 정지해 있었다.)

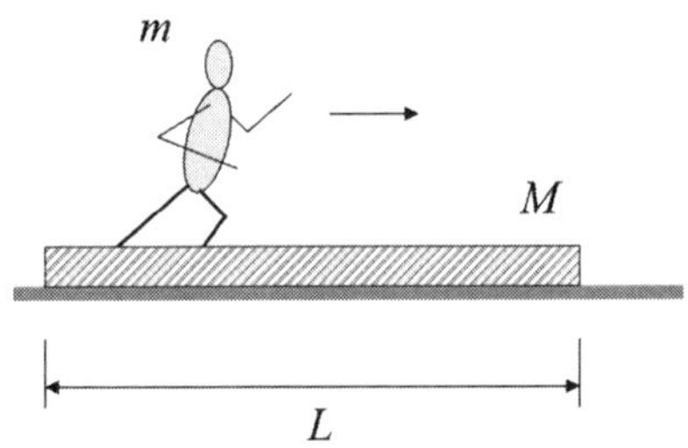

▸▸ 그림 p.4-22

풀이 지면을 기준으로 사람의 속도를 v, 막대의 속도를 V라 하면 처음에는 정지해 있었으므로 총 운동량 보존 법칙에 의해 $mv+MV=0$이다. 따라서

$$v=-\frac{M}{m}V \cdots\cdots ①$$

막대를 기준으로 사람의 상대 속도는

$$v_{막대,사람}=v_{사람}-v_{막대}=v-V \cdots\cdots ②$$

이므로 막대 끝에 도달한 시간은

$$t=\frac{L}{v_{막대,사람}}=\frac{L}{v-V} \quad \therefore\ v=\frac{L}{t}+V \cdots\cdots ③$$

①과 ③에서 막대의 속도는

$$V=-\left(\frac{m}{M+m}\right)\cdot\frac{L}{t} \cdots\cdots ④$$

④를 ①에 대입하면 사람의 속도는

$$v=\left(\frac{M}{M+m}\right)\cdot\frac{L}{t} \cdots\cdots ⑤$$

$m=60$ kg, $M=20$ kg, $L=50$ m, $t=10$초를 ④와 ⑤에 대입하여 정리하면

(막대 속도) $V=-3.75$ (m/s)

(사람 속도) $v=1.25$ (m/s)

보충문제 막대에서 관측한 사람의 속도는 얼마인가?

답 $v_{막대,사람}=5$ m/s

4-23 그림 p.4-23(a)와 같이 물의 흐름이 없는 호수에 배가 떠 있다. 사람이 배의 한쪽에서 반대쪽까지 t초 동안 걸어갔다. 배의 길이 $L=20$ m, 질량 $M=200$ kg이다. 사람의 질량 $m=50$ kg일 때 배가 움직인 거리 s는 얼마인가? (단, 물의 저항은 없다고 가정하라.)

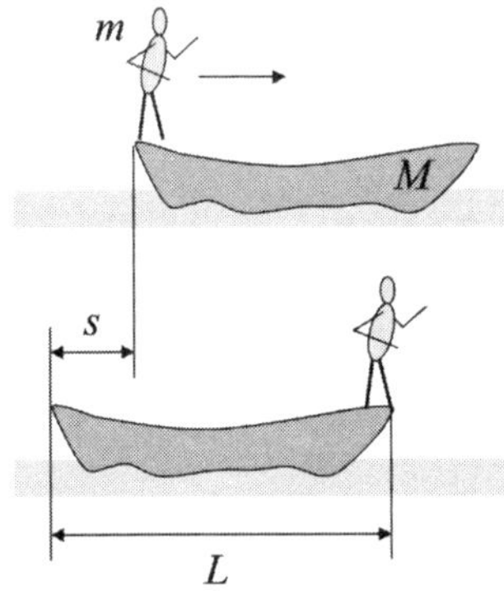

▸▸ 그림 p.4-23(a)

풀이 배의 길이를 L이라 하자. 사람과 배에 작용하는 수평 방향 외력이 없으므로 사람과 배로 구성된 물체계의 총 운동량은 보존된다. 사람이 정지해 있을 때 총 운동량은 0이므로, 사람이 배위를 걸어간다 해도 총 운동량은 0이어야 한다. 즉 $p_{사람}+p_{배}=0$이다. 사람이 배의 반대쪽에 도달하는 t초 동안, 배가 s만큼 이동했다면 사람은 $(L-s)$만큼 이동한다. 단, 배와 사람이 이동한 방향은 서로 반대다. 따라서

$$p_{사람}=mv_{사람}=m\left(\frac{L-s}{t}\right),\ \ p_{배}=Mv_{배}=M\left(\frac{-s}{t}\right)$$

총 운동량 보존 법칙에 의해

$$p_{사람}+p_{배}=m\left(\frac{L-s}{t}\right)+M\left(\frac{-s}{t}\right)=0$$

$$\therefore\ s=\frac{mL}{m+M}=\frac{50\times 20}{50+200}=4\ (\mathrm{m})$$

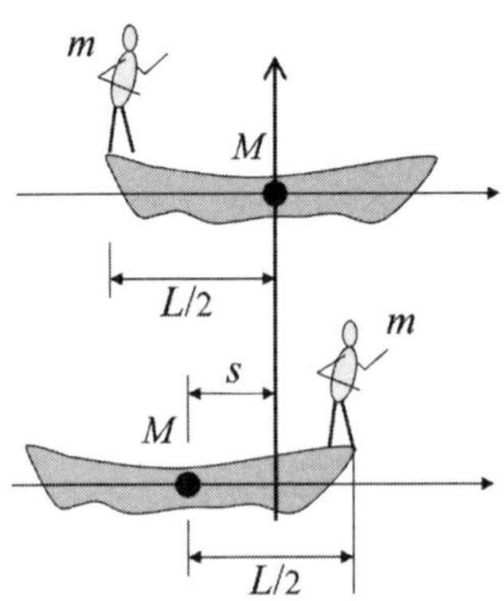

▸▸ 그림 p.4-23(b)

보충문제 질량중심의 운동량 보존 법칙을 이용해서 위 문제를 풀어라.

답 물체계에 외력이 작용하지 않으면 질량중심의 운동량이 보존된다. 최초의 총 운동량이 0이므로 사람이 배 위에서 걷는 동안 질량중심의 위치가 변하지 말아야 한다. 그림 p.4-23과 같이 좌표계 원점을 배의 질량중심에 두기로 하자. 그러면 사람을 포함한 최초의 질량중심 위치는 다음과 같다.

$$x_1 = m \cdot \frac{(-L)}{2} + M \cdot 0$$

또한 사람이 배의 반대쪽에 도달했을 때의 질량중심을 x_2라 하면

$$x_2 = m \cdot \left(\frac{L}{2} - s\right) + M \cdot (-s)$$

그런데 $x_1 = x_2$이므로

$$-\frac{mL}{2} = \frac{mL}{2} - (m+M)s \quad \therefore\ s = \frac{mL}{m+M} = \frac{50 \times 20}{50+200} = 4\ (\text{m})$$

보충문제 지상에서 본 사람의 속도 $v_{사람}$과 배의 속도 $v_{배}$, 그리고 배에서 본 사람의 속도 $v_{배,사람}$은 얼마인가? (단, 사람이 이동한 방향을 좌표축 방향으로 설정하라.)

답 $v_{사람} = \frac{L-s}{t}$, $v_{배} = -\frac{s}{t}$, $v_{배,사람} = \frac{L}{t}$

4-24 그림 p.4-24처럼 두 물체가 마찰이 없는 실험대에 놓여있다. A와 B 사이에 있는 용수철을 압축했다가 놓았더니, 용수철에서 분리된 직후에 A와 B가 같은 시간에 도달한 거리는 x_A, x_B이었다. (1) 두 물체의 질량 비 $\frac{m_B}{m_A}$와 (2) 운동에너지 비 $\frac{KE_B}{KE_A}$를 구하고, (3) $x_A = 1.6\ \text{m}$, $x_B = 3.2\ \text{m}$인 경우에 (1)과 (2)의 값을 계산하라.

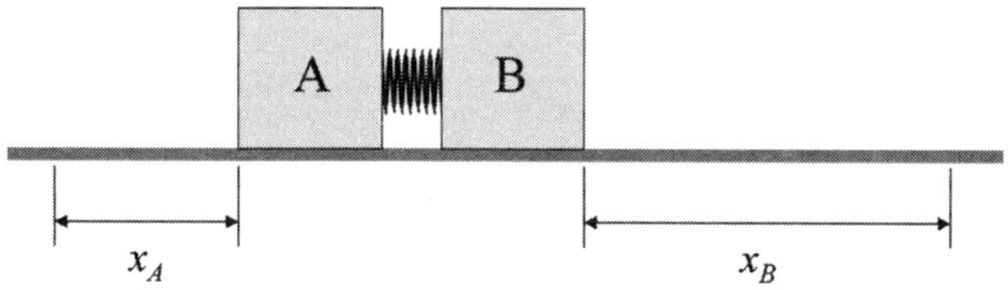

▸▸ 그림 p.4-24

풀이 (1) 운동량 보존 법칙에 의해

$$m_A(-v_A)+m_Bv_B=0 \quad \therefore \ \frac{v_B}{v_A}=\frac{m_A}{m_B} \quad \cdots\cdots ①$$

$$m_A\left(-\frac{x_A}{t}\right)+m_B\left(\frac{x_B}{t}\right)=0 \quad \therefore \ \frac{m_B}{m_A}=\frac{x_A}{x_B} \quad \cdots\cdots ②$$

(2) 운동에너지 비는 ①과 ②에 의해서

$$\frac{KE_B}{KE_A}=\frac{\frac{1}{2}m_Bv_B^2}{\frac{1}{2}m_Av_A^2}=\left(\frac{m_B}{m_A}\right)\left(\frac{v_B^2}{v_A^2}\right)=\frac{m_A}{m_B}=\frac{x_B}{x_A} \quad \cdots\cdots ③$$

(3) $x_A=1.6\ \text{m}$, $x_B=3.2\ \text{m}$이면 ②와 ③에서

$$\frac{m_B}{m_A}=\frac{x_A}{x_B}=\frac{1.6}{3.2}=\frac{1}{2}, \quad \frac{KE_B}{KE_A}=\frac{x_B}{x_A}=\frac{3.2}{1.6}=2$$

정 리

- 운동량 절대값 : A와 B가 같음
- 질량이 큰 것 : A (즉, 조금 간 것)
- 운동에너지가 큰 것 : B (즉, 멀리 간 것 또는 질량이 작은 것)

보충문제 운동에너지 비 $\frac{KE_B}{KE_A}$를 속력으로 나타내라.

답 $\frac{KE_B}{KE_A}=\frac{v_B}{v_A}$

4-25 로켓의 추진력에 대해 설명하라.

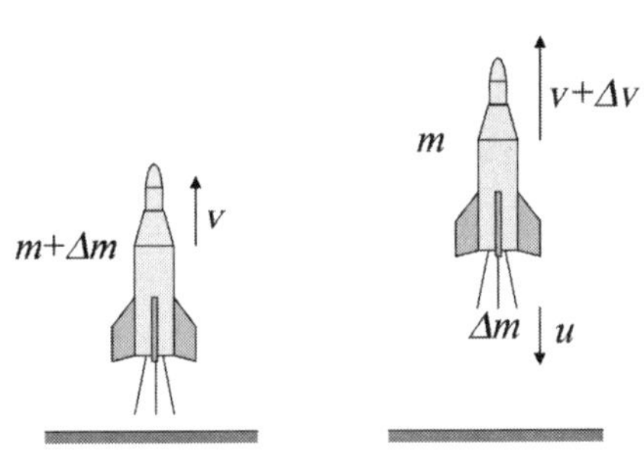

▸▸ 그림 p.4-25

해설 무중력 우주 공간에서 로켓을 발사했다고 가정하자. 로켓이 날아가고 있는 어떤 시간에 연료를 포함한 로켓의 질량이 $m+\Delta m$이고 속력은 v이었다. 짧은 시간 Δt 동안에 로켓에 대해 u의 속력으로 Δm의 연료가 분사되면서 로켓의 질량은 m, 속력은 $v+\Delta v$로 변했다. 로켓 속력이 v인 순간에 연료가 분사되었으므로, 정지계를 기준으로 연료 분출 속력은 $v-u$가 된다. 총 운동량 보존 법칙에 의해

$$(m+\Delta m)v = m(v+\Delta v)+\Delta m(v-u)$$

$$\therefore\ m\Delta v = u\Delta m$$

양변을 Δt로 나누면

$$m\left(\frac{\Delta v}{\Delta t}\right)=u\left(\frac{\Delta m}{\Delta t}\right)$$

왼쪽 항(질량×가속도)은 로켓의 **추진력**이며, 오른쪽 항에서 $(\Delta m/\Delta t)$는 **연료 소모율**이다. 연료의 분사 속력 u가 빠를수록, 연료의 소모율이 클수록 로켓의 추진력이 증가한다. 연료가 일정하게 소진되면서 로켓의 전체 질량이 감소하므로 연료가 완전히 소진될 때까지 로켓의 가속도는 계속 증가한다. 로켓이 처음 개발될 당시에는 분사된 연료가 공기를 밀어야 로켓이 앞으로 나갈 수 있다고 생각한 사람들이 있었다고 한다. 그들의 생각이 맞는다면, 공기가 없는 대기권 밖에서 로켓을 운송 수단으로 사용할 수 없을 것이다.

보충문제 지표면에서 로켓이 상승하는 순간에 로켓의 가속도는 얼마인가? 중력가속도는 g이다.

답 $a=\frac{\Delta v}{\Delta t}=\frac{u}{m}\left(\frac{\Delta m}{\Delta t}\right)-g$

5. 충 돌

4-26 외력이 작용하지 않을 때, 충돌 후 두 물체의 총 운동량은 변하지 않음을 증명하라.

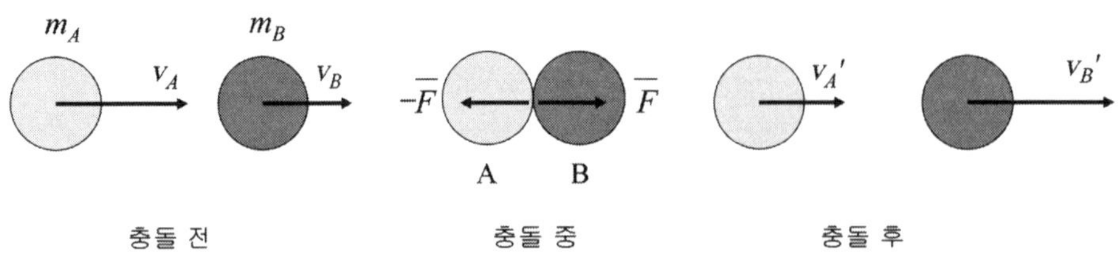

▸▸ **그림 p.4-26**

풀이 질량 m_A, 속도 v_A인 물체 A와 질량 m_B, 속도 v_B인 물체 B가 충돌 한 후에 A는 v_A', B는 v_B'이 되었다. 충돌 지속 시간 Δt 동안 A가 B에 가한 평균 힘이 $\overline{F}$였다면, B가 A에 가한 평균 힘은 $-\overline{F}$가 된다. 운동량 변화량과 충격량 관계인 $\Delta p = I$에서

$$(\text{물체 A})\ m_A v_A' - m_A v_A = -\overline{F}\Delta t$$

$$(\text{물체 B})\ m_B v_B' - m_B v_B = \overline{F}\Delta t$$

위 두 식을 더하면

$$(m_A v_A' - m_A v_A) + (m_B v_B' - m_B v_B) = 0$$

$$\therefore\ m_A v_A + m_B v_B = m_A v_A' + m_B v_B'$$

따라서 충돌 전과 후에 총 운동량은 변하지 않는다.

4-27 반발계수는 무엇인가?

해설 **반발계수** e는 충돌 후의 상대속도가 충돌 전의 상대속도와 비교해서 감소하는 정도를 나타내는 양이다. 반발계수를 **충돌계수**라고도 한다. 두 물체의 충돌 전 속도를 v_1과 v_2, 충돌 후 속도를 v_1'과 v_2'라 하면 반발계수는 다음과 같이 정의한다.

$$e = -\frac{(v_1' - v_2')}{(v_1 - v_2)}$$

반발계수에 따라 충돌은 다음 3가지로 구분한다.

(1) **완전 탄성 충돌**

① $e = 1$

② 충돌 전후에 운동량, 운동에너지 보존됨

(2) **비탄성 충돌**

① $0 < e < 1$

② 충돌 전후에 운동량은 보존되나, 운동에너지는 보존되지 않음

(3) **완전 비탄성 충돌**

① $e = 0$

② 충돌 전후에 운동량은 보존되나, 운동에너지는 보존되지 않음

③ 운동에너지 손실율이 가장 큼

4-28 그림 p.4-28과 같이 질량이 같은 물체 A와 B가 마찰이 없는 수평면에 놓여 있다. 충돌 전에 A의 속도는 $2v$, B의 속도는 v이었다. 반발계수가 0.6일 때 충돌 후 각 물체의 속도를 구하라.

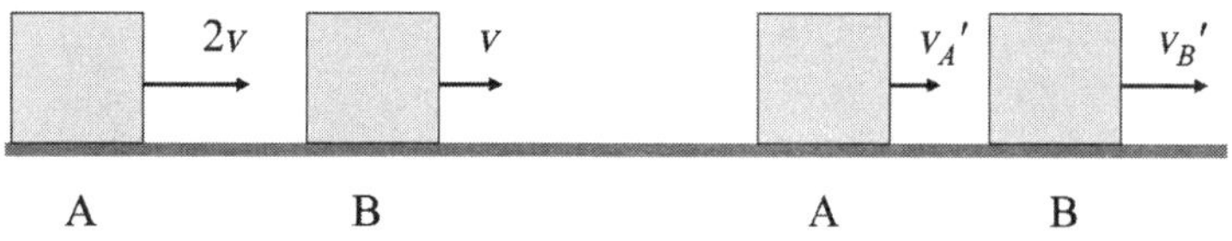

▸▸ **그림 p.4-28**

풀이 반발계수의 정의에 의해

$$e = -\frac{(v_A' - v_B')}{(v_A - v_B)} = -\frac{(v_A' - v_B')}{2v - v} = 0.6 \Rightarrow v_B' - v_A' = 0.6v \quad ①$$

물체의 질량이 m이면 총 운동량 보존 법칙에 의해

$$2mv + mv = mv_A' + mv_B' \Rightarrow v_A' + v_B' = 3v \quad \cdots\cdots ②$$

①과 ②에서

$v_A' = 1.2v$, $v_B' = 1.8v$

충돌 직후에 두 물체는 각각 오른쪽으로 움직인다.

보충문제 반발계수가 1일 때 충돌 후 물체의 속도를 각각 구하라.

답 $v_A' = v$, $v_B' = 2v$

4-29 그림 p.4-29와 같이 물체 A가 속도 $3v$로 다가와 정지하고 있던 물체 B와 충돌했다. 충돌 후 B의 속도는 $2v$가 되었다. (1) 충돌 후 A의 속도 v_A를 구하고 (2) 충돌 전과 후의 총 운동에너지를 비교하고 충돌의 종류를 기술하라. 또한 (3) 반발계수를 계산하라. (단, 두 물체의 질량은 각각 m이다.)

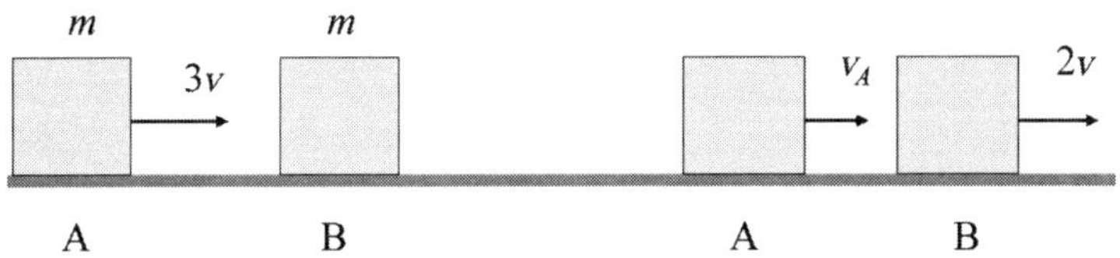

▸▸ **그림 p.4-29**

풀이 (1) 총 운동량 보존 법칙을 적용하면 $3mv + 0 = mv_A + 2mv \Rightarrow v_A = v$

(2) 충돌 전 총 운동에너지 $KE_i = \frac{1}{2}m(3v)^2 = \frac{9}{2}mv^2$ ············ ①

충돌 후 총 운동에너지 $KE_f = \frac{1}{2}mv^2 + \frac{1}{2}m(2v)^2 = \frac{5}{2}mv^2$ ············ ②

①과 ②를 비교하면 $\frac{KE_f}{KE_i} = \frac{\frac{5}{2}mv^2}{\frac{9}{2}mv^2} = \frac{5}{9} < 1$

충돌 후에 총 운동에너지가 보존되지 않으므로 비탄성 충돌이다.

(3) 반발계수 $e = -\frac{2v - v}{0 - 3v} = \frac{1}{3}$ ⇒ 비탄성 충돌

보충문제 완전 탄성 충돌이었다면, 충돌 후 물체 A와 B의 속도를 구하라.

답 완전 탄성 충돌이면, 총 운동량과 총 운동에너지가 보존되므로

(총 운동량 보존) $m(3v) + 0 = mv_A + mv_B \Rightarrow v_B = 3v - v_A$ ············ ①

(총 운동에너지 보존) $\frac{1}{2}m(3v)^2+0=\frac{1}{2}mv_A^2+\frac{1}{2}mv_B^2$

$v_A^2=9v^2-v_B^2$ ··· ②

①을 ②에 대입하면 $v_A^2=9v^2-(3v-v_A)^2 \Rightarrow v_A(v_A-3v)=0$

$\therefore \begin{cases} v_A=3v & \Rightarrow \text{충돌이 발생하지 않은 경우이므로 제외} \\ v_A=0 \end{cases}$

$v_A=0$을 ①에 대입하면 최종 결과는 다음과 같다.

$\begin{cases} v_A=0 \\ v_B=3v \end{cases}$

보충문제 위 문제에서 물체 B를 질량 M인 다른 물체로 교체하면, 완전 탄성 충돌 후 A가 본 B의 속도 $v_{A,B}$는 얼마인가?

답 $v_{A,B}=3v$ [Hint] 반발계수 활용

4-30 그림 p.4-30과 같이 질량 M인 물체 A가 정지하고 있던 질량 m인 물체 B와 충돌하여 하나로 뭉쳤다. 충돌 전 A의 속도는 v이었다. (1) 충돌 후 두 물체의 속도 V와 (2) 충돌 전과 후의 총 운동에너지를 비교하라. 끝으로 (3) 반발계수를 계산하라.

▸▸ 그림 p.4-30

풀이 (1) 총 운동량 보존 법칙에 의해 속도 V는 다음과 같다.

$$Mv+0=(M+m)V \quad \therefore \quad V=\frac{Mv}{M+m}$$

(2) 충돌 전 총 운동에너지 $KE_i=\frac{1}{2}Mv^2$ ································· ①

충돌 후 총 운동에너지 $KE_f=\frac{1}{2}(M+m)\left(\frac{Mv}{M+m}\right)^2=\frac{M^2v^2}{2(M+m)}$ ··· ②

①과 ②를 비교하면 $\dfrac{KE_f}{KE_i} = \dfrac{\dfrac{M^2v^2}{2(M+m)}}{\dfrac{Mv^2}{2}} = \dfrac{M}{M+m} < 1$

따라서 충돌 후 총 운동에너지가 감소한다.

(3) 반발계수 $e = -\dfrac{V-V}{0-v} = 0 \Rightarrow$ 완전 비탄성 충돌

보충문제 충돌 후 감소한 운동에너지는 주로 어떤 에너지로 전환되었을까?

답 탄성에너지를 포함한 물체의 내부에너지, 마찰에 의한 열에너지, 소리에너지

4-31 그림 p.4-31처럼 질량 $2m$인 물체 A가 정지하고 있던 질량 m인 물체 B와 완전 탄성 충돌했다. 물체 A의 충돌 전 속도는 v이었다. (1) 충돌 후 물체 A와 B의 속도, (2) 반발계수를 구하라.

▸▸ **그림 p.4-31**

풀이 (1) 총 운동량 보존 법칙을 적용하면 $2mv + 0 = 2mv_A + mv_B$이므로

$$v_A = v - \frac{1}{2}v_B \quad \cdots\cdots ①$$

완전 탄성 충돌인 경우 총 운동에너지가 보존되므로

$$\frac{1}{2}(2m)v^2 + 0 = \frac{1}{2}(2m)v_A^2 + \frac{1}{2}mv_B^2 \Rightarrow v^2 = v_A^2 + \frac{1}{2}v_B^2 \quad \cdots\cdots ②$$

①을 ②에 대입하면

$$v^2 = \left(v - \frac{1}{2}v_B\right)^2 + \frac{1}{2}v_B^2 \Rightarrow v_B\left(\frac{3}{4}v_B - v\right) = 0$$

$$\therefore \begin{cases} v_B = 0 & \Rightarrow \text{충돌이 발생하지 않은 경우이므로 제외} \\ v_B = \dfrac{4}{3}v & \end{cases}$$

$v_B = \frac{4}{3}v$를 ①에 대입하여 정리하면 결과는 다음과 같다.

$$\begin{cases} v_A = \frac{1}{3}v \\ v_B = \frac{4}{3}v \end{cases}$$

(2) 반발계수 $e = -\dfrac{\frac{4}{3}v - \frac{1}{3}v}{0 - v} = 1$ ⇒ 완전 탄성 충돌

보충문제 충돌 전과 후에 A와 B의 운동에너지 변화량 ΔE_A와 ΔE_B를 각각 계산하라.

답 $\Delta E_A = -\frac{8}{9}mv^2$, $\Delta E_B = \frac{8}{9}mv^2$ ⇒ 운동에너지 변화량의 절댓값은 같다.

4-32 마찰이 없는 수평면에서 질량 $m_A = 2$ kg인 물체 A가 $v_A = 5$ m/s 의 속도로 정지해 있던 질량 $m_B = 3$ kg인 물체와 충돌했다. 충돌 후 B의 속도 $v_B' = 4$ m/s 이었다. (1) 충돌 후 물체 A의 속도 v_A', (2) 충돌할 때 물체 A가 받은 충격량, (3) 총 운동에너지 변화량을 구하라.

풀이 (1) 운동량 보존 법칙에 의해 $m_A v_A + 0 = m_A v_A' + m_B v_B'$이므로

$$v_A' = \frac{m_A v_A - m_B v_B'}{m_A} = \frac{(2\times 5) - (3\times 4)}{2} = -1 \text{ (m/s)}$$

(2) $I_A = \Delta p_A = m_A(v_A' - v_A) = 2\times(-1-5) = -12$ (N・s)

(3) 충돌 전 $E_i = \frac{1}{2}m_A v_A^2 + \frac{1}{2}m_B v_B^2 = \left(\frac{1}{2}\times 2\times 5^2\right) + 0 = 25$ (J)

충돌 후 $E_f = \frac{1}{2}m_A v_A'^2 + \frac{1}{2}m_B v_B'^2 = \left(\frac{1}{2}\times 2\times(-1)^2\right) + \left(\frac{1}{2}\times 3\times 4^2\right) = 25$ (J)

충돌 전후에 총 운동에너지의 변화가 없으므로 완전 탄성 충돌이다.

보충문제 충돌할 때 물체 B가 받은 충격량 I_B는 얼마인가?

답 $I_B = 12$ N・s

보충문제 반발계수를 계산하라.

답 1

4-33 그림 p.4-33과 같이 총알이 v의 속도로 날아와 진흙 덩어리와 충돌했다. 충돌 후 총알이 진흙 덩어리에 박힌 상태에서 상승했다. 총알 질량 $m = 0.01$ kg, 진흙 질량 $M = 4$ kg, 높이 $h = 0.2$ m일 때 총알의 속도 v를 계산하라. (단, 중력가속도는 10 m/s^{2}이다.)

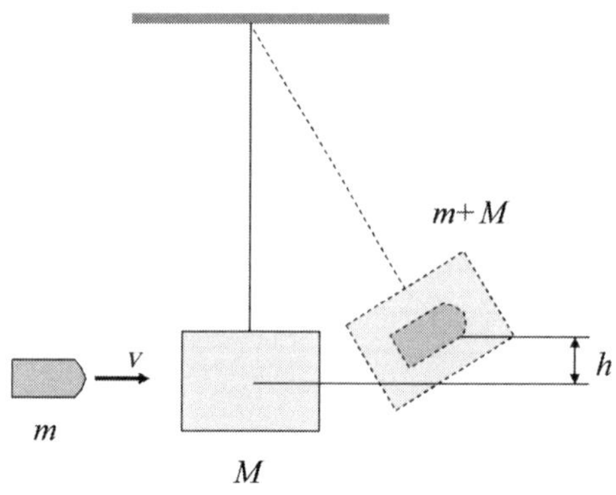

▸▸ 그림 p.4-33

풀이 운동량 보존 법칙에 의해 충돌 후 속도 v'은

$$mv = (m+M)v' \quad \therefore\ v' = \frac{mv}{m+M} \quad \cdots\cdots \text{①}$$

충돌 후 역학적 에너지 보존 법칙을 적용하면

$$\frac{1}{2}(m+M)v'^2 = (m+M)gh \quad \therefore\ v' = \sqrt{2gh} \quad \cdots\cdots \text{②}$$

①과 ②에서 총알 속도는 다음과 같다.

$$v = \left(\frac{m+M}{m}\right)\sqrt{2gh} \quad \cdots\cdots \text{③}$$

$m = 0.01$ kg, $M = 4$ kg, $h = 0.2$ m를 ③에 대입하여 정리하면, 총알 속도는

$$v = \left(\frac{0.01+4}{0.01}\right)\sqrt{2\times 10\times 0.2} = 802\ (\text{m/s})$$

총알의 속도 측정에 이용할 수 있는 이 장치를 탄동진자라 한다.

보충문제 충돌 전후의 운동에너지를 KE_i, KE_f라 했을 때 운동에너지 보존율 $\beta = \frac{KE_f}{KE_i}$를 구하라.

답 $\beta = \frac{m}{m+M}$ ⇒ 탄동진자에서 운동에너지 보존율은 총알의 속력과 무관하다.

4-34 그림 p.4–34와 같이 마찰이 없는 수평면 위에 간이형 용수철 총이 놓여 있다. 총구를 향해 공을 투사했더니 용수철의 최대 압축점에서 공이 멈추었다. 마찰에 의한 에너지 손실이 없다고 가정했을 때, 공의 운동에너지가 용수철의 탄성 위치에너지로 얼마나 전환되나? (단, 용수철 총의 질량은 M, 공의 질량은 m, 공의 투사 속도는 v_0이다.)

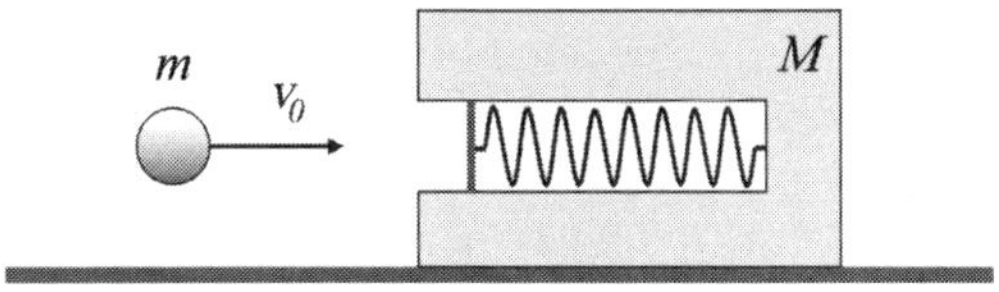

▸▸ 그림 p.4–34

풀이 충돌 후 용수철 총의 속도를 v_f라 하고 총 운동량 보존 법칙을 적용하면

$$mv_0 = (M+m)v_f \quad \therefore\ v_f = \frac{m}{M+m}v_0 \quad \cdots\cdots ①$$

마찰에 의한 에너지 손실이 없으므로 역학적 에너지 보존 법칙을 적용하면

$$E_0 = \frac{1}{2}mv_0^2 = \frac{1}{2}(M+m)v_f^2 + PE_s \quad \cdots\cdots ②$$

여기서 PE_s는 용수철의 탄성 위치에너지다. ①을 ②에 대입하면

$$PE_s = \left(\frac{M}{M+m}\right)\left(\frac{1}{2}mv_0^2\right) = \left(\frac{M}{M+m}\right)E_0$$

따라서 에너지 전환율 R은 다음과 같다.

$$R = \frac{PE_s}{E_0} = \frac{M}{M+m}$$

보충문제 에너지 전환율 R이 커지는 조건은 무엇인가?

답 $M \gg m$

4-35 그림 p.4–35처럼 높이 h_0에 있던 물체가 떨어져 단단한 바닥에서 튀어 올라 h_1까지 올라갔다. 바닥에서 n번째 튀어 올랐을 때의 높이 h_n을 반발계수 e로 표현하라. (단, 중력가속도는 g이다.)

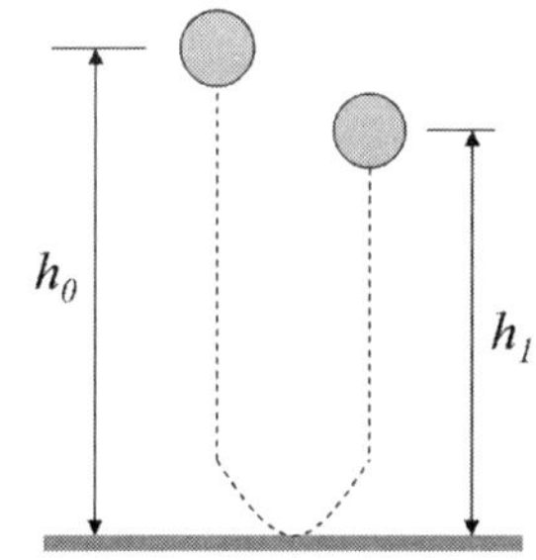

▸▸ 그림 p.4-35

풀이 바닥과 충돌하기 직전에 쇠공의 속도 $v = -\sqrt{2gh_0}$ 이며, 충돌한 직후에는 속도 $v' = \sqrt{2gh_1}$ 이다. 바닥은 정지 상태에 있으므로 반발계수는

$$e = -\frac{v' - v_{바닥}'}{v - v_{바닥}} = -\frac{v'}{v} = -\frac{\sqrt{2gh_1}}{(-\sqrt{2gh_0})} = \sqrt{\frac{h_1}{h_0}}$$

위 식으로부터 첫 번째 튀어 오른 높이 $h_1 = e^2 h_0$ 이다. 이로부터 유추하면, 두 번째 튀어 오른 높이 $h_2 = e^2 h_1 = (e^2)^2 h_0$ 이며, n번째 튀어 오른 높이는

$$h_n = (e^2)^n h_0 = e^{2n} h_0$$

가 된다.

보충문제 5번째 반발해서 오른 높이가 처음 높이 h_0의 반이면 반발계수 e는 얼마인가?

답 $e \simeq 0.933$

보충문제 높이 h_0에 있던 물체가 처음 바닥에 도달한 시간이 t_0이면, n번째 반발해서 오르고 내린 왕복시간 t_n은 얼마인가?

답 $t_n = 2e^n t_0$

보충문제 물체가 튀어 오르고 내리기를 반복하다가 멈추기까지 소요된 시간 T는 얼마인가? (위 보충문제의 답 t_n을 참조하라.)

답 $T = \left(\frac{1+e}{1-e}\right) t_0$

4-36 질량과 크기가 같은 금속구 A, B, C, D 네 개가 있다. 그림 p.4-36처럼 B, C, D는 서로 접촉한 상태에서 정지해 있고 A는 속도 v로 다가와 완전 탄성 충돌했다. 충돌 후 운동 상태를 설명하라.

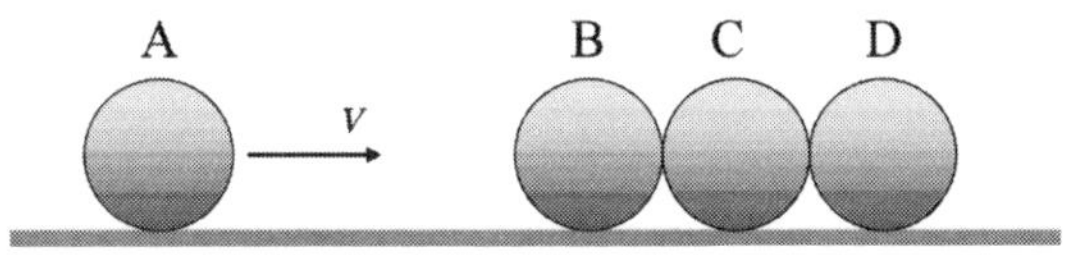

▸▸ **그림 p.4-36**

풀이 충돌 후 n개의 금속구가 v_f의 속도로 움직였다고 가정하자. 완전 탄성 충돌이므로 총 운동량과 총 운동에너지가 보존되어야 한다.

(총 운동량 보존) $mv = n(mv_f)$ ·············· ①

(총 운동에너지 보존) $\frac{1}{2}mv^2 = n\left(\frac{1}{2}mv_f^2\right)$ ·············· ②

①의 v_f를 ②에 대입하여 정리하면

$v^2 = \frac{1}{n}v^2 \quad \therefore \ n = 1$ ·············· ③

따라서 충돌 후 오직 1개의 금속구만 움직인다. ③의 결과를 ①에 대입하면

$v_f = v$

따라서 충돌 후 A, B, C는 정지하고 D는 오른쪽을 향해 v의 속력으로 움직인다.

보충문제 직관적으로 답을 구해보라.

답 금속구 질량을 m이라 하면 충돌 전 총 운동량이 mv이다. 운동량 보존 법칙에 의해 충돌 후 총 운동량도 mv가 되어야 하므로 오른쪽으로 금속구 1개만 움직여야 한다. 따라서 충돌 후 A, B, C는 정지하고 D는 오른쪽을 향해 v의 속력으로 움직인다.

보충문제 금속구 A의 질량이 $2m$이면 충돌 후 몇 개의 금속구가 얼마의 속력으로 움직이는가?

답 C와 D 2개가 v의 속력으로 움직인다.

4-37 질량과 크기가 같은 금속구 2개가 줄에 매달려 있다. 그림 p.4-37과 같이 금속구 A가 다가와 정지해 있던 B와 충돌했다. 충돌 직후 금속구 운동 상태를 설명하라. (단, 충돌 바로 직전 A의 속력은 v, 금속구 반발계수는 0.5이다.)

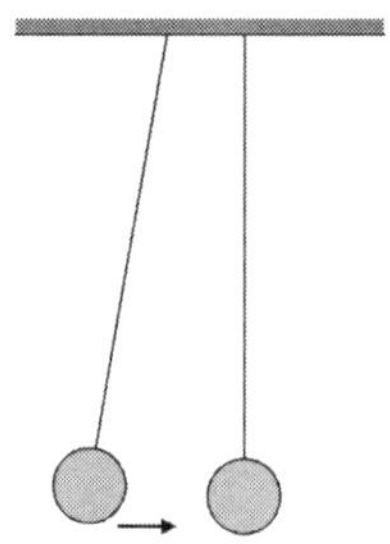

▸▸ 그림 p.4-37

풀이 충돌 후 A와 B의 속도를 각각 $v_A{}'$, $v_B{}'$이라 하자. 반발계수 정의에 의해

$$e = -\frac{v_A{}' - v_B{}'}{v - 0} = 0.5 \Rightarrow v_B{}' - v_A{}' = 0.5v \quad \cdots\cdots ①$$

금속구 질량이 m이면 운동량 보존 법칙에 의해

$$mv = mv_A{}' + mv_B{}' \Rightarrow v_A{}' + v_B{}' = v \quad \cdots\cdots ②$$

①과 ②에서

$$v_A{}' = 0.25v,\ v_B{}' = 0.75v$$

충돌 직후 금속구 모두 오른쪽으로 움직인다.

보충문제 반발계수가 1이면 충돌 직후 속도는 얼마인가?

답 $v_A{}' = 0,\ v_B{}' = v$

보충문제 반발계수가 0이면 충돌 직후 속도는 얼마인가?

답 $v_A{}' = v_B{}' = \frac{1}{2}v$

4-38 그림 p.4-38처럼 질량과 크기가 같은 금속구 6개 중에서 2개는 왼쪽에서, 3개는 오른쪽에서 다가와 금속구 C와 동시에 충돌했다. 충돌 직후 각 금속구의 운동 상태를 설명하라. (단, 금속구의 반발계수는 1이다.)

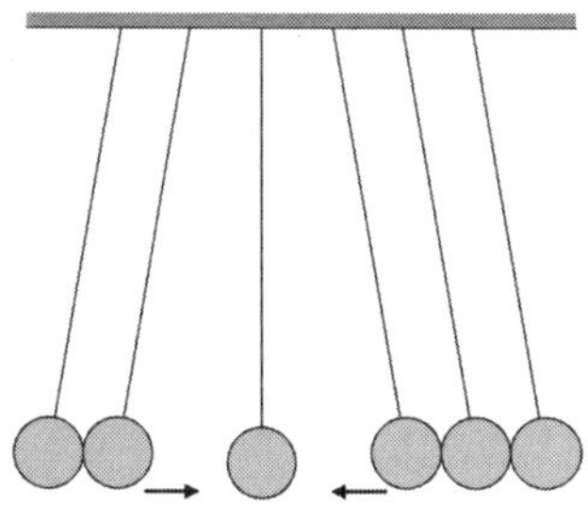

▸▸ 그림 p.4-38

풀이 금속구 질량은 m이며, 충돌 직후 α개는 오른쪽으로, β개는 왼쪽으로 속력 v_f로 움직였다고 가정하자. 반발계수가 1이므로 총 운동량과 총 운동에너지 모두 보존된다.

$$(\text{총 운동량 보존})\ 2mv-3mv=\alpha m v_f-\beta m v_f \Rightarrow v_f=\frac{v}{\beta-\alpha} \quad ①$$

$$(\text{총 운동에너지 보존})\ \frac{5}{2}mv^2=\frac{(\alpha+\beta)}{2}mv_f^2 \quad ②$$

①의 v_f를 ②에 대입하여 정리하면

$$\frac{(\alpha+\beta)}{(\beta-\alpha)^2}=5$$

가 된다. $\beta-\alpha=n$이라 놓으면(단, ①에서 $v_f>0$이므로 n은 자연수), $\alpha+\beta=5n^2$이 된다. 앞의 두 식을 더하면 $2\beta=5n^2+n$인데, β는 최대 6개이므로 $5n^2+n\leq 12$가 된다. 이 부등식을 만족하는 자연수 n은 1이므로 $\beta-\alpha=1$, $\alpha+\beta=5$이며, 이 두 식을 만족하는 해는 $\alpha=2$, $\beta=3$이다. 따라서 충돌 후 금속구 A, B, C는 왼쪽으로, D는 정지, E와 F는 오른쪽으로 움직인다.

보충문제 직관적으로 답을 구하라.

답 반발계수가 1이므로 총 운동량과 총 운동에너지 모두 보존된다. 편의상 충돌 바로 직전에 금속구들의 운동에너지가 KE_0라면 총 운동에너지가 $5KE_0$이므로 충돌 직후에 금속구 5개가 움직여야 한다. 또한 충돌 직전 금속구들의 운동량이 p라면 총 운동량은 $2p-3p=-p$이므로, 충돌 직후 금속구 5개 중에서 3개는 왼쪽 방향으로, 2개는 오른쪽 방향으로 움직여야 한다. 정리하면, 충돌 후 금속구 A, B, C는 왼쪽으로, D는 정지, E, F는 오른쪽으로 움직인다.

보충문제 연이은 2차 충돌이 일어난 후 금속구들은 어떻게 움직이나?

답 A, B는 왼쪽으로, C는 정지, D, E, F는 오른쪽으로 움직인다.

V 특수상대성 이론

1. 기초사항

- 로렌츠 변환

$$x' = \frac{x - vt}{\sqrt{1 - v^2/c^2}}$$

$$y' = y$$

$$z' = z$$

$$t' = \frac{t - (v/c^2)x}{\sqrt{1 - v^2/c^2}}$$

- 시간팽창(또는 시간지연)

$$t = \frac{t_0}{\sqrt{1 - (v^2/c^2)}}$$

- 길이수축

$$L = L_0\sqrt{1 - v^2/c^2}$$

- 상대론적 질량

$$m = \frac{m_0}{\sqrt{1 - (v^2/c^2)}}$$

- 상대론적 선운동량

$$p = \frac{m_0 v}{\sqrt{1 - v^2/c^2}}$$

- 질량-에너지 등가 원리

$$E = mc^2$$

- 상대론적 운동에너지

$$KE = m_0 c^2\left(\frac{1}{\sqrt{1 - (v^2/c^2)}} - 1\right)$$

2. 특수상대성 이론의 이해

5-1 특수상대성 이론의 2가지 가설은 무엇인가?

해설 특수상대성 이론은 절대 정지한 위치를 정할 수 없다는 개념으로부터 출발하여 물리학적으로 중요한 결과를 도출한 성공적인 시도였다. 1905년 아인슈타인이 발표한 특수상대성 이론은 등속도로 움직이는 관성 기준계의 문제에 국한했지만, 10년 후 발표한 일반상대성 이론은 가속도 운동하는 비관성 기준계의 문제까지 확장하였다. 일반상대성 이론은 난해하고 어려운 수학을 사용해야 하지만, 특수상대성 이론은 수학적으로 간단하기 때문에 기초물리학에서도 학습이 가능하다. 아인슈타인은 다음 **2가지 가설**(또는 공리)에서 출발하여 특수상대성 이론을 전개해 나갔다.

(1) **상대성 원리**: 물리학 법칙은 서로 등속도로 운동하는 모든 관성 기준계에서 같은 형태의 방정식으로 표현된다.

(2) **광속 불변**: 진공 중에서 광속은 광원이나 관측자의 속도에 관계없이 관성 기준계에 있는 모든 관측자에게 같은 값 c로 측정된다.

$$(c = 2.997\ 924\ 58 \times 10^8\ \mathrm{m/s})$$

언뜻 보기에 이들 가설은 특별해 보이지 않지만, 이 가설로부터 전개된 개념과 도출된 결과들은 고전물리학에 익숙한 우리들이 쉽게 받아드릴 수 없는 것들이 많다.

보충문제 관성 기준계란 무엇인가?

5-2 로렌츠 변환에 대해 설명하라.

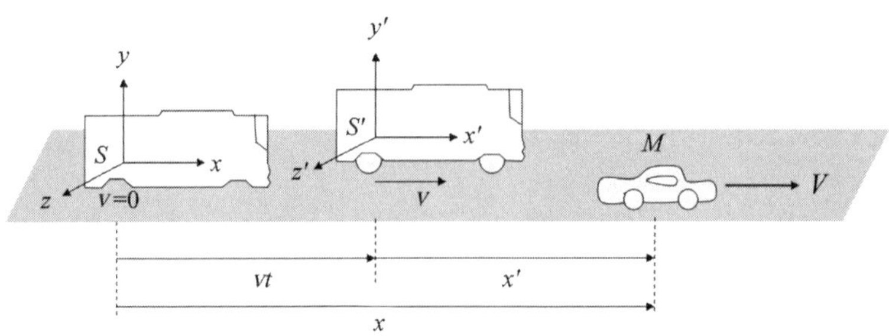

▸▸ 그림 p.5-2

해설 그림 p.5-2와 같이 기준계 S와 S' 그리고 자동차 M이 같은 위치에 있다가 S는 그 자리에 있고 S'은 v의 속력으로, M은 V의 속력으로 움직였다고 하자. 고전물리학의 상대운동 개념으로 S와 S'에서 자동차 M의 위치를 각각 측정하면

$$x = Vt \quad \cdots\cdots ①$$

$$x' = (V-v)t = x - vt \quad \cdots\cdots ②$$

가 된다. 그러나 위 방정식의 형태가 서로 달라서 특수상대성 이론의 첫 번째 가설에 위배된다. 비례상수 γ를 도입하여 ②와 ①을

$$x' = \gamma(x - vt) \quad \cdots\cdots ③$$

$$x = \gamma(x' + vt') \quad \cdots\cdots ④$$

라 놓으면 첫 번째 가설을 만족시킨다. 두 기준계의 시간이 서로 일치해야 할 이유가 없기 때문에 각각 t와 t'으로 놓았다. 속력 v의 부호 (−)와 (+)는 두 기준계의 상대 운동 방향이 반대이기 때문이다. 이제 자동차를 섬광(flash of light)으로 바꾸어 섬광의 파면 위치를 표현하기로 한다. 두 번째 가설에 의하면 두 기준계에서 관측한 광속은 같은 값 c로 관측되므로

$$x' = ct', \quad x = ct$$

가 된다. 위 두 식을 ③과 ④에 대입하면

$$ct' = \gamma(ct - vt), \quad ct = \gamma(ct' + vt')$$

이며, 위 연립방정식을 풀면

$$\gamma = \frac{1}{\sqrt{1 - v^2/c^2}} \quad \cdots\cdots ⑤$$

를 얻는다. 이제 ⑤를 ③과 ④에 대입하고 연립방정식을 풀면 정지계(S)의 좌표 (x, t)와 운동계(S')의 좌표 (x', t') 사이의 좌표 변환식을 얻을 수 있다.

$$x' = \frac{x - vt}{\sqrt{1 - v^2/c^2}} \quad \cdots\cdots ⑥$$

$$t' = \frac{t - (v/c^2)x}{\sqrt{1 - v^2/c^2}} \quad \cdots\cdots ⑦$$

이 좌표 변환을 **로렌츠**(Lorentz) **변환**이라 한다. $v \ll c$이면 $\gamma \to 1$, $v^2/c^2 \to 0$이므로 $x' = x - vt$, $t' = t$가 되어 고전역학의 **갈릴레이 변환**과 일치한다. 이 결과는 광속에 비해 운동계 속력이 매우 느리면, 특수상대성 이론은 고전역학 이론과 일치한다는 의미를 내포하고 있다. 한편 **역 로렌츠 변환**은 다음과 같다. 정지계(S)와 운동계(S')의 상대 운동을 고려하면, 간단히 속도 v의

부호만 바꾸면 역 변환식이 된다.

$$x = \frac{x' + vt'}{\sqrt{1 - v^2/c^2}} \quad \cdots\cdots ⑧$$

$$t = \frac{t' + (v/c^2)x'}{\sqrt{1 - v^2/c^2}} \quad \cdots\cdots ⑨$$

보충문제 갈릴레이 변환과 로렌츠 변환의 물리학적 관점의 차이를 정리하라.

5-3 시간팽창에 대해 설명하라.

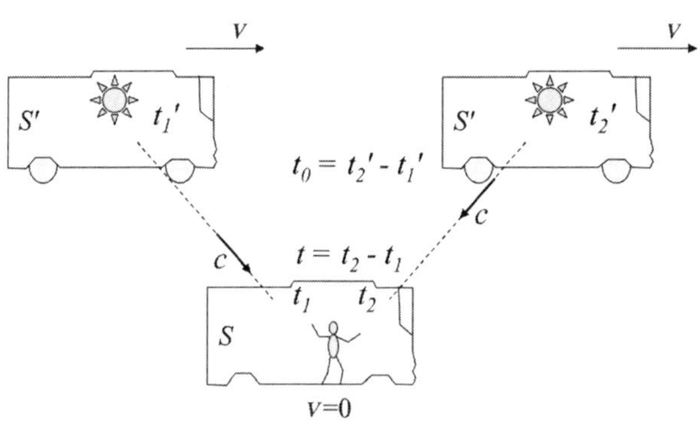

▸▸ **그림 p.5-3**

해설 그림 p.5-3과 같이 운동계 S'의 한 위치에서 연이어 섬광이 발생했다고 하자. 운동계에서 관측한 섬광 사이의 시간 간격을 t_0라 하면 $t_0 = t_2' - t_1'$이며, 이것을 **고유시간**이라 한다. 정지계 S에서 관측한 두 섬광 사이의 시간차는 문제 5-2의 ⑨를 참조하면

$$t = t_2 - t_1 = \frac{t_2' + (v/c^2)x'}{\sqrt{1 - v^2/c^2}} - \frac{t_1' + (v/c^2)x'}{\sqrt{1 - v^2/c^2}} = \frac{t_2' - t_1'}{\sqrt{1 - v^2/c^2}}$$

$$\therefore\ t = \frac{t_0}{\sqrt{1 - v^2/c^2}} \quad \cdots\cdots ①$$

가 된다. 정리하면, 운동계에서 일어난 두 사건 사이의 고유시간이 t_0이면, 정지계에서는 $1/\sqrt{1 - v^2/c^2}$ 배만큼 늘어난 시간으로 관측된다. 예컨대,

$v/c = 0.5$이면 시간은 1.15배, 0.99이면 7.09배, 0.999이면 22.37배로 늘어난다. 이 상대적 현상을 **시간팽창** 또는 **시간지연**이라 한다.

5-4 길이수축에 대해 설명하라.

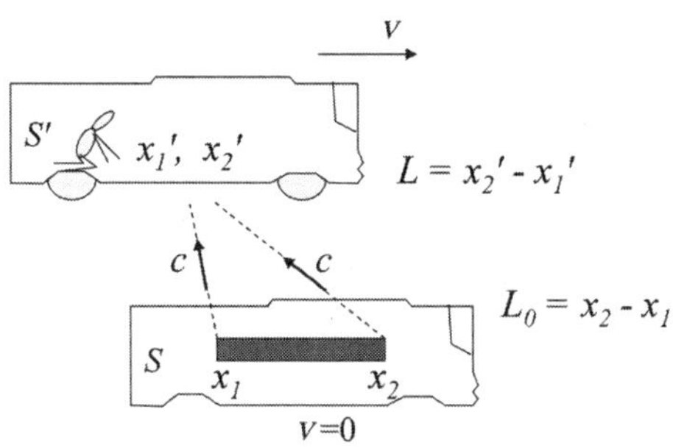

▸▸ 그림 p.5-4

해설 정지계 S에서 측정한 물체 양끝의 공간적 간격 L_0을 그 물체의 **고유길이**라 한다. $L_0 = x_2 - x_1$라 놓고 문제 5-2의 ⑧을 참조하면

$$L_0 = x_2 - x_1 = \frac{x_2' + vt'}{\sqrt{1-v^2/c^2}} - \frac{x_1' + vt'}{\sqrt{1-v^2/c^2}} = \frac{x_2' - x_1'}{\sqrt{1-v^2/c^2}}$$

$$\therefore \; L = L_0\sqrt{1-v^2/c^2} \quad \cdots\cdots ①$$

이다. 여기서 $L = x_2' - x_1'$은 운동계에서 관측한 물체의 길이다. $\sqrt{1-v^2/c^2} \le 1$이므로 운동계에서 관측한 길이는 물체의 고유길이보다 짧아진다. 이 현상을 **로렌츠-피츠제럴드**(Lorentz-Fitzgerald) **수축** 또는 간단히 **길이수축**이라 한다. 길이수축은 운동 방향으로만 나타나는 것에 주의하라.

보충문제 아광속으로 달리면 우주는 어떤 모양으로 보일까?

5-5 상대론적 질량, 상대론적 운동량, 질량-에너지 등가 원리에 대해 설명하라.

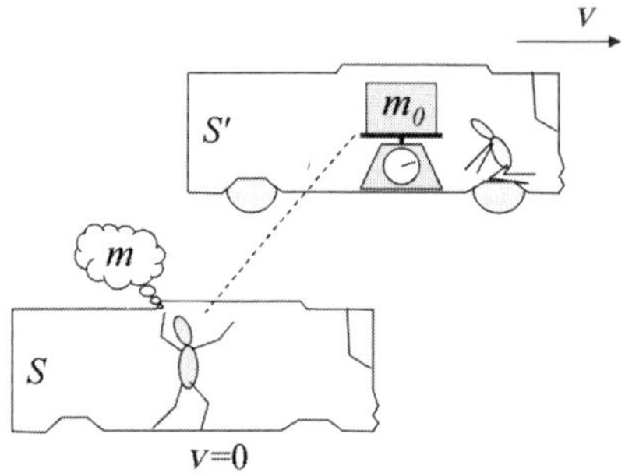

▸▸ 그림 p.5-5

해설 특수상대성 이론은 운동계와 정지계에서 질량이 서로 다르다는 사실을 밝히고 있다. 운동계에서 물체의 질량이 m_0이면 정지계에서 관측한 질량은 다음과 같다.

$$m = \frac{m_0}{\sqrt{1-v^2/c^2}} \quad \cdots\cdots ①$$

이것을 **상대론적 질량**이라 하며, m_0는 **정지질량**이다. 이에 따라 고전적 운동량은 다음과 같은 **상대론적 운동량**으로 수정되어야 한다.

$$p = mv = \frac{m_0 v}{\sqrt{1-v^2/c^2}}$$

한편 **질량-에너지 등가 원리**에 의하면 질량과 전체 에너지는

$$E = mc^2 \quad \cdots\cdots ②$$

의 관계가 있다. 이 원리는 아인슈타인 스스로 특수상대성 이론의 가장 중요한 성과로 평가했다고 한다. 물체의 정지질량이 m_0이면

$$E = m_0 c^2 \quad \cdots\cdots ③$$

을 **정지에너지**라 한다. 속력이 v인 물체의 **상대론적 운동에너지**는 다음과 같다.

$$KE = mc^2 - m_0 c^2 = m_0 c^2\left(\frac{1}{\sqrt{1-v^2/c^2}} - 1\right) \quad \cdots\cdots ④$$

속력이 광속에 이르면 운동에너지는 무한대가 되므로, 물체를 가속하여 광속에 이르게 하는 것은 불가능하다. 만약 $v \ll c$이면

$$KE \simeq \frac{1}{2} m_0 v^2$$

이므로 비상대론적 운동에너지와 근사적으로 같아진다.

보충문제 핵융합 또는 핵분열 과정에서 막대한 에너지가 발생하는 이유에 대해 자료를 검색하여 정리하라.

5-6 에테르에 대해 설명하라.

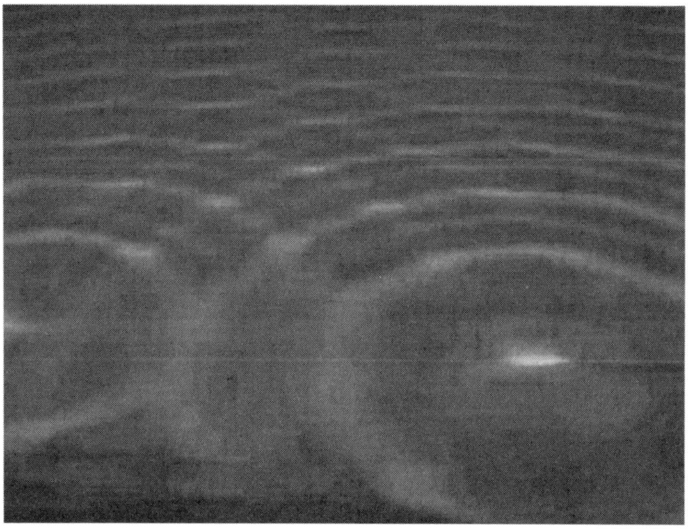

▸▸ 그림 p.5-6

해설 역학적 파동들이 전파해 나가려면 매질이 필요하다. 따라서 파동으로 알려진 빛도 매질이 필요할 것이다. 빛의 매질이라 가정했던 물질이 **에테르**(ether)이다. 에테르는 맑고 깨끗한 대기라는 뜻이다. 에테르라는 용어를 처음 도입한 사람은 호이겐스(C. Huygens, 1629~1695)라고 한다.

호이겐스는 빛을 탄성파로 보고, 그 매질로서 에테르를 가정했으나 빛이 횡파라는 사실을 설명하기에는 부족했다. 맥스웰이 빛은 전자기파의 일종이라는 이론을 발표하자 에테르는 전자기파의 매질로 상정되기에 이르렀다.

헤르츠는 이 에테르가 물체의 운동에 의해 완전히 운반된다는 이론을 생각했으나 실험결과와 모순이 있다는 사실을 인정해야 했고, 로렌츠는 절대정지의 에테르를 가정하여 절대공간에서 기술되는 이론을 유도했으나 마이켈슨-몰리 실험결과를 설명할 수 없었다.

우주의 모든 물질과 공간에 분포한다는 에테르는 기괴한 특성을 가져야 한다. 예컨대, 빛이 매우 빠르므로 에테르는 극단적으로 단단하고 탄성이 크지만, 물체들의 운동을 방해하지 않을 정도로 희박해야 한다. 이와 같이 에테르 특성이 극단적인 모순을 내포하고 있음에도 불구하고 에테르는 전자기학과 광학에서 본질적인 대상이었으므로 수많은 학자들이 그 존재를 증명하려고 노력했다. 그러나 아무도 그 존재를 확인할 수 없었다. 마침내 1905년 아인슈타인은 특수상대성 이론의 두 번째 가설인 광속도 불변의 원리에 근거하여 에테르의 존재 자체를 부정하기에 이르렀다.

보충문제 에테르와 관련된 자료들을 검색하고 자신의 의견과 비교하라.

5-7 마이켈슨-몰리(Michelson-Morley) 실험에 대해 설명하라.

해설 마이켈슨은 1879년 에테르 측정 문제를 다룬 맥스웰의 글을 읽은 후 에테르의 존재를 확인하려는 실험 계획을 세웠다. 2년 후 자신이 개발한 간섭계로 에테르 존재를 밝히려 했으나 실험 오차가 너무 커서 단정적인 증거를 제시하지 못했다. 몰리의 도움을 받아 측정 장비를 정교하게 개선하여 1887년 Case Western Reserve 대학교에서 실험을 다시 시도했다. 그러나 그들이 기대했던 에테르의 존재를 증명할 수 없었고, 따라서 실패한 실험이라고 생각했다. 마이켈슨은 자신의 실패한 실험으로 1907년 노벨 물리학상을 받았다. 마이켈슨-몰리 실험 결과는 에테르 존재를 실험적으로 부정하는 최초의 유력한 증거로 인정받고 있다.

그림 p.5-7(a)는 마이켈슨-몰리 실험 장치인 **마이켈슨 간섭계**의 개략도이다. 광원 S에서 나온 빛은 반투명 거울 p에서 반으로 나누어져, 하나는 거울 M_1을 향해 가고 또 하나는 거울 M_2을 향해 진행한다. M_1에서 반사된 빛은 그 중의 반이 p를 통과하여 망원경으로 입사하고 M_2에서 반사된 빛은 p에서 그 중의 반이 반사하여 망원경으로 입사한다. 망원경으로 입사한 두 개의 빛은 간섭을 일으키고, 망원경을 통해 관측자가 이 간섭무늬를 관측할 수 있다. 간섭무늬를 분석하면 두 빛의 위상차를 역으로 산출할 수 있다.

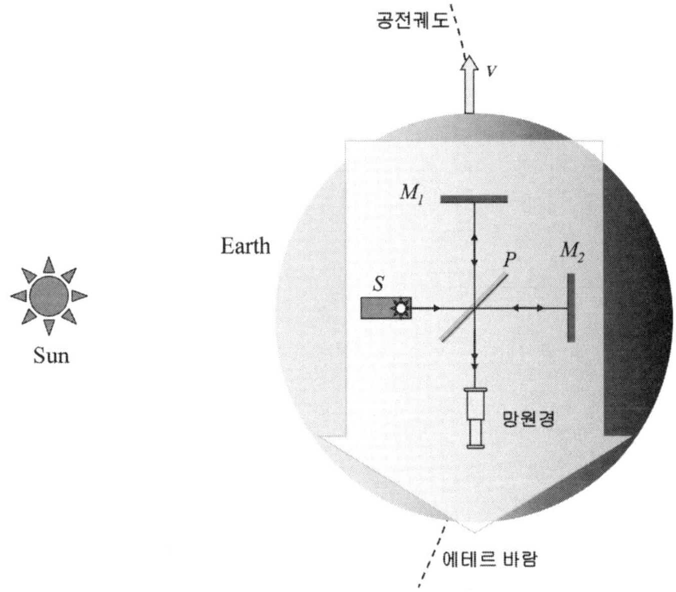

▸▸ **그림 p.5-7(a)**

이제 두 빛의 위상차를 계산하기로 한다. 지구의 공전 속력을 v라 하고 에테르가 절대 정지 상태라고 가정하면 실험장치에서는 공전 방향과 반대 방향으로 에테르가 v의 속력으로 흘러간다고 느낀다. 이를 **에테르 바람**이라 한다. 마이켈슨 간섭계와 에테르의 상대운동을 고려하면, 그림 p.5-7(b)의 (가)에 보인 바와 같이 빛이 p와 M_1 사이의 거리 L_0을 왕복하는 시간은

$$t_1 = \frac{L_0}{c-v} + \frac{L_0}{c+v} = \frac{2L_0/c}{1-v^2/c^2}$$

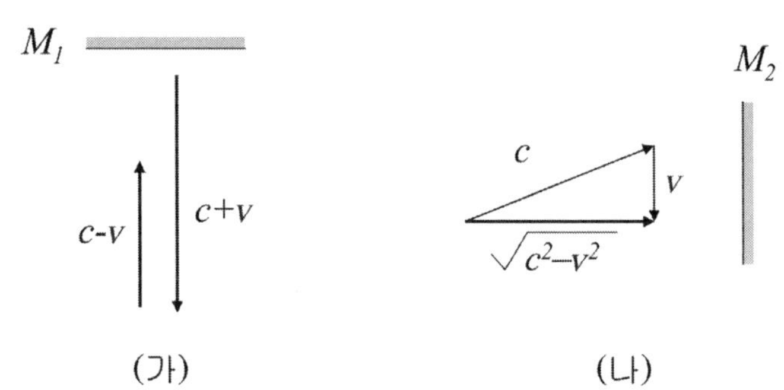

▸▸ **그림 p.5-7(b)**

가 된다. 한편 M_2 방향의 빛이 거울과 수직을 이룬다면, 그림 p.5-7(b)의 (나)에 보인 바와 같이 거울을 수직으로 향하는 빛의 속력은 $v_2 = \sqrt{c^2 - v^2}$ 이 된다. 따라서

$$t_2 = \frac{2L_0/c}{\sqrt{1 - v^2/c^2}}$$

이다. 이제 망원경으로 입사하는 두 빛의 시간차는 다음과 같다.

$$\Delta t = t_1 - t_2 = \left(\frac{L_0}{c}\right)\left(\frac{v}{c}\right)^2$$

실험장치를 90° 회전하면 두 거울의 역할이 바뀌어서

$$\Delta t' = t_1{}' - t_2{}' = -\left(\frac{L_0}{c}\right)\left(\frac{v}{c}\right)^2$$

이 된다. 따라서 실험장치를 회전시키고 나면 다음의 시간에 대응하는 위상차에 의해 **간섭무늬의 변위**가 발생한다.

$$\Delta t - \Delta t' = \left(\frac{2L_0}{c}\right)\left(\frac{v}{c}\right)^2$$

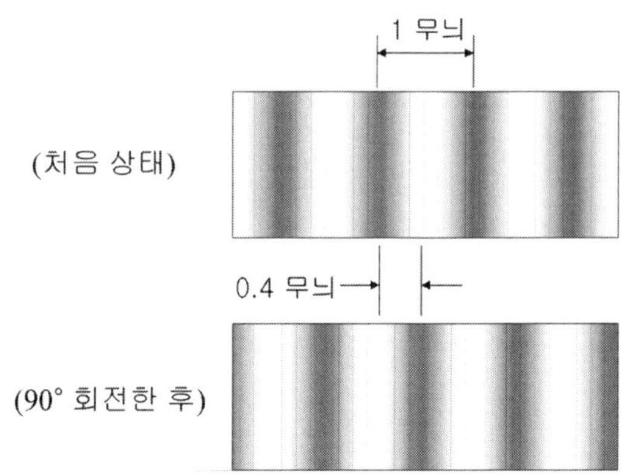

▸▸ **그림 p.5-7(c)**

마이켈슨과 몰리가 사용한 실험장치에서 유효 L_0는 11 m이었으며 지구 공전 속력이 30 km/s이므로 예상되는 간섭무늬 변위는 그림 p.5-7(c)에 표시한 것처럼 0.4 무늬였다. 그들이 사용한 실험장치의 정밀도는 1/20 무늬의 변위를 검출할 정도였지만, 이 계측오차를 넘는 간섭무늬의 변위를 관측하지 못했다. 결국 이 실험을 통해 에테르가 존재한다는 분명한 증거를 제시하지

못한 것이다. 에테르 자체를 부정하고 있는 현재에 이르러서는 이 실험결과가 옳다고 평가하지만, 당시에 에테르 존재를 믿었던 사람들은 잘못된 실험으로 평가했을 것이다.

보충문제 마이켈슨-몰리 실험 이후의 실험 사례들을 수집하고 측정 정밀도와 실험결과들을 비교하라.

3. 연습문제

5-8 정지계에서 위치 A와 B 사이의 거리가 300 m이다. 어떤 비행체가 A를 지나 B를 향해 $0.5c$의 속력으로 날아가고 있다. 정지한 사람과 비행체 안에 있는 사람이 측정한 A에서 B까지 걸린 시간을 각각 구하라.

풀이 정지한 사람이 측정한 시간은

$$t = \frac{300}{0.5\times(3\times10^8)} = 2\times10^{-6}\ (\mathrm{s})$$

비행체 안에 있는 사람이 측정하는 시간은 고유시간 t_0이므로 문제 5-3의 ①에 의해

$$t_0 = t\sqrt{1-v^2/c^2}$$
$$= (2\times10^{-6})\times\sqrt{1-(0.5c)^2/c^2} \simeq 1.73\times10^{-6}\ (\mathrm{s})$$

보충문제 비행사가 관측한 A와 B 사이의 거리 L과 이 거리를 $0.5c$의 속력으로 날아간 시간 t'을 구하라.

답 $L \simeq 259.8$ m, $t' \simeq 1.73\times10^{-6}$ s ⇐ [풀이]의 t_0와 같음

5-9 길이가 2 m인 막대가 길이 방향으로 $0.8c$의 속력으로 움직이고 있다. 정지한 사람이 관측한 막대의 길이 L은 얼마인가?

풀이 고유길이 $L_0 = 2$ m, $v = 0.8c$이므로 문제 5-4의 ①에 의해

$$L = L_0\sqrt{1-v^2/c^2} = 2\times\sqrt{1-(0.8c)^2/c^2} = 1.2\ (\mathrm{m})$$

보충문제 막대 속력이 $0.99c$라면 정지한 사람이 관측한 막대의 길이는 얼마인가?

답 약 0.28 m

5-10 속력이 $0.8c$인 비행체 안에 물체가 있다. 비행체에 탑승하고 있는 사람이 물체의 질량을 측정하니 1 kg이었다. 정지한 사람이 관측한 물체의 질량은 얼마인가?

풀이 정지질량 $m_0 = 1$ kg, $v = 0.8c$이므로 문제 5-5의 ①에 의해

$$m = \frac{m_0}{\sqrt{1-v^2/c^2}} = \frac{1}{\sqrt{1-(0.8c)^2/c^2}} \simeq 1.7 \text{ (kg)}$$

보충문제 비행체 속력이 $0.999c$라면 정지한 사람이 관측한 질량은 얼마인가?

답 약 22.4 kg

5-11 정지질량이 1 mg인 물체의 정지에너지를 계산하라.

풀이 $m_0 = 1\ mg$이면 문제 5-5의 ③에 의해

$$E = m_0 c^2 = (1 \times 10^{-6}) \times (3 \times 10^8)^2 = 9 \times 10^{10} \text{ (J)}$$

보충문제 위 에너지로 0 ~ 100 ℃까지 온도를 올릴 수 있는 물의 질량은 얼마인가?

답 약 2.1×10^5 kg

5-12 정지질량 2 kg인 물체가 $0.9c$의 속력으로 움직이고 있다. 비상대론적 운동에너지와 상대론적 운동에너지를 비교하라.

풀이 비상대론적 운동에너지는

$$KE_1 = \frac{1}{2}mv^2 = \frac{1}{2} \times 2 \times (0.9 \times 3 \times 10^8)^2 = 7.29 \times 10^{16} \text{ (J)}$$

상대론적 운동에너지는 문제 5-5의 ④에서

$$KE_2 = m_0 c^2 \left(\frac{1}{\sqrt{1-(v^2/c^2)}} - 1 \right)$$

$$= 2\times(3\times10^8)^2\times\left(\frac{1}{\sqrt{1-(0.9c)^2/c^2}}-1\right)\simeq 2.33\times10^{17}\ (\text{J})$$

따라서 $\frac{KE_2}{KE_1}\simeq 3.2$

보충문제 물체의 속력이 $200\ \text{m/s}$일 때 비상대론적 운동에너지 KE_1'과 상대론적 운동에너지 KE_2'을 비교하라.

답 $\frac{KE_1'}{KE_2'}\approx 1$

5-13 우주 공간에서 날아온 고에너지 입자가 지상 수 km 상공에서 원자와 충돌하면 뮤온(muon)이라는 입자가 생성된다. 그런데 이 입자의 수명시간 $\tau\simeq 2.2\times10^{-6}$초이며 속력 $v\simeq 0.998c$이다. 짧은 수명시간에도 불구하고 이 입자가 해수면에 도달한다는 사실이 실험으로 확인되었다. 이것이 가능한 이유를 설명하라.

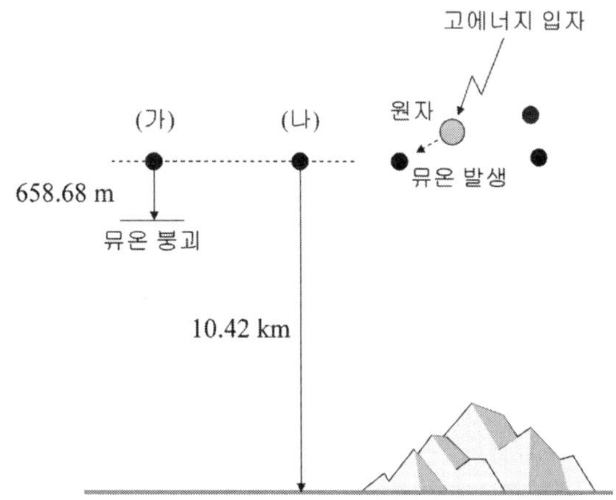

▸▸ **그림 p.5-13**

풀이 비상대론적 관점에서 보면 뮤온이 자신의 수명시간 동안 갈 수 있는 거리는

$$h_0 = v\tau = (0.998\times3\times10^8)\times(2.2\times10^{-6}) = 658.68\ (\text{m})$$

이므로 그림 p.5-13의 (가)에 표시한 것처럼 해수면에 도달할 수 없다. 그러나 상대론적 관점에서 보면 얘기는 달라진다. 먼저 해수면에 있는 사람이

0.998c의 속력으로 움직이는 뮤온의 수명시간을 측정하면 고유시간 $t_0 = \tau$ 이므로

$$t' = \frac{t_0}{\sqrt{1-v^2/c^2}} = \frac{2.2 \times 10^{-6}}{\sqrt{1-(0.998c)^2/c^2}} \simeq 3.48 \times 10^{-5}\ (\text{s})$$

로 길어진다. 따라서 낙하 거리도

$$h' = vt' = (0.998 \times 3 \times 10^8) \times (3.48 \times 10^{-5}) \simeq 10.42\ (\text{km})$$

로 늘어나므로 그림 p.5-13의 (나)처럼 뮤온은 해수면까지 도달할 수 있다. 뮤온의 입장에서 다시 확인해 보자. 해수면에서 뮤온 발생 지점까지 높이가 H_0라 하자. 그러면 뮤온의 속력이 $v = 0.998c$이므로 뮤온이 관측하는 거리 h는 문제 5-4의 ①에 의해

$$h = H_0 \sqrt{1-(0.998c)^2/c^2} \simeq 0.06321 H_0$$

가 된다. 만약 $H_0 = 10.42$ km라면 $h \simeq 658.65$ m이다. 뮤온 입장에서는 10.42 km가 단지 658.65 m로 보이므로 자신의 수명시간 동안 이 거리를 갈 수 있다. 결국 뮤온은 해수면에 도달하게 된다.

보충문제 뮤온의 발생과정과 물리적 특성에 대해 조사하라.

5-14 우주비행사가 $v = 0.9c$의 속력으로 5.4광년 떨어진 은하계로 향했다. 지구 관제소에서 계산한 여행 시간은 6년이다. 그렇다면 우주비행사 시계로는 얼마나 걸리나? 또한 은하계까지의 거리는 얼마로 관측할까? (단, 1광년은 빛이 1년 동안 가는 거리이다.)

풀이 관제소에서 계산한 시간을 t, 우주비행사가 측정한 고유시간을 t_0라 하면 문제 5-3의 ①에 의해

$$t_0 = t\sqrt{1-v^2/c^2} = 6 \times \sqrt{1-(0.9c)^2/c^2} \simeq 2.62\ (\text{년})$$

은하계까지 거리는 고유길이 $L_0 = 5.4$ 광년이므로 문제 5-4의 ①에서

$$L = L_0\sqrt{1-v^2/c^2} = 5.4 \times \sqrt{1-(0.9c)^2/c^2} \simeq 2.35\ (\text{광년})$$

따라서 우주비행사가 보는 은하계까지 거리와 여행에 걸리는 시간은 지구 관제소 계산값보다 작다.

보충문제 $v = 0.99c$일 때 t_0와 L을 계산하라.

답 $t_0 \simeq 0.85$ 년, $L \simeq 0.76$ 광년

5-15 길이가 20 m인 비행기가 격납고 앞문을 행해 똑바로 날아가고 있다. 격납고의 길이는 17 m이며, 앞문과 뒷문은 모두 열려있다. 격납고 안에 있는 사람이 볼 때, 비행기가 격납고 안에 완전히 갇힐 수 있을까?

풀이 비행기 속력이 v라면, 격납고 안에 있는 사람이 관측하는 비행기 길이 L은

$$L = L_0\sqrt{1 - v^2/c^2} = 20 \times \sqrt{1 - v^2/c^2}$$

이다. 만약 비행기 속력이 약 $0.527c$ 이상이면 $L \lesssim 17$ m이므로 순간적으로 비행기가 격납고 안에 갇힌 것으로 관측된다.

보충문제 비행기 속력이 $v = 0.527c$이면 비행사가 관측하는 격납고 길이는 얼마인가?

답 약 14.45 m

보충문제 비행사가 판단하기에는 격납고 안에 비행기가 완전히 갇히는 것은 불가능하다. 격납고 안에 있는 사람과 비행사의 상반된 판단을 어떻게 설명해야 하나? (막대–헛간 역설이란 주제어로 조사해 보아라.)

보충문제 동시성의 상대성에 대해 정리하라.

5-16 (쌍둥이 역설) 쌍둥이 A와 B가 있다. A는 지구에 머물고, B는 멀리 떨어진 별을 여행하러 우주선을 타고 떠났다. 몇 년이 지나 B가 지구로 귀환했더니, 그 사이에 지구에 머물던 A가 B보다 더 늙었다. 둘이 다시 만나기 전에 B는 자신보다 A가 나이를 덜 먹었으리라 생각했다. B의 생각이 잘못된 점을 지적하라.

풀이 상대 운동을 고려하면, 우주선으로 여행 중인 B는 자신이 정지해 있고 A가 운동하는 것으로 관측할 수 있다. 그렇다면 B는 자신보다 A가 나이를 덜 먹어야 한다고 생각할 수 있다. 이 혼란스런 상황을 **쌍둥이 역설**이라 한다. 이 역설은 겉보기 대칭성 때문에 나타난 결과인데, 실제로는 대칭적인 상황이 아니었다. 왜냐하면 B는 여행 출발 과정, 별에서 지구 쪽으로 방향을

전환하는 과정, 그리고 지구에 도착하는 과정에서 가속도 운동을 하여 특수상대성 이론의 범위를 벗어났던 반면에, 관성 기준계에 있던 A는 B가 돌아올 때까지 특수상대성 이론의 범위에 그대로 머물러 있었기 때문이다. 따라서 B가 여행하고 돌아온 것이 분명하며, 그 결과 B가 A보다 나이를 적게 먹는다.

보충문제 B가 10 광년 떨어진 별을 $0.9c$의 속력으로 여행하고 돌아왔다. B가 출발해서 귀환할 때까지 그들이 먹은 나이를 A가 계산했다. 각각 얼마인가?

답 A: 약 22.2년, B: 약 8.7년

부 록

국제단위계(SI)

(SI: 프랑스어 Le Système international d'unités의 약자)

1. SI 기본단위

물리량	이름	기호	정 의
길이	미터	m	1 m는 진공 중에서 빛이 1/299 792 458 s 동안 진행한 경로의 길이
시간	초	s	1 s는 세슘-133원자의 바닥상태에 있는 두 초미세 준위간의 전이에 대응하는 복사선의 9 192 631 770 주기의 지속시간
질량	킬로그램	kg	1 kg은 국제 킬로그램 원기의 질량과 같다.
온도	켈빈	K	1 K는 물의 삼중점이 가지는 열역학적 온도의 1/273.16인 온도
전류	암페어	A	1 A는 무한히 길고 무시할 수 있을 만큼 작은 원형 단면적을 가진 두 개의 평행한 직선 도체가 진공 중에서 1 m 간격을 유지할 때, 두 도체 사이에 매 미터당 2×10^{-7} N의 힘이 생기게 하는 일정한 전류
광도	칸델라	cd	1 cd는 진동수 540×10^{12} Hz인 단색광을 방출하는 광원의 복사도가 어떤 주어진 방향으로 매 스테라디안당 1/683 W일 때 이 방향에 대한 광도
물질량	몰	mol	1 mol은 탄소 12의 0.012 kg에 있는 원자의 수와 같은 수의 구성요소를 포함한 어떤 계의 물질의 양

2. 접두어

배수	접두어	기호	배수	접두어	기호
10^{24}	요타	Y	10^{-1}	데시	d
10^{21}	제타	Z	10^{-2}	센티	c
10^{18}	엑사	E	10^{-3}	밀리	m
10^{15}	페타	P	10^{-6}	마이크로	μ
10^{12}	테라	T	10^{-9}	나노	n
10^{9}	기가	G	10^{-12}	피코	p
10^{6}	메가	M	10^{-15}	펨토	f
10^{3}	킬로	k	10^{-18}	아토	a
10^{2}	헥토	h	10^{-21}	젭토	z
10^{1}	데카	da	10^{-24}	욕토	y

3. 올바른 단위 표기법

- 단위 기호는 직립체로 쓴다. (이탤릭체 아님)

  잘못된 사례 : 100 *m*, 70 *kg*, 60 *s*
  올바른 사례 : 100 m, 70 kg, 60 s

- 숫자와 단위 기호는 반드시 띄어 쓴다. (단, 도(°), 분(′), 초(″)는 띄우지 않음)

  잘못된 사례 : 100m, 70kg, 60s, 20℃, 50%
  올바른 사례 : 100 m, 70 kg, 60 s, 20 ℃, 50 %

- 소문자, 대문자를 정확히 사용한다. (단, 리터는 대·소문자 동시 사용)

  잘못된 사례 : 100 Km, 70 G, 60 S
  올바른 사례 : 100 km, 70 g, 60 s

4. SI 단위 기호의 대수학

- 단위 기호의 곱으로 표시되는 유도단위는 가운뎃점을 찍거나 한 칸 띄어 쓴다.

  〈보기〉 N · m 또는 N m

- 나누기로 표시되는 유도단위는 빗금 또는 음의 지수를 사용한다.

  〈보기〉 m/s 또는 m · s^{-1}]

- 빗금 다음에 두 개 이상의 단위가 올 때는 반드시 괄호로 표시하거나 음의 지수를 사용한다.

〈보기〉 $kg/(m \cdot s^2)$ 또는 $kg \cdot m^{-1} \cdot s^{-2}$

- 단위 기호와 단위 명칭을 혼합해서 사용하면 안 된다.

  〈보기〉 joules per kilogram은 가능하나, joules/kilogram 또는 joules/kg 은 안 됨

- 단위 기호에 접두어 기호를 붙여 만들어진 기호는 띄어 쓰지 않는 새로운 단위 기호를 형성하며 양이나 음의 지수형태로 표시할 수 있다.

  〈보기〉 $cm^3 = (10^{-2}m)^3$

(주) ISO 규칙에서는 단위 기호를 붙여 쓸 수 있으나 단위 기호가 접두어 기호와 모양이 같을 때는 혼동을 일으키지 않도록 유의해야 한다. 예컨대, Nm를 mN로 쓰면 10^{-3}N으로 오해할 수 있다. 그 대신 m · N로 표기하는 것은 옳다. 또 다른 예로서, m/s인 경우에 $m \cdot s^{-1}$ 또는 $m\ s^{-1}$는 가능하나 ms^{-1}는 $(10^{-3}s)^{-1}$로 오인할 수 있으므로 피해야 한다.

5. SI 숫자 표기법

정수 부분과 소수 부분을 나누는 기호로 프랑스식은 반점(,)이, 영국식은 온점(.)이 사용되고 있으며 우리나라는 온점을 사용하고 있다.

긴 숫자를 표기할 때 읽기에 편하도록 소수점을 중심으로 세 자리씩 묶어서 띄어 쓴다(예 : 4 234 765.432 12). 우리나라는 세 자리마다 반점을 사용하는데 이것은 국제표준으로 보면 옳지 않다. 그러나 세 자리 반점 표기는 오래된 관습이므로 국제표준이 정착하려면 긴 시간이 필요할 듯하다.

참 고 문 헌

- A. Beiser, *The Foundations of Physics* (Addison-Wesley, Boston, 1964).
- F. Sears, M. W. Zemansky, H. D. Young, *University Physics* (Addison-Wesley, Boston, 1975).
- 노봉환, 박영한, *일반물리연습*, 개정판 (박영사, 서울, 1977).
- H. N. Ok, *Atomic Physics (Lecture Notes)*, Yonsei University, 1986.
- E. Hecht, *Physics: Calculus*, 2nd. ed. (Brooks/Cole, Stamford, 2000).
- H. Benson, *University Physics* (Wiley, Hoboken, 2000).
- R. A. Serway, J. S. Faughn, C. Vuille, *College Physics*, 8th. ed. (Brooks/Cole, Stamford, 2009).
- D. Halliday, R. Resnick, J. Walker, *Fundamentals of Physics*, 9th. ed. (Wiley, Hoboken, 2010).
- 정완상, *퍼펙트물리*, 개정판 (북스힐, 서울, 2010).
- 네이버 백과사전, 100.naver.com.
- 위키백과, ko.wikipedia.org/wiki.
- 수능 및 평가원 기출문제, 한국교육과정평가원, www.kice.re.kr.

물리해법의 이해

-역학 I -

2011년 10월 5일 인쇄
2011년 10월 15일 발행

저 자 ◎ 고 동 섭 · 고 재 웅

발행자 ◎ 조 승 식

발행처 ◎ (주) 도서출판 **북스힐**
서울시 강북구 수유 2동 240-225

등 록 ◎ 제 22-457 호

TEL (02) 994-0071(代)

FAX (02) 994-0073

E-MAIL bookswin@unitel.co.kr
www.bookshill.com

값 12,000원

잘못된 책은 교환해 드립니다.

ISBN 978-89-5526-799-0